21世纪应用型本科系列教材

大学物理实验

（多学时）

李寿岭　编著

西安交通大学出版社
XI'AN JIAOTONG UNIVERSITY PRESS
·西安·

内容提要

本书由误差及数据处理、常用物理量的测量及测量仪器、实现方法与测量技术、基础实验、开放性实验和附录六部分组成。基础实验在传统实验的基础上，向实用和电子技术做了扩展，以期贴近应用型人材培养的要求。开放性实验是一个新的尝试，力图使学生在校期间有一个理论联系实际，开发思维、独立完成一个项目(产品)的真实过程，这对应用型本科教育似应有益的。

本书可作为应用型高等学校理工类本科物理实验课程教材或参考书。

图书在版编目(CIP)数据

大学物理实验:多学时 / 李寿岭编著 . —西安:西安交通大学出版社,2007.8(2017.1 重印)
(21 世纪应用型本科系列教材)
ISBN 978-7-5605-2533-4

Ⅰ.大… Ⅱ.李… Ⅲ.物理学—实验—高等学校—教材
Ⅳ.O4—33

中国版本图书馆 CIP 数据核字(2007) 第 121142 号

书　　名:大学物理实验(多学时)
编　　著:李寿岭
出版发行:西安交通大学出版社
地　　址:西安市兴庆南路 10 号(邮编:710049)
电　　话:(029)82668357,82667874(发行部)
　　　　　(029)82668315(总编办)
印　　刷:陕西元盛印务有限公司
字　　数:328 千字
插　　页:1
开　　本:727mm×960mm　1/16
印　　张:17.75
版　　次:2007 年 8 月第 1 版　2017 年 1 月第 7 次印刷
书　　号:ISBN 978-7-5605-2533-4
定　　价:24.00 元

前　言

本书是在总结了三届教学实践的基础上修订出版的工科物理实验教材。

按照教育部制定的物理实验课程基本要求，具体落实到培养应用型本科学生的教材建设，根据近几届学生的实际情况，在这次编写和修订中做了如下调整：

在与物理实验有关的基本知识和理论中，我们做了一些删节，以求精炼和实用；

在实验的选题方面，我们有意向中学内容做了一点延伸，以希望填补中等教育不足和有利于和本科要求的衔接。对近代部分，适当的压缩，以便和理论教学内容配合，又有意地把日常生活和工作中的一些具体问题引入实验中来，以便能有更多的机会和具体应用结合起来。

仪器的配置是比较困难的，面对大量现代化、自动化的教学仪器的涌现，而物理实验本身研究的还是最基础最原始的现象，要求学生面对的是直观的过程和现象，分析和解决的也都是一些很实在的问题，过分的现代化、自动化，剥夺了学生直观学习的机会，显然是不可取的，保留个别配置，主要用于扩展眼界，打开思路。

为了创造一些有利于学生自学和探索的条件，我们尝试编写了开放实验(第5章)的内容，并相应组建了一个开放实验室，提供给有兴趣的学生来选做。这里要求学生自己确定命题，独立组织实验，教师仅仅起到助手和服务的作用。同时希望他们真正的能够做成几样仪器，这对培养学生素养和能力应该是有益的。

计算机的普及为检索和查询提供了极大的方便，但是我们还是编写了一些附表，便于查询数据，以保证预习、实验和教学过程的顺利进行。

实验教材建设历来是实验室全体人员共同劳动的结晶，本书是在王小克、刘会玲和牛海波等人的合作下完成的，特别是刘会玲同志为本书的绘图、录入、排版做了大量工作，特予致谢！

虽然准备了很久，但不断学习、不断研讨，也就不断修改、变化，所以差错谬误在所难免，恭请同行和读者不吝指正。

编　者

2007 年 7 月

目　录

绪　论

一、物理实验课程的基本要求

物理学是研究客观世界物质运动规律的科学。最初它是从自然现象开始，具体到力、热、声、光、电等各个领域，从庞大的地球、天体、宇宙到细微的分子、原子内部的所有的自然科学范畴，发展到后来的历史、人文、经济等各个领域，它已经涉及和影响到社会科学的各个方面，这就促使人们不得不重新认识它。

实践是一切认识的开始，又是它的终结。人们通过对大量客观现象的观察、分析，再经过深入地思考，形成一种认识，这种认识一般先停留在假设这一初级阶段。为了得到确切而肯定的结论，过去人们只能消极的等待这一现象的再现。随着科学技术的进步，人们不再安于等待，而是积极地进取——主动再现人们欲知的过程，去验证其认识和结论的正确性。这就是实验（实践）的初衷。实验之所以有旺盛的生命力，是因为一旦欲知的过程再现和发生，就把人们的思维与认识推到一个崭新和充满希望的境界。在这里不仅可以思考过去，还可以展望未来；既可以验证某些待定的结论，更可以发现新的问题；不仅可以修正错误或不足，更可以找到更新更好的方法。其中的奥妙和乐趣，只有身临其境并深入其中的人才可以体会到。正因为如此，近一二百年来，特别是上世纪初至今，实验物理学得到人们的普遍重视和飞速地发展，形成了一门新的完整的学科。

在物理实验中，为了再现和得到准确可靠的结果，不仅要真实地再现完整的物理过程，还要精确地量化，只有这样，得到的结论才能正确、有效。物理实验中的再现过程不是简单的重复，而是究其内核与关键的过程，是从不同角度去实现目的的过程。随着科学技术的进步和人们认识的提高，对于同一实验引出了不同的实验方法；而为了更精确地量化各种现象，促使了测量仪器和测量技术的不断进步。有了实验方法和测量技术的有力支撑，物理实验课从上世纪 80 年代初逐渐发展成为高等教育的一门重要的基础课。物理实验课的内容不再限于验证几个定律，测定几个常数，而是要通过对实验方法的研究和测量技术的学习，去掌握用实验手段来研究、探索自然界，乃至社会实践的系列课程。这是非常诱人的工作，是既复杂又严谨的工作。

无论是再现预期的过程，还是量化其值的物理实践，都会遇到困难，是坚毅不拔地钻研下去还是半途而废；面对错综复杂的数据是剥茧抽丝，探索源头，还是简单草率。这些都是对实验者的考验和锻炼。这使我们想到那句名言：在科学的道路上是没有捷径可寻的。只有那些不畏艰难险阻的人，才有可能攀登到顶峰。培养这种正确的科学态度和基本素养，是本课程的首要任务。

上世纪中叶，就在不同学校中开设了物理实验的教学环节，不过它主要的使命是验证理论。在中学物理课中，理论讲述某一定律，然后做个实验。由于当时多数条件较差，而物理定律都是在一定理想条件下得出的，所以根本无法验证或者误差很大，做得不好可能还有反作用。因而物理实验仅仅限定在很小的范围。就是大学也只是在验证同时多了一个"加深物理概念的理解"的目的，就是这点也往往做不到，因为达不到理论要求的（无限大，无限小，光滑无摩擦，均匀等）条件，所观察到的现象也都有很大的差异，因而长期停留在可有可无的状态。

随着科技进步，再现物理过程有了较好的条件，使得过去大量想做的实验，可以高精度的再现。而测量技术和测量仪器的发展，更为实验的量化，提供了严格准确的可能性，而最重要的是由于实验过程的准确和测试数据的精密，再现实验不只是验证，而是发现了过去未知的现象和问题，促进了物理学的发展。因而能否再现某一物理过程，精确测量并计算出其结果，进而预见其发展和未来，这样一套完整的科学实验能力和素质，就成了现代科学技术对其工作人员的基本要求。

1986 年国家教委制定了"高等工科院校物理实验课程基本要求"。依我们的实践来看，有没有物理思想，有没有这样一套方法和能力，不仅是对理工科，就是对社会科学和其它人文科学都是很有用处的。

现在可以清楚的看到，物理实验做为一门独立的课程是有其极大的生命力和坚实的实践基础的。

物理实验课程的目的和基本要求如下：

1. 学习认识和研究再现物理过程的方法和途径，并努力在理论上论述其可行性和等效性。

2. 借助仪器、设备和相关条件，量化物理过程的各个参量，做到正确、有效和可信。

3. 通过对实验方法和测量技术的研讨，学习用实验的方法去探索、分析研究各种客观现象，并建立客观规律的函数表达式。

4. 完成上述使命所必须具备的实事求是、严肃认真、独立钻研、努力进取的科学人才。

二、物理实验课的基本程序

物理实验是一门最大限度的要求学生独立探求知识的课程。实验室将提供足够使用的仪器、设备和环境，教师提供指导或帮助，而整个实验过程（从准备、操作观察、记录及数据处理）由学生本人独立完成。

物理实验是一门独立的课程，与其他理论教学并行。它要求学生不仅要了解掌握物理学理论知识，还要求学生自己去寻找和研究相关的内容。课程在实验室规定的时间、地点来完成。为确保课程顺利进行，应按下述顺序，依次进行。

1. 做好预习。在进入实验室以前，认真阅读教材和相关资料，务必明确本次实验的目的，实验依据的理论和方法，再现物理过程的条件，使用的仪器设备，要观察的应该是什么样的现象，要记录哪些数据，并准备好记录用的纸张和文具，画好数据表格，写出可行的预习报告。

2. 进入实验室开始实验前，先要清点仪器，核对数量、规格及仪器的原始状态，并记录之（若有不符或差异，应及时向教师提出，否则将承担责任）。

3. 按照自己准备好的步骤，对仪器装置进行调整，按图（机械装置、电路、光路）联结，构成完整的实验装置，报告指导教师，请求核查。

4. 经教师准许后，方可开始进行实验 注意观察现象，若过程允许，可先粗略地演示一遍，观察数据变化及范围，有无异常情况。记录数据必须注意条件、数值的有效数字，特别注意初始值（注意：在实验中“0”是一种状态，不是什么都没有），完成全部操作之后，要仔细核对，有无遗漏，有无笔误，并交指导教师签字认可。

5. 复原所用仪器设备，整理好环境卫生，切断电源，向指导教师报告后方可离去。

6. 按照实验要求，用规定的纸张，按规定的格式，书写实验报告，并按约定的时间上交。对已发还的实验报告，要认真阅读，特别是教师指出的地方及所有的不当或错误，应与教师讨论清楚后，认真更正。

上述第2～5项应在实验室进行，第1,6二项若有可能，最好也在实验室进行。

三、关于实验报告的具体要求

1. 原始记录是实验过程最基本的数据文件，必须在实验过程中同时记录完成，不允许实验完成之后再补记和抄袭。应记录时间、实验人、主要仪器及相关条件和说明。

原始数据必须使用专用的记录纸，用钢笔书写（铅笔无效），错误和笔误等处可用细线划掉重写，不许涂改，不得使用涂改液等覆盖。

原始数据记录应书写清楚、整洁，表格清晰，单位、符号、有效数字正确，并经指导教师确认和签字。

2. 实验报告应在实验完成后，才能正式书写，先写报告，后做实验是错误的。实验报告应列出以下诸项内容：

实验名称：日期、实验人、环境条件；

实验目的：(含要求)；

实验仪器：(含主要仪器及试样编号)；

实验原理：包括基本原理、主要电路(光路、机械装置等)图，测试条件及主要计算公式；

实验步骤：特别注意几个关键的步骤，否则将会影响实验结果；

实验数据处理：

(1)整理原始数据，归结为基本运算过程；

(2)必须的数据表格和相关图线(作图必须用标准坐标纸，曲线必须用曲线板以光滑细线绘图)；

(3)数据处理过程应遵循有效数字处理规则；

(4)按照目的要求算出各项误差及列出完整的结果。

结果分析及报告：对实验结果应做出肯定或否定的报告、说明及适用条件和置信概率。

原始数据：应附在报告正文最后，并装订；无原始数据的报告，做无效处理。

3. 实验报告应在规定时间交教师批阅。对退回更正的报告，应与教师讨论清楚，更正后重新交教师批阅。

四、实验室规则(摘录)

1. 按时上课，迟到超过十分钟，停止实验，按课内不及格登记；

2. 每个实验要有预习报告，交教师评阅，无预习报告者不准进行实验；

3. 所有实验均按每人一套独立进行，有问题由教师解答，不允许私自更换仪器和样品；

4. 上课时自带文具(纸、笔、尺等)，不允许随意走动及讲话，保持室内安静、整洁。

第 1 章　误差与实验数据处理

第 1 节　测量误差及其分类

1.1.1　测量与真值

任何一个物理量，在一定的条件下都有一个客观存在的值，叫做真值，例如某一物体在常温条件下的几何形状及其质量。真值是一个抽象的概念，一般来说无法得到这个值，通常测量所得到的值总是和真值有一定的差异。为了实际应用方便，一般对真值以下述几种方式来约定：理论真值（如四边形内角和为 360°）、公认真值、计量约定真值和标准器的相对真值等。在以后讲到的误差计算中还常常用多次测量的算术平均值来代替真值。我们在实际应用中，将根据要求和可能在相应的手册及标准中找到所需要的真值。

测量是用实验的方法通过一定的量具（或仪器）寻找真值的一组操作。一般的过程是用选定的标准量和被测量在一定条件下进行比较，用被测量是标准量的倍数和标准量的单位来表征测量的结果。因此，测量的必要条件应该是被测物体、标准量及操作者，测量结果应是一组数字和单位，以及与之相关的测量手段及条件。例如测量一段金属丝的直径，体现标准量的是千分尺，由人来操作，如果得到的结果是以毫米为单位标准的 3.257 倍，则直径的测量值即为 3.257mm，量具为千分尺，测量环境温度为 20.0℃。

凡是能够找到与被测量同一量纲而且可以通过直接进行比较得到结果的一组操作，叫做直接测量，例如用米尺测量物体的长度、用天平称量质量等。但是更多的物理量很难直接找到单一的与之相比较的标准量，例如物质的密度、某地的重力加速度等。为了测得这些物理量，常常借助某些直接测得量，通过一定的函数运算求出被测量，这样一组操作和运算过程叫做间接测量。例如某一金属立方体的密度是通过对其质量、长、宽及高的测量，根据密度的定义式

$$\rho = \frac{m}{l \cdot b \cdot h}$$

求出的。式中 m 表示质量，l、b、h 分别表示长、宽、高，ρ 表示该金属材料的密度。由于材料的密度和它的温度有关，因此，这个测量结果还应注明测量过程的条件参数——环境温度，这个结果才是完整而且有意义的。

上述分析为我们提供了一个重要的思路，即在实际测量中，对于那些难于直接测量的物理量，我们可以在与之相关的所有函数表达式中选择最方便可行的一个，作为测量的依据，在后面的实验中我们可以充分体会和理解这一点。又因为这类函数表达式常常不是唯一的，就出现了多种方法和手段。例如，根据欧姆定律的表达式可以用伏安法测电阻，根据电桥平衡原理可以用电桥法测电阻；根据替代原理可以用替代法（比较法）测量电阻等等。

一般来说，测量结果都是由一组数据和单位组成，所选用的单位，由于物理学发展过程中出现过不同的单位制，为了统一，国际计量大会于 1960 年制定了通用的国际单位制（即 SI），我国已采用，并根据我国具体情况作了一些补充（见附录一），在今后的所有测量中必须按此规定执行。

1.1.2 误差的定义及分类

误差的定义是指测量值和真值的差异。设某被测量的真值为 X_0，测量值为 X，则其误差 ΔX 表示为

$$\Delta X = X - X_0 \tag{1.1}$$

在实际测量中，由于真值不可知的缘故，除了可选用前述的某种相对真值外，常常用多次测量的算术平均值代替真值 X_0，$(X-\overline{X})$将不再是误差而叫做偏差。由于真值的不可知性，就决定了误差无法计算，也就是说实际能计算的只有偏差，因而在实际应用中也就不再细分二者的差异而统称为误差。

1. 绝对误差和相对误差

由式 1.1 所计算的结果叫做绝对误差，它的数值可正可负，它是两个相同物理量之差，所以它是有量纲的，它表示测量值偏离真值的程度。例如测量某一物体的长度，它的标称值 $L_0=75.00$ mm，测量值是 $L=74.95$ mm，根据定义，其测量误差 $\Delta L=74.95-75.00=-0.05$ mm，它表示该次测量值偏离真值是 0.05 mm。同样测量一块金属板的厚度，它的标称值 $d_0=1.00$ mm，测量值 $d=1.05$ mm，其绝对误差 $\Delta d=0.05$ mm。显然，对不同物理量的测量，它们的绝对误差可能相同，但直观结果告诉我们，对测量结果的影响是不同的。为了更全面地表征测量结果，我们引入一个相对误差的概念，用 E 表示，定义为

$$E = \frac{\Delta X}{X} \times 100\% \tag{1.2}$$

例如上面物体长度测量时，它的相对误差 E_L 表示为

$$E_L = \frac{-0.05}{74.95} \times 100\% \approx -0.07\%$$

而薄板厚度测量的相对误差 E_d 表示为

$$E_d = \frac{0.05}{1.05} \times 100\% \approx 4.8\%$$

由于分子分母是同量纲的，因此相对误差是一个没有量纲的百分数；显然 $E_d > E_L$，这说明虽然两组测量的绝对误差大小相同，但其相对误差却大不一样，这就客观地说明长度测量的精度要比厚度测量的精度高得多。还要说明的是有的在计算相对误差时是以真值 X_0 作分母，且把这个定义为百分误差，由于测量值、平均值及相对真值差异不是很大，在计算相对误差时常常不易区分，所以在较多的情况下，常常将二者合而为一，不再区别。

综上所述，从计算和表示的形式来看，误差可分为绝对误差（有量纲）和相对误差（无量纲的纯百分数）两种，它们分别表示了误差绝对值的大小和测量精度的差异。

2. 随机误差和系统误差

测量误差以其产生的原因及处理的方法不同可分为两大类，一类是无规律、随机变化的，但当测量次数无限增加时，它有一个大致的分布，可以用统计的方法来处理。另一类是有一定的规律或特征，一般都可找到原因并可设法减小乃至消除的。

第一类误差叫做随机误差，它是由一些不可控制的原因造成的。例如水银温度计的毛细管直径不均匀，其变化带有一定的随机性，测量时，虽然相同的温升引起水银体积相同的变化，但由于管径不均匀，其示值可能有一定的涨落。也包含测量者和测量条件不可控的因素造成的误差，如读数时每次眼睛的视角并不完全一致所引起的读数误差，测量仪器放置的位置并不完全相同，测量时环境温度、风速及电磁场的变化等，都可能使测量结果产生一定的变化。但是当尽量保持测量条件不变而将测量次数增加时，将会发现如下特点：

第一，从绝对误差的数值来看，数值小的比数值大的出现的可能性大，且数值愈小，出现的可能性愈大；

第二，从绝对误差的符号来看，出现正误差和负误差的可能性大致相同，因此当测量次数增加时，它们将可能正负抵偿；

第三，绝对误差值很大的误差出现的可能性很小，甚至趋于零。

这就是通常所说的随机误差的单峰性、对称性、有界性和抵偿性。随机误差的特点，一般符合数学上的正态分布，因此可以用正态分布来表达并且进行数学处理。可以证明，在修正或消除第二类误差之后，若测量次数无限增加，则其多次测量的平均值将无限趋近于真值。这就是可以用多次测量平均值当做真值的原因。

第二类误差包含系统误差及其它一切不能用统计方法处理的误差。

系统误差是指在相同条件下多次重复测量同一量时，误差的大小和符号（正、负）均保持不变或按某一确定的规律变化的误差。例如由于所依据的原理在使用中的近似所造成的（如伏安法测电阻时电表内阻引起的误差），或者由于仪器本身（含使用条件变化）缺陷造成测量结果偏大（或偏小）。这些误差一般情况下都可以找到原因并予以修正，所以又叫做可修正系统误差。在仔细分析时，常常将系统误差又归纳为方法误差、仪器误差及环境或条件误差几部分。需要特别指出的是，在仪器误差中也含有一定的随机成分的误差，如刻度的不均匀、测量机构的非线性或不均匀等，它们是无法预先修正的，在处理时应归入第一类误差。

1.1.3 随机误差的估算

对千分尺校零后，测量一个钢球直径，数据如下：

测量次数 n	1	2	3	4	5	6	7
测量值 d/mm	2.145	2.148	2.150	2.138	2.152	2.144	2.147

对于这样一列测量值，随机误差的估算通常有两种方法。

1. 平均误差(又叫算术平均误差)

在相同的条件下，在修正了可修正系统误差之后对被测量 X 进行 n 次测量，测量值为 $x_1,x_2,\cdots,x_n$，则其算术平均值 $\overline{x}$ 为

$$\overline{x}=\frac{1}{n}(x_1+x_2+\cdots+x_n)=\frac{1}{n}\sum_{i=1}^{n}x_i \tag{1.3}$$

其中某一次测量的绝对误差 Δx_i 为

$$\Delta x_i=x_i-\overline{x}\quad(i=1,2,\cdots,n) \tag{1.4}$$

显然，Δx_i 的值其大小和正负各不相同，如果把各次测量值的绝对误差取绝对值再相加并求其平均值，就得到平均绝对误差 $\overline{\Delta x}$

$$\overline{\Delta x}=\frac{1}{n}(|x_1-\overline{x}|+|x_2-\overline{x}|+\cdots+|x_n-\overline{x}|)=\frac{1}{n}\sum_{i=1}^{n}|\Delta x_i| \tag{1.5}$$

同样可以计算相对误差 E_d

$$E_d=\frac{\overline{\Delta x}}{\overline{x}}\times 100\% \tag{1.6}$$

将前述测量数据代入，可求得

$$\overline{d}=2.146\ \text{mm},\quad \Delta d=0.003\ \text{mm},\quad Ed=0.14\%$$

2. 标准误差(方均根误差)

将各次测量的绝对误差 Δx_i 平方后求和，再求其平均而后开方，所得到的误差叫做标准误差，其表达式为

$$\sigma=\sqrt{\frac{\sum_{i=1}^{n}\Delta x_i^2}{n}}=\sqrt{\frac{1}{n}\sum_{i=1}^{n}(x_i-\overline{x})^2} \tag{1.7}$$

严格地讲，上式是在 $n\to\infty$ 时成立，但实际测量中 n 总是有限次，则上式 σ 变换为 S

$$S=\sqrt{\frac{\sum_{i=1}^{n}(x_i-\overline{x})^2}{n-1}}=\sqrt{\frac{\sum_{i=1}^{n}\Delta x_i^2}{n-1}} \tag{1.8}$$

同理，其相对误差 E_s，为

$$E_s=\frac{S}{\overline{x}}\times 100\% \tag{1.9}$$

将前述数据代入以上诸式，就可求得

$$\overline{x}=2.146\ \text{mm},\quad S=0.005\ \text{mm},\quad E_S=0.23\%$$

标准误差的意义是指这个测量列中单次测量值 x_i 的标准误差的大小。有时要求表征多次测量平均值 $\overline{x}$ 的标准误差，则其表达式为 $S_{\overline{x}}$

$$S_{\overline{x}}=\frac{1}{\sqrt{n}}S=\sqrt{\frac{1}{n(n-1)}\sum_{i=1}^{n}\Delta x_i^2} \tag{1.10}$$

将前列测量数据代入，可得 $S_{\overline{d}}=0.002\ \text{mm}$

3. 两种误差的比较

从前列计算可以看出，同样一组测量数据，其平均误差为 $\Delta d=0.003\ \text{mm}$，标准误差为 $S=0.005\ \text{mm}$，仔细分析上列数据，不难看出平均误差只是粗略地反映了误差的大小，而标准误差则反映了误差的分布，为了进一步说明这一问题，我们再引入两组测量数据。

A 组　　$x_i=1.255,1.256,1.251,1.250$　　$\overline{x}_A=1.253$

B 组　　$x_i=1.253,1.258,1.253,1.248$　　$\overline{x}_B=1.253$

$$\left.\begin{array}{l}\overline{\Delta x_A}=0.03,\ E_A=0.24\%\\ \overline{\Delta x_B}=0.03,\ E_B=0.24\%\end{array}\right\}$$

$$\left.\begin{array}{l}\overline{S_A}=0.003,\ E_A=0.24\%\\ \overline{S_B}=0.004,\ E_B=0.32\%\end{array}\right\}$$

对前列 A、B 两组数据，如果都用平均误差计算，则其绝对误差和相对误差都是一样的，没有区别。若用标准误差计算，则它们的绝对误差和相对误差都不一样。仔

细分析数据可以看出,A 组测量数据的涨落小于 B 组,这就更清楚的说明,标准误差比平均误差能更全面的表征测量结果及其数据分布情况。但是平均误差计算比较简单,因此在要求不高或数据离散度不大时,还是一种比较方便的方法,仍有一定的使用价值。

1.1.4　系统误差的处理方法

由于系统误差的特点,决定了它不能用增加测量次数来减少,因此在实验过程中,应尽可能地把所有产生系统误差的因素无遗漏地找出来,有针对性地加以消除。

系统误差的发现有时是很明显的,如理论要求无限大、均匀及某些因素不计等,在实验中无法完全满足,就会带来一定的系统误差。也可以从数据来分析,如绝对误差本应正负几率相同,但结果是绝对误差全部是正的(或全部是负的),这就说明必然有一个恒定的误差因素存在。还有一些更明显的因素,如电表或其它量具(如千分尺)的零点读数不为零,电压表的内阻(Ω/V)太小,电流表内阻过大等,这些都应采取一定的措施消除之。至于有些难以判断或发现的系统误差,如天平的不等臂,量具刻度的不对称(不均匀),量具的中心轴偏离,电表的磁场自然减弱等,就要靠细心地观察和依据实验经验来寻找,务使在综合评定时不重复,不遗漏。

下面介绍几种处理系统误差的方法。

1. 可定系统误差的消除

这类误差多是直接明显地表现出来的,应针对其产生的原因来消除。

例 1,伏安法测电阻。它依据的是欧姆定律,实验要求电压表内阻无穷大,电流表内阻为零。这是做不到的。如果将电路图进行一定的变换,由图 1－1(a)变换为图 1－1(b),变换成用补偿法测量电压,若将 K_1 闭合,当调节 R_2 使电流计 G 示值为“0”时,相当于做到了电压表内阻 $R_V=\infty$,电流表读数就是流过电阻 R 的电流,从而消除了由于电压表分流所产生的系统误差。

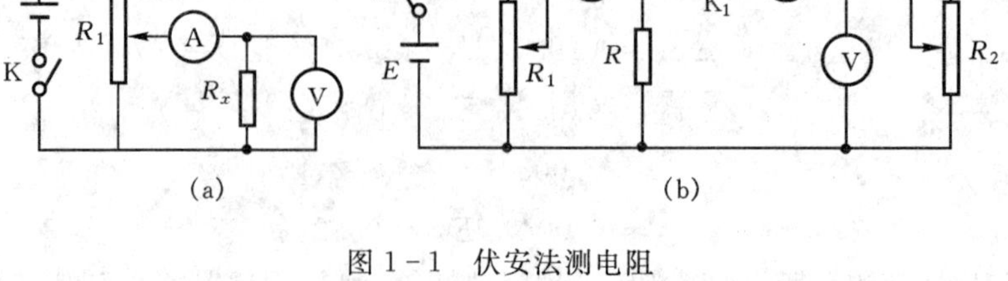

图 1－1　伏安法测电阻

例 2，天平的不等臂误差又是一种可定系统误差。如果将被测物分别放在左右两盘，称得其质量为 m_1 和 m_2，将两次质量值乘积再开方作为测量值，或近似用 m_1 和 m_2 的平均值表示测量值

$$m = \sqrt{m_1 \cdot m_2} \approx \frac{1}{2}(m_1 + m_2) \tag{1.11}$$

同样的情况，还可以用别的方法处理。例 1 中，若保证电路图 1-1(a)中电压值和电流值不变，将被测电阻 R 换成另一个标准电阻箱，调节电阻箱之阻值，实现测 R 时的条件，即电流表和电压表示值不变，则电阻箱的示值就是被测电阻的阻值。

至于各种量具或仪表的零值不对，则应在使用前尽量予以校正。实在无法完全校正，则可作为零点读数或初读数在数据处理时予以消除。

综上所述，对于可定系统误差的消除，应该在正确校正仪器仪表的前提下，采用替代法（又叫代换法）和交换法（有时叫做对称观测法）实现。对于原理中要求的各种理想条件，不能在仪器或装置本身去消除（如伏安法测电阻中尽量增加电压表内阻），而应该从方法上（如用补偿法测电压）加以解决。

2. 未定系统误差的处理

这类误差多数以仪表或量具的精度或级别给出，它在整个测量过程中始终存在且处处存在，如量程在 100 mm 以内的一级千分尺的额定误差为 0.004 mm，从它的分布规律来看，一般多视为均匀分布，无法消除，只能在总体误差计算时，把它作为后一个分量予以考虑。

第 2 节　直接测量结果的误差估算

由于任何测量总是含有误差，因此任一被测量的测量结果，都应该由被测量的量值和误差两部分组成，即

$$X = X + \Delta x \tag{1.12}$$

一般情况下，被测量的量值用多次测量的平均值来表示，但也有只测量一次的情况。至于误差 ΔX 项，影响的因素很多，也是我们分析和计算的主要成分，我们将就不同情况分别予以介绍。

1.2.1　单次测量结果的表示

在测量过程中，有些物理量只允许测量一次，不可能再现；有许多被测量，其中某几个被测量在整个实验中所占的相对误差极小，可以忽略不计，没有必要多次测量；或者由于仪器的精度较低，多次测量的误差成分小于仪器的系统误差，致使多

次测量的结果没有变化等等。这种进行多次测量没有可能或没有必要的情况，一般都只测量一次，就是所谓的单次测量。

对于单次测量过程，只有一个测量值，无多次测量的平均值，测量值是唯一的。它的误差项 Δx，则只能用仪器的额定误差来表示。由于它属不可定系统误差，遵循均匀分布，仪器的额定误差一般取极限误差，通常在不与其它误差成分合成时，就用仪器的额定误差作为单次测量结果的误差。例如，用 0～25 mm 的一级千分尺测量某钢板的厚度 D 为 2.463 mm，从手册查到它的额定误差为 0.004 mm，则它的测量结果是

$$D = 2.463 \pm 0.004 \text{ mm}$$

$$E_d = \frac{0.004}{2.463} \times 100\% = 0.16\%$$

当测量不能在正常状态下进行时，单次测量结果的误差应根据测量的实际情况和仪器误差进行估计。

1.2.2 多次测量结果的误差估算

同样用 0～25 mm 的一级千分尺对某一钢球的直径进行多次测量，其测量结果为：

d_i=1.006，1.008，1.002，1.001，0.998，1.010，0.993，0.995，0.990，0.997 (mm)

根据第一节随机误差的计算，它的数据处理有两种方法。

1. 算术平均误差

$$\overline{d} = \frac{1}{n}\sum d_i = 1.000 \text{ mm}$$

$$\Delta d = 0.005 \text{ mm}$$

$$\Delta_{仪} = 0.004 \text{ mm}$$

它的误差是由多方因素构成的。从可定系统误差来说，因为它是直接测量，若测量者能正确使用仪器并能正确读数，记录的数据已经过零点读数修正(或已准确校正零位)，如果测量过程所用的时间不长，在此期间内环境条件无明显变化，则可认为可定系统误差已被消除。仪器的额定误差 $\Delta_{仪}$ 是极限误差，属不可定系统误差，按均匀分布分析(参阅本章附录)，通常的处理方法是将它除以$\sqrt{3}$，再与算术平均绝对误差以方和根的形式合成构成总误差，即

$$\Delta = \sqrt{\Delta d^2 + \left(\frac{1}{\sqrt{3}}\Delta_{仪}\right)^2} \tag{1.13}$$

根据上式，钢球测量结果的误差为

$$\Delta = \sqrt{0.005^2 + \left(\frac{1}{\sqrt{3}}0.004\right)^2} = 0.006\ \text{mm}$$

钢球直径测量结果为

$$d = 1.000 \pm 0.006\ \text{mm}$$

$$\Delta = 0.006\ \text{mm}$$

$$E_d = 0.6\%$$

2. 标准误差

将上列测量值代入式(1.8)和式(1.13)可求得

$$\overline{d} = 1.000 \pm 0.007\ \text{mm}$$

$$S_d = 0.007\ \text{mm}$$

$$\Delta_{仪} = 0.004$$

根据随机函数的正态分布规律(参阅本章附录),标准误差的置信概率为 68.3%,为使仪器额定误差与它有相同的概率并进行方和根合成,应将 $\Delta_{仪}$ 除以$\sqrt{3}$,因此,用标准误差表示的钢球直径测量的总误差为

$$\Delta = \sqrt{0.007^2 + (\frac{1}{\sqrt{3}}0.004)^2} = 0.007\ \text{mm}$$

上列计算结果表明,由二项求方和根时,若其中一项小于另一项的$\frac{1}{3}$时,则该项可以略去不计,并不影响结果。

综合上列计算,用标准误差表示的钢球直经的测量结果为

$$d = 1.000 \pm 0.007\ \text{mm}$$

$$\Delta = 0.007\ \text{mm}$$

$$E_d = 0.7\%$$

1.2.3　测量次数的确定

由于随机误差具有对称性和抵偿性的特征,一般都是用增加测量次数来减少随机误差,这无疑是正确的。为了进一步说明这一问题,我们再计算一下钢球直径测量值中平均值的标准误差。根据式(1.10)有①

$$S_{\overline{d}} = \frac{1}{\sqrt{n}}S_d = \frac{1}{\sqrt{10}} \times 0.007 = 0.002\ \text{mm}$$

所以

① 对于 Δx 的合成,采用方和根的办法并非唯一的。尚有将 Δx(或 S)与 $\Delta_{仪}$ 直接相加,两者比较取其大者等不同方法,本书采用使用较普遍的方和根法。

$$S_{\overline{d}} = \frac{1}{\sqrt{n}} S_d$$

当 $n=5$ 到 $n=l0$ 范围变化时，$S_{\overline{d}}$的值将明显减小，而当 $n>10$ 以后再增加 n 的值，即增加测量次数，$S_{\overline{d}}$的变化很小，很不明显。相反，由于测量次数的增加，出现过失误差的机会亦将增加，与其带来的效益相比，往往得不偿失，所以在一般的测量中，为了减少随机误差而采用的多次测量次数，通常取 $n=5\sim10$，不再增加，就是这个道理。

第 3 节　间接测量结果的误差估算

更多的物理量的测量是在对诸个不同的物理量测量之后经函数运算得出的。既然每一个直接测量量均含有误差，那么经过函数运算之后的间接被测量也一定含有误差，显然这个误差是由单个测量量传递而来的。

1. 误差传递公式

设某一被测量 R 是 A、B、C 等诸多因子经函数关系构成，且 A、B、C、…均为独立变量，彼此线性无关，函数式为

$$R=f(A,B,C)$$

其中

$$A = \overline{A} \pm \Delta A, \quad B = \overline{B} \pm \Delta B, \quad C = \overline{C} \pm \Delta C$$

式中 $\Delta A, \Delta B, \Delta C$ 可以是算术平均误差，也可以是标准误差。对 R 求全微分，则有

$$\mathrm{d}R = \frac{\partial f}{\partial A}\cdot \mathrm{d}A + \frac{\partial f}{\partial B}\cdot \mathrm{d}B + \frac{\partial f}{\partial C}\cdot \mathrm{d}C \tag{1.14}$$

式中 $\mathrm{d}A, \mathrm{d}B, \mathrm{d}C$ 可理解为误差，式(1.14)各项取绝对值就是间接测量量 R 的误差计算公式(或误差传递式)，$\frac{\partial f}{\partial A}, \frac{\partial f}{\partial B}, \frac{\partial f}{\partial C}$就是分误差的传递系数。它将根据要求决定采用算术平均误差还是标准误差。

应该强调指出，在求多元函数的全微分时，可能会出现高阶增量，相对于一阶分量它是高阶无穷小量，在误差计算时完全可以忽略。后面表中所列各式均是在微分之后略去高阶无穷小量得到的一阶表达式。

2. 标准误差的传递公式

它的计算是将多元函数中各量的增量——标准误差进行平方再求和，然后再开方求出，即通常所说的"方和根"法。例如

$$N = x + y + z + \cdots \tag{1.15}$$

$$\Delta N = \sqrt{\Delta x^2 + \Delta y^2 + \Delta z^2 + \cdots} \tag{1.16}$$

表 1-1　标准误差传递公式

函数表达式	标准误差合成公式
$N=X\pm Y$	$\sigma_N=\sqrt{\sigma_x^2+\sigma_y^2}$
$N=X\cdot Y$	$\sigma_N=X\cdot Y\sqrt{\left(\frac{\sigma_X}{X}\right)^2+\left(\frac{\sigma_Y}{Y}\right)^2}$
$N=\frac{X}{Y}$	$\sigma_N=\frac{X}{Y}\sqrt{(\frac{\sigma_X}{X})^2+(\frac{\sigma_Y}{Y})^2}$
$N=kX$	$\sigma_N=k\sigma_X$
$N=\sqrt[k]{X}$	$\sigma_N=\frac{N}{k}\frac{\sigma_X}{X}$
$N=X^k$	$\sigma_N=kX^{k-1}\sigma_X$
$N=\ln X$	$\sigma_N=\frac{1}{X}\sigma_X$
$N=\sin X$	$\sigma_N=\lvert\cos X\rvert\cdot\sigma_X$
$N=\cos X$	$\sigma_N=\sin X\cdot\sigma_X$
$N=\tan X$	$\sigma_N=\sec^2 X\cdot\sigma_X$

表 1-1 中所列各项误差均为标准误差，按误差理论可知其置信概率为 68.3%，因此最后求出的总误差 σ_N 与各直接测量量 σ_X，σ_Y，σ_Z，…等具有相同的置信概率，就是说 σ_N 的置信概率也是 68.3%。

例 1　测量某圆柱体的高 $h=13.322\pm0.006$ mm，直径为 $d=1.541\pm0.005$ mm。计算圆柱体的体积 V 的值。

解

$$V=\frac{\pi}{4}d^2\cdot h=\frac{1}{4}\times3.1416\times1.541^2\times13.322=24.85\ \text{cm}^3$$

$$\begin{aligned}\sigma_V&=\frac{\pi}{4}\sqrt{(2hd\cdot\Delta d)^2+(d^2\cdot\Delta h)^2}\\&=\frac{3.1416}{4}\sqrt{(2\times13.322\times1.541\times0.005)^2+(1.541^2\times0.006)^2}\\&=0.2\ \text{mm}^3\end{aligned}$$

$$E_V=\frac{\sigma_V}{V}\times100\%=\frac{0.2}{24.9}\times100\%=0.8\%$$

其最后结果为

$$V=24.9\ \text{mm}^3\quad \Delta V=0.2\ \text{mm}^3\quad V=24.9\pm0.2\ \text{mm}^3\quad E_V=0.8\%$$

例 2　用流体静力称衡法测量不规则物体之密度，测得在空气中的质量 $m_1=(27.06\pm0.02)$g，在水中质量 $m_2=(17.03\pm0.02)$g，当时水的密度 $\rho=(0.9997\pm0.0003)$ g/cm^3，用标准误差的方和根法求测量结果。

解 流体静力称衡法测量密度的公式为

$$\rho=\frac{m_1}{m_1-m_2}\cdot\rho_0$$

取对数求全微分得

$$\ln\rho=\ln m_1+\ln\rho_0-\ln(m_1-m_2)$$

$$\frac{\mathrm{d}\rho}{\rho}=\frac{\mathrm{d}m_1}{m_1}+\frac{\mathrm{d}\rho_0}{\rho_0}-\frac{\mathrm{d}(m_1-m_2)}{(m_1-m_2)}$$

$$=\frac{\mathrm{d}\rho_0}{\rho_0}+\frac{\mathrm{d}m_2}{(m_1-m_2)}-\frac{m_2}{m_1(m_1-m_2)}\cdot\mathrm{d}m_1$$

将测量值代入求得

$$\rho=\frac{m_1}{m_1-m_2}\cdot\rho_0$$

$$=\frac{27.06}{27.06-17.03}\times0.9997=2.697\ \mathrm{g/cm^3}$$

用方和根求各项之总误差为

$$\sigma_\rho=\sqrt{\frac{\sigma_{\rho_0}}{\rho_0^2}+\frac{\sigma_{m_2}}{(m_1-m_2)^2}+\frac{m_2^2}{m_1^2(m_1-m_2)^2}\sigma_{m_1}^2}\cdot\rho$$

$$=0.006\ \mathrm{g/cm^3}$$

结果为

$$\rho=(2.697\pm0.006)\ \mathrm{g/cm^3}$$

$$E_\rho=0.2\%$$

3. 算术平均误差传递公式

在一些要求不高或数据不充分时，使用标准误差有困难，这时可用算术平均误差进行粗略的计算。它的处理方法比较简单，就是把各直接测量量的单项误差取绝对值相加。现将常用传递公式列于表 1-2

表 1-2 算术平均误差传递公式

函数表达式	误差合成公式
$N=X\pm Y$	$\Delta N=\Delta X+\Delta Y$
$N=X\cdot Y$	$\Delta N=Y\Delta X+X\Delta Y$
$N=\frac{X^k\cdot Y^m}{Z^n}$	$\Delta N=N(k\frac{\Delta X}{X}+m\frac{\Delta Y}{Y}+n\frac{\Delta Z}{Z})$
$N=kX$	$\Delta N=k\Delta X$
$N=\sqrt[k]{X}$	$\Delta N=\frac{N}{k}\frac{\Delta X}{X}$
$N=\sin X$	$\Delta N=\lvert\cos X\rvert\Delta X$
$N=\cos X$	$\Delta N=\sin X\cdot\Delta X$

表 1－2 中所列各项误差均为算术平均误差，按误差理论可知其置信概率为 57.5%，而最后求出的总误差 ΔN 与各直接测量量的误差 ΔX，ΔY，ΔZ…等具有相同的置信概率，就是说 ΔN 的置信概率也是 57.5%。

例 3　用一级千分尺测量钢球的直径 d(mm)，其数据为

7.985，7.986，7.984，7.986，7.987

千分尺的仪器额定误差为 0.004 mm，求钢球之体积。

解

$$V = \frac{1}{6}\pi d^3$$

$$\overline{d} = \frac{1}{5}\sum_{i=1}^{5} d_i = 7.986\ \text{mm}$$

各次测量值的误差 Δd_i 为：－0.001，0.000，－0.002，0.000，0.001

$$\overline{\Delta d} = \frac{1}{5}\sum_{i=1}^{5} |\Delta d_i| = 0.001\ \text{mm}$$

考虑仪器误差，用方和根合成

$$\Delta = \sqrt{\Delta d^2 + \left(\frac{1}{\sqrt{3}}\Delta_{仪}\right)^2} = \sqrt{0.001^2 + \left(\frac{1}{\sqrt{3}}0.004\right)^2}$$

$$= 0.003\ \text{mm}$$

$$V = \frac{1}{6}\pi d^3 = \frac{1}{6} \times 3.142 \times 7.986^3 = 266.8\ \text{mm}^3$$

$$\Delta V = \frac{3\pi}{6}d^2 \cdot \Delta d = \frac{1}{2}\pi d^2 \cdot \Delta d = 0.3\ \text{mm}^3$$

$$E_V = \frac{0.3}{266.8} \times 100\% = 0.1\%$$

结果表示为

$$V = (266.8 \pm 0.3)\text{mm}^3$$

$$E_V = 0.1\%$$

在有些误差计算中，有较多的直接测量量为单次测量，再按函数的表达式求出间接测量量的误差可能变得很繁。这种情况下，如果直接求直接测量量的相对误差并合成，计算出总的相对误差，再求绝对误差要简单得多。如本例中的数据可作如下处理

$$V = \frac{1}{6}\pi d^3 = 266.8\ \text{mm}^3$$

$$d = 7.986, \Delta d = 0.003\ \text{mm}, E_d = 0.04\%$$

$$E_V = 3, E_d = 3 \times 0.04\% = 0.1\%$$

$$\Delta V = V \cdot E_V = 266.8 \times 0.1\% = 0.3\ \text{mm}^3$$

结果为

$$V = (266.8 \pm 0.3)\ \text{mm}^3$$

$$E_V = 0.1\%$$

显然两者结果一样,而后者计算要简单的多。

第4节　关于误差估算的总结

由于在不同学科领域里对误差要求的不同,计算方法及与其有关的规定差异较大,尤其是目前尚无统一的国家标准,为便于读者掌握,将目前常用的方法归纳一下是十分必要的。

任何一组测量结果的表达方式,一般都表示为测量值及相对误差,其表达式为

$$N = \overline{N} \pm \Delta\overline{N}(\text{单位})$$

$$E_N = \frac{\Delta\overline{N}}{\overline{N}} \times 100\%$$

这里关键是 $\overline{N}$ 和 $\overline{\Delta N}$ 的计算和表示,就不同情况归纳如下。

1.4.1　单次测量

它适用于被测量只能进行一次测量(指实验条件不允许多次测量)或没有必要进行多次测量(因其相对误差甚小,在诸个被测量的误差分析中所占比例极小)的情况。这时只有一个测量值 N,其误差项 ΔN 有两种表示法。

(1) $\Delta N = \Delta_{仪}$,$\Delta_{仪}$ 为仪器误差,这个值在仪器手册中都可查到。例如二十分度游标卡尺,量限在 0～500 mm 时,$\Delta_{仪} = 0.05$ mm。仪器误差一般按极限误差决定,其数值为标准误差的三倍($\Delta_{仪} = 3\sigma$),它的置信概率为 99.7%(参阅本章附录)。

(2) $\Delta N = \frac{1}{\sqrt{3}}\Delta_{仪}$,$\Delta_{仪}$ 为仪器误差。这种处理方法是建立在认为仪器误差为均匀分布,为了使它与标准误差有相同的置信概率 68.3%,且便于合成。

1.4.2　多次测量

对某一被测量在相同条件下进行多次测量,则它的最后测量值就是多次测量的平均值。其误差项 ΔN 由两部分组成,而对 ΔN 计算又有不同的方法。

1. 算术平均误差

在要求不高或测量次数较少时(一般少于五次)多采用这种处理方法。这里的误差 ΔN 由多次测量的平均绝对误差 Δ 和仪器误差 $\Delta_{仪}$ 组成,具体表达式为

$$\Delta N_1 = \Delta + \Delta_{仪} \tag{1.17}$$

$$\Delta N_2 = \sqrt{\Delta^2 + \frac{\Delta_{仪}^2}{3}} \tag{1.18}$$

式中 Δ 的计算如式(1.5)所示。显然 ΔN_1 的值比 ΔN_2 的值要大，因为 Δ 的置信概率为 57.5%，$\Delta_{仪}$ 的置信概率为 99.7%（见本章附录），两者直接相加其总的置信概率难以确认。而 ΔN_2 在处理时，将 $\Delta_{仪}$ 除以了 $\sqrt{3}$，所以 ΔN_2 的置信概率近似为 57.5%。一般实验中若用算术平均误差计算时，建议采用式(1.18)为宜。

2. 标准误差

一般情况下应该尽可能使用标准误差来处理。因为它是按近似正态分布考虑，所以测量次数不应太少，一般在 6～10 次就可以了。误差 ΔN 的计算和上面类似，只不过用标准误差罢了。还应解释的是 σ 和 S 的差异，理论推导在 $n \to \infty$ 时，σ 是正态分布的特征值，并由此引出标准误差。但在实际应用中，测量次数 n 总是有限的，这才引出贝塞尔公式的应用，它们的表达式分别为式(1.7)和式(1.8)。在实际应用中，常用 S 表征标准误差，只是在 n 很大时才出现 σ，且二者不必同时出现，因此在测量次数有限时，用 S 表示标准误差也不会引起概念混淆。而对 ΔN 的处理方法同样有两种形式，即

$$\Delta N_1 = S + \Delta_{仪} \tag{1.19}$$

$$\Delta N_2 = \sqrt{S^2 + \frac{\Delta_{仪}^2}{3}} \tag{1.20}$$

同样，用式(1.20)计算比较合理，这时 ΔN 的置信概率与标准误差 S 一致，都是 68.3%。

上述计算都是在修正了一切可修正的系统误差之后才是正确的。对仪器误差的上述处理，则是基于仪器误差大部分含有不可修正的系统误差（是一些随机变量，又不一定按正态分布），考虑到其它分布时的一种统计方法。

在恰当地确定了 N 和 ΔN 之后，相对误差 E 就很容易计算

$$E_N = \frac{\Delta N}{N} \times 100\%$$

这样就完整地表示出测量结果。

在整个测量列中，常有可能出现个别绝对误差很大的测量值。根据误差的概念和它们的置信概率（见本章附录），我们把标准误差的三倍值(3σ)定为极限误差，也叫误差限，它的置信概率为 99.7%，若某一测量值的绝对误差比 3σ 还大，说明它的概率已经很小(<3‰)，就可以作为粗大误差，在数据处理过程中予以剔除，但原始数据记录则应予保留，以备查阅。

第 5 节　关于测量的不确定度的概念

测量不确定度是指由于测量误差的存在而对被测量值不能肯定的程度，是指测量值附近的一个区域范围，不确定度小，测量结果可信程度高，不确定度大，测量结果的可信程度低。不确定度和误差是有区别的。误差是测量值与真值之差，是可正可负的量值，因为真值不可知，因此误差是得不到的。不确定度是无符号的参数，可以具体计算和评定；测量误差为的是表明测量结果偏离真值的程度，而测量不确定度为的是表明被测量值的分散性。

测量结果的不确定度不再将测量误差分为系统误差和随机误差，而是把可修正的系统误差修正后，将余下的误差分为可用统计方法估算的 A 类分量和用其他非统计方法估计的 B 类分量。

1.5.1　不确定度的概念

1. 直接测量结果的 A 类不确定度的估算

A 类不确定度分量是指可以用统计方法计算的不确定度。这类不确定度服从正态分布规律，因而可以像计算标准偏差一样进行计算。在相同测量条件下，n 次独立测量值为 $x_1, x_2, \cdots, x_n$，其最佳值为算术平均值

$$\overline{x} = \frac{1}{n}\sum_{i=1}^{n} x_i$$

x_i 的标准偏差 $S(x_i)$ 的估计采用贝塞尔公式

$$S(X) = \sqrt{\frac{\sum_{i=1}^{n}(x_i - \overline{x})^2}{n-1}}$$

平均值 $\overline{x}$ 的标准偏差 $S(\overline{x})$ 为

$$S(\overline{x}) = \frac{S(x)}{\sqrt{n}}$$

就是该量的 A 类不确定度分量。

2. 直接测量结果的 B 类不确定度 $U(x_i)$ 的估算

B 类不确定度分量是指用不同于统计方法获得的不确定度，它包含的内容较多，如大量的未定系统误差、仪器误差和粗大误差等，主要的计算式为

$$U = \frac{\Delta}{\sqrt{3}},\quad [-\Delta, \Delta]\ 范围均匀分布$$

$$U = \frac{\Delta}{\sqrt{2}},\quad [-\Delta, \Delta]\ 范围反正弦均匀分布$$

3. 合成不确定度 U

若各不确定度分量相互独立，则合成不确定度为

$$U=\sqrt{\sum_{i=1}^{n}S(\bar{x})^2+\sum_{i=1}^{n}U(x_i)^2}$$

4. 结果表示

算术平均值及合成不确定度 $x=\bar{x}\pm U$（单位）

相对不确定度 $U_r=\frac{U}{\bar{x}}\times 100\%$

5. 间接测量结果的不确定度及测量结果表示

设间接测量量 N 与各直接测量量的函数关系为

$$N=f(x,y,z,\cdots)$$

间接测量结果是由一个或几个直接测量值经过公式计算得出。$\bar{x},\bar{y},\cdots$代表直接测量量的最佳值，因此间接测量量的最佳值为

$$N=f(\bar{x},\bar{y},\bar{z},\cdots)$$

设$U_x,U_y,U_z,\cdots$分别为$x,y,z,\cdots$等相互独立的直接测量量的不确定度，则间接测量量的总不确定度为

$$U_N=\sqrt{\left(\frac{\partial f}{\partial x}\right)^2U_x^2+\left(\frac{\partial f}{\partial y}\right)^2U_y^2+\left(\frac{\partial f}{\partial z}\right)^2U_z^2+\cdots}$$

式中，偏导数$\frac{\partial f}{\partial x},\frac{\partial f}{\partial y},\frac{\partial f}{\partial z},\cdots$称为传递系数，它的大小直接代表了各直接测量结果不确定度对间接测量结果不确定度的贡献（权重）。

间接测量量的相对不确定度可表示为

$$\frac{U_N}{N}=\sqrt{\left(\frac{\partial \ln f}{\partial x}\right)^2U_x^2+\left(\frac{\partial \ln f}{\partial y}\right)^2U_y^2+\left(\frac{\partial \ln f}{\partial z}\right)^2U_z^2}$$

间接测量结果的表示与直接测量结果的表示形式相同，即写成

$$N=\overline{N}\pm U_N\quad（单位）$$

$$U_r=\frac{U_N}{\overline{N}}\times 100\%$$

1.5.2　不确定度计算实例

例 4 一个铅质圆柱体，用分度值为 0.02 mm 的游标卡尺分别测其直径和高度 10 次，数据如下：

d/mm	20.42	20.34	20.40	20.46	20.44	20.40	20.40	20.42	20.38	20.34
h/mm	41.20	41.22	41.32	41.28	41.12	41.10	41.16	41.12	41.26	41.22

用称量 500 g 的物理天平测其质量为 $m=152.10$ g，求铅的密度及不确定度。

解　1. 铅质圆柱体的密度 ρ

直径 d 的算术平均值　$\overline{d}=\frac{1}{10}\sum_{i=1}^{10}d_i=20.40$ mm

高度 h 的算术平均值　$\overline{h}=\frac{1}{10}\sum_{i=1}^{10}h_i=41.20$ mm

圆柱体的质量　$m=152.10$ g

铅质圆柱体的密度　$\rho=\frac{4m}{\pi d^2 h}=\frac{4\times 152.10}{3.1416\times 20.40^2\times 41.20}=11.29\times 10^3\ \text{kg/m}^3$

2. 直径 d 的不确定度

A 类评定

$$S(\overline{d})=\sqrt{\frac{\sum_{i=1}^{10}(d_i-\overline{d})^2}{n(n-1)}}=\sqrt{\frac{0.0136}{90}}=0.012\ \text{mm}$$

B 类评定

游标卡尺的示值误差为 0.02 mm，按近似均匀分布

$$u(d)=\frac{0.02}{\sqrt{3}}=0.012\ \text{mm}$$

d 的合成不确定度

$$U(d)=\sqrt{S(\overline{d})^2+u(d)^2}=\sqrt{0.012^2+0.012^2}=0.017\ \text{mm}$$

3. 高度 h 的不确定度

A 类评定

$$S(\overline{h})=\sqrt{\frac{\sum_{i=1}^{10}(h_i-\overline{h})^2}{n(n-1)}}=\sqrt{\frac{0.0496}{90}}=0.023\ \text{mm}$$

B 类评定

$$u(h)=\frac{0.02}{\sqrt{3}}=0.012\ \text{mm}$$

h 的合成不确定度

$$U(h)=\sqrt{S(\overline{h})^2+u(h)^2}=\sqrt{0.023^2+0.012^2}=0.026\ \text{mm}$$

4. 质量 m 的不确定度

从所用天平检定证书上查得，称量为 1/3 量程时的合成不确定度为 0.04 g，按近似高斯分布

$$u(m)=\frac{0.04}{3}=0.013\ \text{g}$$

5. 铅密度的合成不确定度

先计算其相对不确定度

$$\frac{U(\rho)}{\rho}=\sqrt{\left(\frac{2U(d)}{d}\right)^2+\left(\frac{U(h)}{h}\right)^2+\left(\frac{U(m)}{m}\right)^2}$$

$$=\sqrt{\left(\frac{2\times 0.017}{20.40}\right)^2+\left(\frac{0.026}{41.20}\right)^2+\left(\frac{0.013}{152.10}\right)^2}$$

$$=\sqrt{2.8\times 10^{-6}+0.4\times 10^{-6}}=0.18\%$$

$$U(\rho)=1.129\times 10^{-2}\times 0.18\%=0.002\times 10^{-2}\ \text{g/mm}^3$$

6. 测量结果最后表示

$$\rho=(11.29\pm 0.02)\times 10^3\ \text{kg/m}^3$$

$$U_r(\rho)=0.18\%$$

第 6 节　有效数字及其运算

1.6.1　有效数字与测量

根据测量的概念，一个测量结果的数值用被测量是标准量的倍数来表示的。例如，用毫米分度的尺子测量某物体的长度为 42.6 mm，显然这组数字的每一个字都是有意义的：42 是毫米（标准量）的整数倍，0.3 表示在毫米示值的$\frac{3}{10}$，显然这是一个估计值，不是十分确定的，如图 1 - 2 所示。同一被测量如果以厘米为标准量与之比较，就是说用厘米分度的尺子去测量，其结果只可能是 4.3 cm，如图 1 - 3 所示。从上述情况可以得出如下结论：任何一个测量值，总是由若干位可靠数字与一位估计数字组成，它们都有效地表征测量结果——被测量和标准量的关系，不可任意增减。如果同样用毫米分度尺去测量一个长约 4 毫米的长度，其结果为 4.0 mm，如图 1 - 4 所示。与图 1 - 2 比较，同一标准量（毫米分度尺）测量不同长度的物体，其标准量的整倍数（毫米值）不相同，而其估计位都在标准量的十分位上，即十分之一毫米位。由此可以得出又一结论：测量结果的有效数字位数由被测量和所选用的标准量共同确定，其整倍数由被测量的大小决定，估计位则一定在最

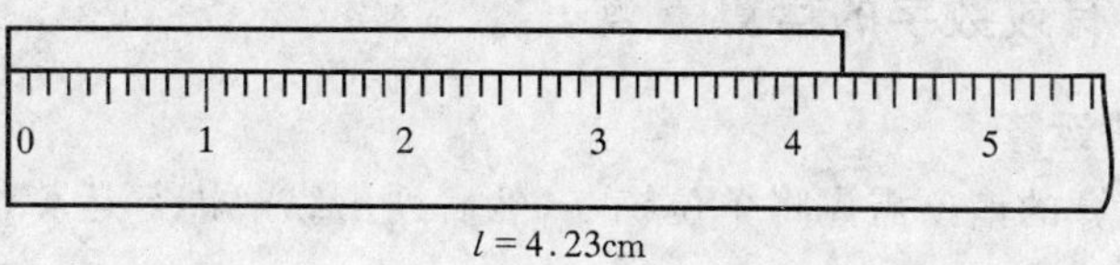

图 1 - 2　用 mm 分度的尺子测量长度

小分度的十分位上。

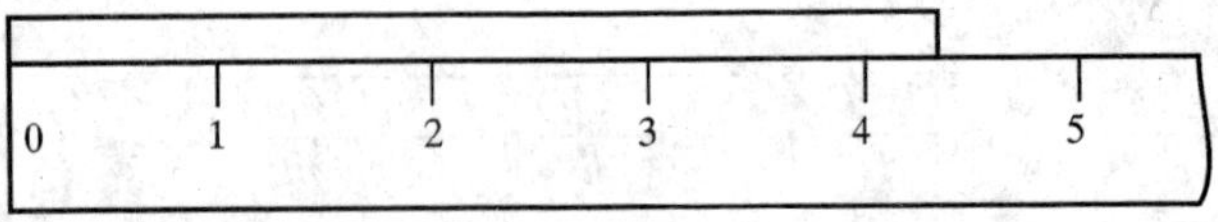

$l=4.3\text{cm}$

图 1-3　用 cm 分度的尺子测量长度

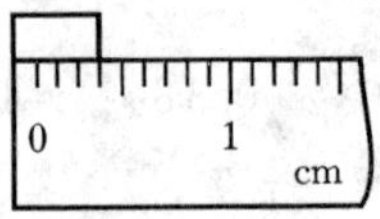

图 1-4　用 mm 分度尺测量长度

综上所述，我们可以说有效数字是恰当地反映测量结果的一组数字。它不同于数学概念中的数字，它的每一位数字都有其特定的意义，不能随意增减。“0”在这里也是一个有具体概念的数字，尤其不可任意取舍。例如 135.6 是四位有效数字，13.6 是三位有效数字，4.0 是两位有效数字。在测量中 4.0 mm≠4 mm，也不能写成 4.000 mm。因为 4.0 mm 表示以毫米分度的量具测量，整数倍为“4”，估计位是“0”。而 0.4 cm 则表示用厘米分度的量具测量，只有一位估计数字是 0.4 cm，没有一位可靠数字。4.000 mm 则是用千分尺测量的结果，它的估计位在毫米的千分位上。由此得出结论：有效数字后面的“0”数字是与测量密切相关的，不能随意舍去。在运算过程中，常常需要变换单位，例如将 4.000 毫米化成以米为单位，则 $4.000\ \text{mm}=0.004000\text{m}=4.000\times10^{-3}\ \text{m}$，在这个变换中测量值的四位有效数字始终不变，在 4 前面由于单位变换而增加的“0”不是有效数字，为了简化运算或便于表示，单位变换时采用科学记数法，如

$$4.000\ \text{mm}=4.000\times10^{3}\ \mu\text{m}=4.000\times10^{6}\ \text{nm}=4.000\times10^{-3}\ \text{m}$$

而且应该理解下面不等式的含义

$$4.000\ \text{mm}\neq4\ \text{mm}$$

$$4.000\ \text{mm}\neq4000000\text{nm}$$

$$4.000\ \text{mm}\neq0.004\text{m}$$

1.6.2　有效数字的运算

1. 加减法运算

凡参加运算的诸项需先将单位统一，然后列出纵式进行运算，以存疑位（估计

位)最高的一位作为和或差的估计位,后面的数字按“四舍五入”处理。[①]

例 5　10.1 cm+41.78 mm

解　10.1 cm+4.178 cm=14.3 cm

$$\begin{array}{r} 10.\underline{1} \\ +\ 4.17\underline{8} \\ \hline 14.\underline{2}7\underline{8} \end{array}$$

例 6　10.1 cm−41.78 mm

解　$10\underline{1}$ mm−$41.7\underline{8}$ mm=$5\underline{9}$ mm

$$\begin{array}{r} 10\underline{1} \\ -\ 41.7\underline{8} \\ \hline 5\underline{9}.2\underline{2} \end{array}$$

上列数字中,在估计位下面加了一横(本节例题均如此)。在上述运算中,为了简化,常常在运算之前就根据诸项中估计位的最高位对其它各项先行四舍五入化简再进行运算,其结果是一致的。这步工作可由读者自己核算。

2. 乘除法运算

凡参与乘除运算的诸数字,若其有效数字位数不同,则其积或商的有效数字位数与诸数字中有效数字位数最少的一样,考虑到乘法运算中可能有进位,故可适当增加一位,而连乘除综合运算时则一般不增不减。

例 7　$10.\underline{1}\times 4.17\underline{8}=42.\underline{2}$

$$\begin{array}{r} 10.\underline{1} \\ \times\ 4.17\underline{8} \\ \hline \underline{8}\underline{0}\underline{8} \\ 70\underline{7} \\ 10\underline{1} \\ 40\underline{4} \\ \hline 42.\underline{1}\underline{9}\underline{7}\underline{8} \end{array}$$

① “四舍五入”是一种常用的尾数取舍法则,它不是很合理的,总是入的几率大于舍得几率。另一种更为合理的舍入法则是“四舍六入,逢五取偶”,就是尾数为五时则将前位凑成偶数。例如把下列数字按此法则舍入到小数点后第三位。

3.14159→3.142,4.51050→4.510,13.12650→13.126,5.6234→5.623,7.6915→7.692

例 8　$10.\underline{1}\div 4.17\underline{8}=2.4\underline{2}$

$$
\begin{array}{r}
2.4\underline{1}\underline{7}\\
4.17\underline{8}\overline{)10.\underline{1}\underline{0}\underline{0}\underline{0}\underline{0}\underline{0}}\\
8356\\
\hline
1\underline{7}\underline{4}\underline{4}\underline{0}\\
16712\\
\hline
\underline{7}\underline{2}\underline{8}\underline{0}\\
4178\\
\hline
\underline{3}\underline{1}\underline{0}\underline{2}\underline{0}\\
29246\\
\hline
\underline{1}\underline{7}\underline{7}\underline{4}
\end{array}
$$

3. 函数运算

在间接测量量的运算中，常常出现乘方、开方、正弦、对数等函数运算，仔细推敲和处理是比较繁杂的工作，一般运算中常常采用简化的办法处理，就是函数运算结果的有效数字位数一般与原函数的位数相同。例如

$$225^2=5.06\times 10^4$$

$$\sqrt{225}=15.0$$

$$\sin 30°00'=0.5000$$

$$\tan 30°00'=0.5774$$

$$\lg 35.4=1.549\text{（首数不计）}$$

$$\ln 35.4=3.567\text{（首数不计）}$$

1.6.3　与有效数字有关的几个问题

(1)有效数字的位数与单位无关，即不因单位的变换而改变有效数字的位数。

(2)运算中的常数，如圆面积 $S=\frac{\pi}{4}D^2$ 中的“4”和“π”，因为它们不是本次的测量值，故不参与有效数字处理，式中用到的常数，一般按实际需要取到相应的位数，不应因其选择不当而损失有效数字。

(3)有效数字在直接测量中，直接反映量具的最小分度和仪器的精度，但它毕竟不能完整地表示整个测量的结果，必须对测量量仔细地进行误差处理，并参照有效数字运算法则才能正确地表示测量结果。

有效数字并没有什么特别难于理解的深奥道理，但在实验中却极易出错，究其原因主要出在不重视、不细心。只要认真对待，正确地使用有效数字处理实验数

据，是不难做到的。考虑到计算器和电脑的普遍使用，运算结果的数字常会增多，应按有效数字规定取舍，这点尤应注意。

第 7 节　用列表法和作图法处理数据

为了求得某一被测量的结果，在一定条件下，进行了多次测量，得到一系列的测量值之后，如何正确地表示测量结果，要根据任务的要求采用相应的表示方法。本节仅就常用的列表法和作图法作一介绍。

例如对某一线性电阻进行测量以求得其阻值 R。采用伏安法进行测量，其电路图如图 1－5 所示，所用电表为

电压表 10.00 V　0.5 级

电流表 250 mA　1.0 级

实验前电表已精确校正零位，并在修正了电压表分流值之后，测得数据如表1－3所示（分压电阻 R_0 自 B 向 A 递增）

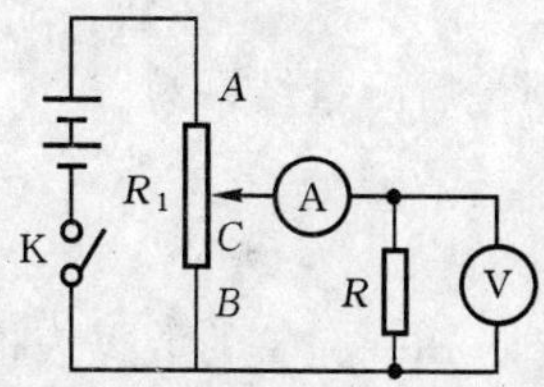

图 1－5　伏安法测电阻

表 1－3

U/V	0.00	1.00	2.00	3.00	4.00	5.00	6.00	7.00	8.00	9.00
I/mA	0	24	48	70	94	118	141	164	164	209

1.7.1　列表法

根据我国国家标准规定，所用电表之额定误差为

$$\Delta U = 10.00 \times 0.5\% = 0.05\ \text{V}$$

$$\Delta I = 250 \times 1\%\text{mA} \approx 3\ \text{mA}$$

上列数据可分别求得不同电压值下的电阻 R_x 的阻值为

$$R_x = 41.7, 41.7, 42.9, 42.6, 42.4, 42.6, 42.7, 43.2, 43.0(\Omega)$$

$$\overline{R_x} = \frac{1}{9}\sum R_i = 42.5\Omega$$

$$\Delta R_i = -0.8, -0.8, +0.4, +0.1, -0.1, +0.1, +0.2, +0.7, +0.5(\Omega)$$

$$\overline{\Delta R} = \frac{1}{9}\sum |\Delta R_i| = 0.4\Omega$$

由于电表所引起的仪器误差为

因为

$$R=\frac{U}{I}$$

所以

$$E'_R = E_U + E_I = 0.5\% + 1.0\% = 1.5\%$$

$$\Delta R = R \cdot E'_R = 42.5 \times 1.5\% = 0.6(\Omega)$$

测量结果的总误差应为

$$\Delta R = \sqrt{(\overline{\Delta R})^2 + \left(\frac{\Delta R_{仪}}{\sqrt{3}}\right)^2} = \sqrt{(0.4)^2 + \left(\frac{0.6}{\sqrt{3}}\right)^2} = 0.5\Omega$$

则最后测量结果为

$$R=42.5\pm0.5\Omega$$

$$E_R=1\%$$

用一完整的数据表格和数据处理结果表示最后的结论(如上述运算和结果)称为“列表法”。它给出了规定的测试手段所测量的全部数据,量值的大小和范围清晰,变化规律亦可大致看出,但是测量点毕竟有限,不可能包含所有的数据(指在测量范围以内),所以它多用于数据呈线性规律变化的被测对象。

1.7.2 作图法

为了形象地表征被测量的函数关系并最终求得其函数表达式,更多采用的处理方法是用图线表示测量结果。由于这个图线用于定量的表示测量结果,所以对作图作了如下规定。

1. 作图必须用规定的坐标纸,如毫米方格纸、半对数坐标纸、全对数坐标纸等。图纸的大小应尽量在不损失有效数字的条件下,适当变换比例以确定其大小。坐标原点不一定必须在(0,0)。

2. 为便于标注实验点和读取坐标,坐标轴的比例应尽量取 1∶1,考虑到图纸大小适当,可以放大或缩小为 1∶10 或 10∶1,必要时也可选 1∶5 或 1∶2 等,一般不应选用 1∶3,1∶4 等,即不应选取每小格代表 3、4、6、7、8、9 及其它分数值,以保证读数方便和准确。

3. 坐标及比例选定后要在坐标轴上标出名称、单位和进行标度,并将各个实验点准确无误地在图上标出,应有明确的标记,以示确认。

4. 连线。将各个实验点按其规律用直尺(线性函数)或曲线板光滑连接,曲线应在各实验点中均匀穿过,不应有意识地穿过某一个或某几个点,因为这也是一个求其平均值的过程。

5. 标出计算点或特征点并标出其坐标。对于直线方程可在适当位置从图线上读出两点之坐标(以不损失或少损失有效数字为原则),求出斜率和截距,写出线性方程及测量结果。对于非线性方程(图线为曲线),则应根据已有的解析几何知识,分析和估计该图线可能遵循的函数(如正弦、抛物线等)。若难于确定,一般则可用幂函数去拟合,即令 $y=kx^{\alpha}$,将其对数处理就可以在对数坐标系内建立线性方程,从而求得对应的 k 和 α。

根据上述规定,将表 1-3 的数据作图线如图 1-6 所示。

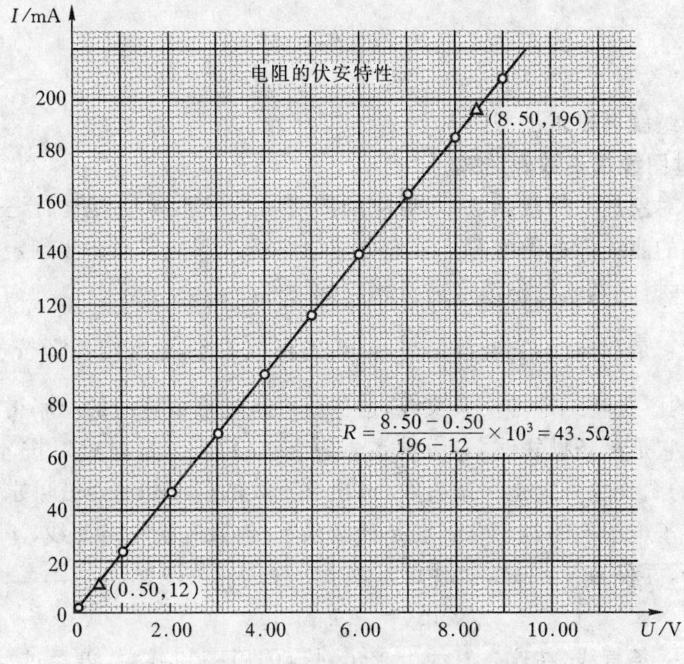

图 1-6　电阻的伏安特性图线

还要指出,描绘的曲线应尽量细一点,以便读取坐标值。曲线应尽量光滑,所以凡是曲线一定要用曲线板绘制,千万不要徒手描绘。原来的实验点一定要予以保留,不可因曲线穿过而掩盖。对个别误差过大而偏离图线的点,可按照粗大误差剔除的原则不予考虑,但实验点应标出以便核对和查找原因。

1.7.3　图解法

1. 通过图线求直线的斜率和截距

若被测对象是一组线性函数,那么它的图线就是一条直线,对应的方程应为

$$y=kx+b$$

这时可以在图上选取两点,注意一定要在直线上选取而不应该用实验点,如图

1－6所示。即

$$k=\frac{y_2-y_1}{x_2-x_1}$$

若直线通过原点(0,0)，则应将直线延长使其交于 Y 轴，此时 $X=0$，对应的 Y 轴坐标就是截距 b。但在实际应用中，坐标原点并不一定是(0,0)，这时就是交于 Y 轴，该点的坐标也不是截距，这时可分别将两点的坐标 (x_1,y_1) 和 (x_2,y_2) 代入方程得

$$\begin{cases} y_1 = kx_1 + b \\ y_2 = kx_2 + b \end{cases}$$

解联立方程组就可以求出截距 b。

2. 通过图线求函数表达式

若被测对象是一任意函数，则对应的图线将一般不再是直线而是一条遵循一定函数关系的曲线。这种情况下要充分运用解析几何知识来初步判定该曲线属哪一类函数，并据此判断提出假定进行相应的处理。

若估计它是双曲线，它应满足 $y=\frac{1}{x}a$ 的函数关系，这时可重新按 $y=f(\frac{1}{x})$ 作图，则对应的图线就一定是一条直线，这样就可通过求该直线的斜率得到系数 a。

若估计它是一条抛物线，它应满足方程 $y=kx^2+b$，这时可以按 $y=f(x^2)$ 作图，则对应的图线也一定是一条直线，求出该直线的斜率和截距就可求出 k 和 b。

若一下子难于准确判定它到底是什么函数，但又确是一条曲线，不妨可以用幂函数来估计，方程为 $y=kx^\alpha$，这时只要作出对应的对数图线，即

$$\lg y = \lg k + \alpha \lg x$$

就一定变成一条直线，在这条直线上求出对应的斜率和截距，再经过反对数运算，就可以找到 k 和 α，从而求出 $y=kx^\alpha$ 的函数关系。

总之，图解法是处理实验数据中常用的方法之一，它不仅直观，而且可以在保证一定精度的条件下，比较简单地找到测量结果。这一切建立在正确作图的基础上，所以作图法在实验中是很重要的一环。虽然，目前计算机已经很普及，上列工作它都可以很好的完成，但是这些基本知识和能力是它的基础，只有全面的掌握才能熟练正确地使用。

第8节　逐差法处理数据

为了说明这一方法，把表1－3的数据变换整理列表如表1－4。

表 1－4

次数 i	1	2	3	4	5	6	7	8	9	10
U/V	0.00	1.00	2.00	3.00	4.00	5.00	6.00	7.00	8.00	9.00
I/mA	0	19	38	56	75	94	112	131	150	168
$\delta_I = I_{i+1} - I_i$	19	19	18	19	19	18	19	19	18	
$\delta_{5I} = I_{i+5} - I_i$	94	94	93	93	93					

在电压值(自变量)等间距变化的条件下，将因变量逐项相减，可以得到($\delta_I \approx 19$)近似相等的差值，这就可清楚地判断它们之间是线性变化的。如果隔五项相减，其差值仍保持不变，而且较精确地计算出该线性函数的系数，即

$$\overline{R} = \frac{\delta U}{\delta I} = \frac{5.00}{0.093} = 54\Omega$$

从上述例子可以看出，当函数存在如下形式，即

$$y = a_0 + a_1 x \tag{1.21}$$

自变量等间距变化时，将其测量数据分成两组，以相同的间隔(例如，$y_{i+n} - y_i$)逐项相减求其平均值的方法，叫做逐差法，也叫差值平均法。这种处理方法可以充分的利用测量数据，还有对数据取平均的效果，而且还可以最大限度的保证不损失有效数字。如果用这种方法来建立数学方程，还可以避开某些有定值的未知量而求得所需结果。当函数表达式为二次多项式时，有

$$y = a_0 + a_1 x + a_2 x^2$$

同样可以用逐差法，就是所谓的二次逐差，它的方法是先求出一次逐差 δ_{yi}

$$\delta_{yi} = y_{i+n} - y_i$$

再求二次逐差

$$\delta_{yi}^2 = \delta_{yi+n}^2 - \delta_{yi}^2$$

这样仍可保证 δ_{yi}^2 的值保持近似相等。亦有这种情况，函数

$$y = f(x^2)$$

式中 x 逐差结果不相等，但 x^2 逐差，即 $x_{i+n}^2 - x_i^2$ 相等，则同样可用逐差法处理。

应该说明，本节一开始指出的相邻两项逐差只是在判别函数是否存在线性关系时使用，而在求平均值时不能这样运算，例如

$$\begin{aligned}\overline{\delta}_i &= \frac{1}{n-1}\sum_{i=1}^{n}(I_{i+1} - I_i) \\ &= \frac{1}{n-1}[(I_2 - I_1) + (I_3 - I_2) + (I_4 - I_3) + \ldots + (I_{10} - I_9)] \\ &= \frac{1}{n-1}(I_{10} - I_1)\end{aligned}$$

结果只用了首尾两项,其余中间诸项均被正负抵消,等于只测了两个数据,这样做当然是不对的。正确的方法应该是

$$\bar{\delta}_{5i}=\frac{1}{5}[(I_6-I_1)+(I_7-I_2)+(I_8-I_3)+(I_9-I_4)+(I_{10}-I_5)]$$

$$=\frac{1}{5}(94+93+93+94+93)=\frac{1}{5}\times 467=93.4$$

这个结果和作图法处理数据的结果基本一致。①

第 9 节　最小二乘原理

对于已知为线性函数的方程式,用作图法处理是比较容易的。由于实验过程中的各个测量值都是客观存在,有时可能很分散,并不像图 1－6 所表示的那样大致均匀地分布在直线附近。当由于误差的存在而使得实验点离散度较大时,如何正确地连线将变得十分困难。物质运动的客观规律是存在的,问题是如何找到这个规律,这里介绍的最小二乘法原理(又叫最小二乘法)就是从理论上以实验点为基础,拟合出最理想的曲线的方法。限于篇幅及基本要求,本节只介绍线性拟合方法。

设有已知函数为

$$y=a_0+a_1x \tag{1.22}$$

用实验的方法,在满足下列条件下进行测量:

1. 系统误差(可修正的)已被消除;
2. 每个测量值有相同的精度——等精度测量;
3. 相对于 x_i 而言,y_i 有明显的随机误差(在测量中可以把 x、y 中误差小的量作为自变量)。

在上述条件下,我们可以测得若干组 x_i,y_i 的测量值。其图线如图 1－7 所示。由于误差的存在,每个测量值都可能和直线有一个增量 ε_i,它的表示式为

$$\varepsilon_i=Y_i-y=Y_i-(a_0+a_1x) \tag{1.23}$$

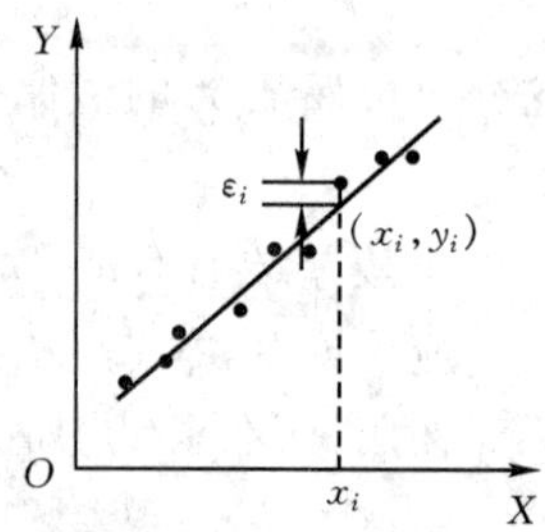

图 1－7　线性拟合

如何选取 a_0 和 a_1 使得 ε_i 最小,就是我们要研究的核心问题。由于 ε_i 在曲线两侧均可能出现,它一定有正负之别。为了不使其正负抵消且考虑到其每个量

① 这里所求出的 R 值和用作图法求出的 R 意义一样,只是计算了多次测量的平均值,没有进行误差分析和计算,这方面内容在列表法和前面内容已有介绍,不再赘述。

值的权重，应当计算 $\sum_{i=1}^{k}\varepsilon_i^2$ 的大小。就是说如果选定的 a_0 和 a_1 可以使 $\sum_{i=1}^{k}\varepsilon_i^2$ 有最小值，那么这条直线就是这组测量数据的最佳拟合曲线。这就是最小二乘法的基本思想。

由式(1.23)得

$$\sum_{i=1}^{k}\varepsilon_i^2 = \sum_{i=1}^{k}(Y_i - a_0 - a_1 x_i)^2 \tag{1.24}$$

将式(1.24)分别对 a_0 和 a_1 求一阶偏导，并令其等于零求极值，即

$$\frac{\partial}{\partial a_0}\left(\sum_{i=1}^{k}\varepsilon_i^2\right) = -2\sum_{i=1}^{k}(Y_i - a_0 - a_1 x_i)^2 = 0$$

$$\frac{\partial}{\partial a_1}\left(\sum_{i=1}^{k}\varepsilon_i^2\right) = -2\sum_{i=1}^{k}(Y_i - a_0 - a_1 x_i)^2 = 0$$

整理为

$$\left.\begin{aligned} a_1\overline{x} + a_0 &= \overline{y} \\ a_1\,\overline{x^2} + a_0\overline{x} &= \overline{xy} \end{aligned}\right\} \tag{1.25}$$

式中

$$\left.\begin{aligned} \overline{x} &= \frac{1}{k}\sum_{i=1}^{k}x_i \\ \overline{y} &= \frac{1}{k}\sum_{i=1}^{k}y_i \\ \overline{x^2} &= \frac{1}{k}\sum_{i=1}^{k}x_i^2 \\ \overline{xy} &= \frac{1}{k}\sum_{i=1}^{k}x_i \cdot y_i \end{aligned}\right\} \tag{1.26}$$

方程组(1.25)的解为

$$a_1 = \frac{\overline{x}\cdot\overline{y} - \overline{xy}}{\overline{x}^2 - \overline{x^2}} \tag{1.27}$$

$$a_0 = \overline{y} - a_1\overline{x} \tag{1.28}$$

按照式(1.27)和式(1.28)，就可求出拟合曲线的斜率和截距(关于最小值的证明从略)。但在 a_1 和 a_0 的表达式中含各次测量值，因此它们也是有误差的，同样 Y_i 也有标准误差，它们的表达式分别为

$$S_y = \sqrt{\frac{\sum_{i=1}^{k}(Y_i - a_0 - a_1 x_i)^2}{k-2}} \tag{1.29}$$

这里分母为$(k-2)$的原因是，确定两个未知数需要有两个方程，多余的方程数为$(k-2)$。

$$\left.\begin{aligned} S_{a_1} &= \frac{S_y}{\sqrt{k(\overline{x^2}-\overline{x}^2)}} \\ S_{a_0} &= \sqrt{\overline{x^2}} \cdot S_{a_1} \end{aligned}\right\} \tag{1.30}$$

为了定量描述 x，y 变量之间线性相关程度的好坏，我们引入相关系数 r，其定义是

$$r = \frac{L_{XY}}{\sqrt{L_{XX}L_{YY}}} \tag{1.31}$$

式中

$$L_{XY} = \sum_{i=1}^{k} x_i y_i - \frac{1}{k}\left(\sum_{i=1}^{k} x_i\right)\left(\sum_{i=1}^{k} y_i\right)$$

显然 r 与 a，具有相同的符号。$r>0$，则 $a_1>0$，表示拟合曲线的斜率为正。反之为负。若 $r=0$ 表示 x 与 y 之间没有线性相关的关系。图 1-8 列出不同相关系数时拟合直线与实验点的分布图，供参考。

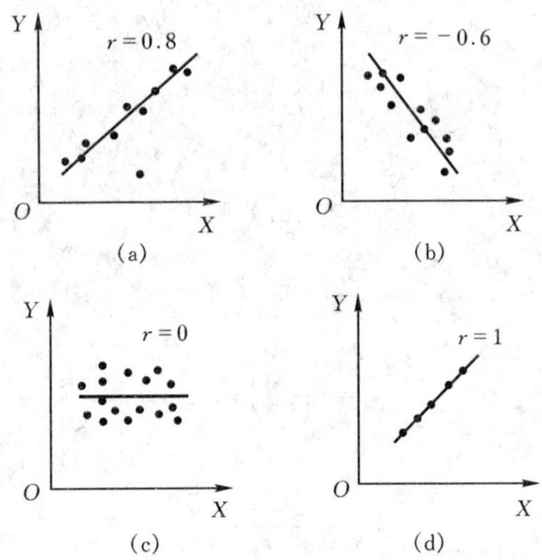

图 1-8　不同相关系数的数据点分布图

相关系数是判断被测函数是否线性相关的参数。在实际应用中应该有一个相对的判据或参考，以便将计算出的相关系数 r 与之比较。由于 r 是根据实验数据计算出来的，而这些数据又都存在误差，因此产生错误判断的可能性仍然存在。为了说明这种可能性，我们引入一个系数——显著性水平 α，用它来表征出现错误判断的概率。例如 $\alpha=0.05$，表示将线性相关错误地判断为线性不相关的概率为 5%。$\alpha=$

0.01表示其概率为1%。在一般使用中 α 也就常用0.05和0.01两个值。

表1-5列出了 α=0.05和0.01两种情况下相关系数的判据 r_0 的值,供读者使用。

表 1-5　相关系数检验表

$k-2$ \ α	0.5	0.01	$k-2$ \ α	0.05	0.01
1	0.997	1.000	16	0.468	0.590
2	0.950	0.990	17	0.456	0.575
3	0.898	0.959	18	0.444	0.561
4	0.811	0.917	19	0.433	0.549
5	0.754	0.874	20	0.423	0.537
6	0.707	0.834	21	0.381	0.487
7	0.666	0.798	22	0.349	0.449
8	0.632	0.765	23	0.325	0.418
9	0.602	0.735	24	0.304	0.393
10	0.576	0.708	25	0.273	0.354
11	0.553	0.684	26	0.250	0.325
12	0.532	0.661	27	0.232	0.302
13	0.515	0.641	28	0.217	0.283
14	0.497	0.623	29	0.195	0.254
15	0.482	0.606	30	0.138	0.181

例 9　在测定金属导体的电祖温度系数实验中,其测量数据如下:

$R(\Omega)$	38.83	40.83	41.42	42.26	42.63	43.74
t(℃)	24.8	37.0	40.9	45.2	49.0	56.1
$R(\Omega)$	44.44	45.10	45.79	46.45	47.44	48.11
t(℃)	61.0	65.8	70.0	74.9	80.6	85.4

用最小二乘法计算 a_0,a_1,S_{a_0},S_{a_1},α 和 R_0(℃),r

解 金属导体的电阻与温度的关系为：

$$R=R_0(1+\alpha t)$$

式中 R_0 是在 0℃时的电阻，α 为电阻温度系数。从测量数据来看 R 有四位有效数字，t 是三位有效数字，相比较可看出 R 的精度高，根据最小二乘法原理要求，应以 R 为自变量，上式应改写为

$$t=-\frac{1}{\alpha}+\frac{1}{\alpha R_0}R$$

分别用 X_i，Y_i 代表 R，t 的测量值。根据本节所述内容，可以分别求出

$$\overline{X}=43.92,\quad \overline{Y}=57.56\quad \overline{X^2}=1936$$

$$L_{XX}=87.67,\quad L_{YY}=3843,\quad L_{XY}=580.1,\quad a_0=-233.1,\quad a_1=6.618,$$

$$S_{a_0}=3,\quad S_{a_1}=0.06,\quad r=0.9995$$

$$a_0=-(233.1\pm 3),\ a_1=6.618\pm 0.06$$

代回原式，分别求出 α 和 R_0

$$\alpha=-\frac{1}{a_0}=4.29\times 10^{-3},\quad R_0=-\frac{a_0}{a_1}=35.2\ \Omega$$

$$S_\alpha=\alpha\frac{S_{a_0}}{|a_0|}=5\times 10^{-5}$$

$$S_{R_0}=R_0\sqrt{\left(\frac{S_{a_0}}{a_0}\right)^2+\left(\frac{S_{a_1}}{a_1}\right)^2}=0.53$$

最后结果

$$\begin{cases}\alpha=(4.29\pm 0.05)\times 10^{-3}/℃\\ E_\alpha=1\%\end{cases}$$

$$\begin{cases}R_0=(35.2\pm 0.5)\Omega\\ E_{R_0}=1.4\%\end{cases}$$

$$R_t=35.2(1+4.29\times 10^{-3}t)\Omega$$

取显著性水平 $\alpha=0.01$，$k=12$，查表 1-4 得 $r_0=0.708(k=12)$，$r=0.9995$，满足 $r>r_0$，说明线性相关程度很高。

第 1 章附录　与随机误差有关的概率和统计初步知识

在相同条件下，对同一物理量进行多次重复测量，其测量值总是在一定范围内涨落，每一测量值具有随机性，而大量的数据综合又表现出一定的规律性。仔细研究和分析超出本课程范围，这里只从本课程需要，扩展一些与此有关的概率和统计知识。

1. 正态分布

用单摆装置和停表测重力加速度实验中需要测单摆的周期。在完全相同的条件下，多次重复测量，并将周期的测量值按不同范围和在该范围内出现的次数列表，如表 1－6 所示

表 1－6

区间号	周期 T 的范围(s)	中点(s)	出现次数(n)	与总次数之比 $\frac{n}{N}$
1	1.00～1.02	1.01	0	0
2	1.02～1.04	1.03	1	0.005 49
3	1.04～1.06	1.05	4	0.021 98
4	1.06～1.08	1.07	7	0.038 46
5	1.08～1.10	1.09	15	0.082 42
6	1.10～1.12	1.11	31	0.170 33
7	1.12～1.14	1.13	54	0.296 70
8	1.14～1.16	1.15	37	0.203 30
9	1.16～1.18	1.17	20	0.109 89
10	1.18～1.20	1.19	9	0.049 45
11	1.20～1.22	1.21	3	0.016 48
12	1.22～1.24	1.23	0	0
13	1.24～1.26	1.25	1	0.005 49
14	1.26～1.28	1.27	0	0

以出现的次数 n 为纵轴，以时间 t 为横轴作统计直方图。如果将各个区间的中点值作图就可以连成一条光滑的曲线，如图 1－7 所示，显然，在有限次的测量中，只能作出统计直方图，只有测量次数无限增加时，才有可能真正连成一条光滑曲线。

这条曲线的物理意义是当测量次数无限增加时，每次测量结果的数值出现的概率在总测量次数中所占的比例。用数学等式表示为

$$\int_{-\infty}^{+\infty} P(t)\mathrm{d}t = 1$$

这是因为

$$\sum_{i=1}^{n} \frac{n_i}{N} = 1$$

当其 $n \to \infty$ 时，变成连续分布的缘故。$P(t)$是概率密度函数。

一般情况，当随机变量 x 是由大量的、相互独立的而又极微弱的因素构成时，概率密度函数有特殊的表达式为

$$P(x) = \frac{1}{\sigma\sqrt{2\pi}}\mathrm{e}^{-\frac{(x-\bar{x})^2}{2\sigma^2}} = \frac{1}{\sigma\sqrt{2\pi}}\mathrm{e}^{-\frac{\Delta x^2}{2\sigma^2}}$$

这就是正态分布，又叫高斯分布。$\bar{x}$ 是随机变量所对应的平均值，它总是和正态分布的峰值对应。σ 为特征值，它直接影响 $P(x)$ 图线的形态。σ 值增大，图线变得低而平坦，σ 变小，图线变得细高而锐。当 x 取值为 $\pm\sigma$ 时，可以计算出这时曲线下的面积为总面积的 68.3%，即

$$\int_{-\infty}^{+\infty} P(x)\mathrm{d}x = 0.683$$

因为 $P(x)$ 是归一化的，就是说 $P(x)\sim x$ 图曲线下面围的总面积是 1，这就进一步说明 σ 愈大，曲线愈低愈宽，σ 愈小曲线愈高愈窄。

由于实验测量在等精度条件下重复进行，当测量次数无限增加时，它遵循正态分布。因而用正态分布的特征值 σ 来表征标准误差，与其对应的计算公式就是所谓的贝塞尔公式，即

$$\sigma = \sqrt{\frac{\sum_{i=1}^{n}(x_i - \bar{x})^2}{n-1}}$$

它的置信概率为 68.3%。由于在不同场合对误差的要求不尽相同，因此还有用 2σ 和 3σ 来表示误差的。根据前面等式计算，在 $\pm 2\sigma$ 和 $\pm 3\sigma$ 之间，曲线下面所含的面积是总面积的 95.5% 和 99.7%。这就是如果选定 $\bar{x}\pm\sigma$ 表示测量结果，真值（或测量的平均值）落在这个区间的概率为 68.3%，其它表示方法分别为

区间 $\bar{x}\pm 3\sigma$　　置信概率为 99.7%

区间 $\bar{x}\pm 2\sigma$　　置信概率为 95.5%

区间 $\bar{x}\pm\sigma$　　置信概率为 68.3%

区间 $\bar{x}\pm\Delta$　　置信概率为 57.5%

在实际测量中测量次数 n 总不可能无限增加，σ 作为标准误差实际上是没有意义的，在有限次的测量中，引入标准偏差 S 的概念，基于上述原因，在本书中对这两概念没有严格加以区别，请读者注意。

根据误差理论可以知道，以误差表示的正态分布函数有

$$f(\Delta x) = \frac{1}{\sigma\sqrt{2\pi}}\mathrm{e}^{-\frac{\Delta x^2}{2\sigma^2}}$$

且有

$$\int_{-\infty}^{+\infty} f(\Delta x)\mathrm{d}(\Delta x) = 1$$

根据算术平均误差的定义

$$\Delta = \frac{1}{N}\sum |\Delta x_i|$$

已知 $f(\Delta x)$ 代表某一误差 Δx 发生的概率。设总的测量次数为 N，而误差在 $\Delta x\sim$

$[\Delta x+\mathrm{d}(\Delta x)]$区间的次数为 n,则根据定义有

$$f\mathrm{d}(\Delta x)=\frac{n}{N}$$

即

$$n=Nfd(\Delta x)$$

所以在该区间内误差的总和应该是出现次数 n 与 Δx 之积,即为 $|\Delta x|\cdot Nfd(\Delta x)$,而整个误差分布区间上的误差的总和为

$$\int_{-\infty}^{+\infty}|\Delta x|\cdot Nf\mathrm{d}(\Delta x)$$

根据算术平均误差的定义

$$\begin{aligned}\Delta&=\frac{1}{N}\sum|\Delta x_i|=\frac{2N\int_0^{+\infty}\Delta x\cdot Nf\mathrm{d}(\Delta x)}{N}\\&=\sqrt{\frac{2}{\pi}}\cdot\sigma=0.8\sigma\end{aligned}$$

2. t 分布

由于实际测量只能进行有限次,它的分布与正态分布有了一个微小的差异,这时真值 X_0 和标准误差将不再出现,我们用了 $\overline{X}$ 和 $S_{\bar{x}}$ 来估计 X_0 和 $\sigma(x)$,这里引入一个变量 t

$$t=\frac{X-X_0}{S_x}$$

对正态分布的结果进行修正。可见由于次数的有限,t 分布曲线比正态分布曲线变低变宽了。这样,原来正态分布中的 S_x 值在 t 分布中其置信概率将有所降低,为了具有相同的置信水平(概率),就要给原来的 S_x 乘以置信系数 t。因为差异是由测量次数引起的,显然这个系数就一定和测量次数有关,在这种考虑之下,测量结果的表示将为

$$N=\overline{N}\pm t_nS_x$$

或

$$N=\overline{N}\pm t_nS_{\bar{x}}$$

显然 t_n 与测量次数的关系是 n 愈大,t_n 愈小,当 $n\to\infty$ 时 $t_n\to 1$ 分布趋于正态分布,同时,当置信概率不同时,t_n 的取值也不相同,这是显而易见的。一般表征测量次数的方法是引入自由度 ν 的定义

$$\nu=n-1$$

式中 n 为测量次数。表 1-7 给出了常用的 t 值。

表 1-7　常用的不同自由度 ν 的 t 值

t \ ν	1	2	3	4	5	6	8	10	20	30	40	∞
$t_{0.683}$	1.84	1.32	1.20	1.14	1.11	1.09	1.07	1.05	1.03	1.02	1.01	1
$t_{0.95}$	12.71	4.30	3.18	2.78	2.57	2.45	2.31	2.23	2.09	2.04	2.02	1.96
$t_{0.99}$	63.66	9.93	5.84	4.60	4.03	3.71	3.36	3.17	2.84	2.75	2.70	2.58

从表 1-6 中可以看出，由于测量次数有限，给标准误差 S_x 乘以系数 t，而 t 的取值 n 的增加而减少，并且趋向于 1。当 $n=2$ 时，$t=1.84$，当 $n=11$ 时，$t=1.05$，$n=5$时，$t=1.14$，可见只要测量次数在 5～10 之间，t 的取值已接近于 1，再用 $N=\overline{N}\pm S_x$ 就差别不大了，继续增加测量次数 n，t 的值变化甚小，意义不大，这也就是一般测量次数取 5～10 就可以的道理。

3. 均匀分布

对于一个连续的随机变量 x，若在某个区间$[a,b]$上的取值恒定不变，叫做均匀分布。它的概率密度函数为

$$P(x)=\begin{cases}\dfrac{1}{b-a}, & a\leqslant x\leqslant b\\ 0, & \text{其它}\end{cases}$$

它常常用来表征仪器的误差。例如总长为 1000 mm 的钢直尺，按国家标准每毫米刻度上的允许误差为 0.05 mm，这个值在整个直尺的任何部位都可能发生，也就是说它是均匀地分布在整个直尺的所有部位。再如量限为 100 V 的一级直流电压表，按国家标准规定其最大绝对误差 ΔU 是

$$\Delta U=100\times 1\%=1\ \text{V}$$

这个量是在整个量限范围内均为有效，而从级别的规定来看，$\Delta U=1$ V 是在该电表校准时可能出现的最大绝对误差，在统计分布概念中正好与正态分布的误差限 3σ 对应，固此在单独表示时是有其自身的意义，当要与其它误差成分合成时，则必须考虑其置信概率。

4. 误差计算的简化

由于误差的计算如果严格按照有关概念进行是很繁杂的一项工作，但最后表示却又是受一定的置信概率的约束，这就使得大量的计算中只有核心部分才能真正起作用。为了减少一些不必要的工作，对于以乘除为主的函数形式，首先计算相对误差，计算时把每一项都表示为百分数，由于相对误差一般取 1～2 位，故计算过程可以大大简化。这样做的优点是：

1. 只求两位数，可有效的简化计算；

2. 从相对误差的大小，可以明确哪一个自变量对结果误差的影响最大，为了提高实验精度可以集中力量减小该自变量的误差成分；

3. 从相对误差的分布，可以分析仪器配置是否合理，便于调整或选配。

习　题

1. 指出下列情况是随机误差还是系统误差。

(1)视差；

(2)天平零点漂移；

(3)游标的分度不均匀；

(4)水银温度计毛细管不均匀；

(5)磁电系电表永久磁铁减弱；

(6)电表接入误差；

(7)地磁场影响。

2. 计算下列数据的算术平均值、算术平均偏差、标准偏差及平均值的标准偏差，完整的表达结果并解释其含义：

(1) X_i (cm)：3.4298，3.4256，3.4278，3.4190，3.4262，3.4234，3.4263，3.4242，3.4272，3.4216

(2) $t_i(s)$：1.35，1.26，1.38，1.33，1.30，1.29，1.33，1.32，1.32，1.34，1.29，1.36

(3) $m_i(g)$：21.38，21.37，21.38，21.37，21.36，21.39

3. 若题 2 中(1)(2)(3)分别使用的是一级千分尺、电子停表和物理天平（称量 500g，感量 50 mg），试写出其测量结果表示式。

4. 求出下列函数的算术合成法误差表达式（等式右端未经注明者均为直接测得量）。

(1) $N=x+y-2$

(2) $Q=\frac{1}{2}K(A^2+B^2)$，K 为常量

(3) $I_2=I_1(\frac{r_2}{r_1})^2$

(4) $N=\frac{1}{A}(B-C)D^2-\frac{1}{2}F$

(5) $N=\frac{X-Y}{Z-X}$

(6) $f=\frac{ab}{a-b}$，$a\neq b$

(7) $f=\frac{A^2-B^2}{4A}$

(8) $V_0=\frac{V}{\sqrt{1+\alpha t}}$，$\alpha$ 为常量

5. 指出下列用算术合成法估算误差的错误，写出正确的结果：

(1) $E=\frac{4\rho L^3}{\lambda ab^3}$，$\frac{\Delta E}{E}=\frac{\Delta\rho}{\rho}-\frac{\Delta\lambda}{\lambda}+\frac{\Delta L}{L^3}-\frac{\Delta a}{a}-\frac{\Delta b}{b^3}$

(2) $V=\frac{1}{6}\pi d^3$，$\frac{\Delta V}{V}=\frac{1}{2}\pi\frac{\Delta d}{d}$

(3) $N=\frac{1}{2}X-\frac{1}{3}Y^3$，$\frac{\Delta N}{N}=\Delta X+\Delta Y$

(4) $R=\sqrt[n]{X}$，$\frac{\Delta R}{R}=n\frac{\Delta X}{X}$

(5) $N=K\sin X$，$\Delta N=\Delta K+\tan X$

6. 用算术合成法计算下列各式中的结果及误差：

(1) $N=A+B-\frac{1}{3}C$，$A=0.5768\pm0.0002$ cm，$B=85.07\pm0.02$ cm，$C=3.247\pm0.002$ cm

(2) $V=1000\pm1\text{cm}^3$，$\frac{1}{V}=?$

(3) $R=\frac{a}{b}x$，$a=13.65\pm0.02$ cm，$b=10.871\pm0.005$ cm，$x=67.0\pm0.8\ \Omega$

(4) $\upsilon=\frac{h_1}{h_1-h_2}$，$h_1=45.51\pm0.02$ cm，$h_2=12.20\pm0.02$ cm

7. 下列数字是几位有效数字？

(1)地球平均半径 $R=6371.22$ kg；

(2)地球到太阳的平均距离 $S=1.496\times10^8$ km；

(3)真空中的光速：$c=299792458$ m/s

(4) $E=2.7\times10^{25}$ J；

(5) $T=1.0001$ s；

(6) $\lambda=339.223140$ nm。

8. 改正下列等式中的错误：

(1) $m=0.103$ kg 是 4 位有效数字；

(2) $d=10.435\pm0.01$ cm；

(3)$t=85.0\pm4.6$ s；

(4)$Y=(2.015\pm0.027)\times10^{11}$ N/m^2；

(5)2000 mm＝2 m；

(6)$1.25^2=1.5625$；

(7)$V=\frac{1}{6}\pi d^3=\frac{1}{6}\pi(6.00)^3=1\times10^2$

9. 单位变换：

(1)$m=1.750\pm0.001$ kg，写成以 g、mg、t(吨)为单位；

(2)$h=8.54\pm0.02$ cm，写成以“μm、mm、m 和 km 为单位。

10. 运算下列各式，并写出结果：

(1)343.37＋75.8＋0.6386

(2)88.45－8.180－76.54

(3)0.072×2.5

(4)$4.32\times10^{-5}\times3.00\times10^{-4}$

(5)(8.42＋0.052－0.47)÷2.001

(6)$\pi\times3.001^2\times3.0$

(7)(100.25－100.23)÷100.22

11. 用伏安法测电阻数据如下：

U/V	0.00	0.50	1.00	1.50	2.00	2.50	3.00	3.50	4.00	4.50	5.00
I/mA	0.0	28.3	40.0	49.0	56.6	63.2	69.3	74.8	80.5	84.9	89.4

用毫米方格纸作 $I=f(U)$ 图线，并求 $U=3.25$ V 时的电流值和 $U=4.20$ V 时的等效电阻值。

第2章　常用物理量的测量及测量仪器

通常所说的实验包含着定性观察和定量测量两个方面。如果能对一个物理量进行测量,并能用数量来表示,那么对这个物理量就有了定量了解,否则对它的认识就没有提高到完善的程度。因此,测量在物理实验中是具有重要意义的。

测量方法很多,即便是对于同一个物理量,也会有几种不同的测量方法。例如,简单的米尺和复杂的光学仪器都可用来测量长度,电压或温度的测量可以使用许多种不同的手段等。测量所用仪器的结构原理往往有很大差别,应用范围和使用方法也各不相同,但它们有一个共同点,就是将两个具有共同属性的量进行比较。这两个量中,一个是已知的作为标准(也就是单位)的量,另一个是未知的量,比较(直接比较或间接比较)的结果,得到了未知量用标准量的倍数表示的值。例如,我们在实验中测量一个物体的长度,可用一根米尺去靠近物体进行比较,米就被用来作为长度的单位,比较结果,就可得到物体长度以米为单位的倍数值。

在测量过程中,必定具有三个重要因素,测量对象、测量方法和测量仪器。这就是本章和下章要涉及的内容。本章将着重说明常用物理量的基本测量及仪器,有时也涉及到一些方法问题。

第1节　单位制

要把任何一个物理量的测量结果完整地表达出来,必须要有它的数值和单位。作为比较标准的测量单位,其大小是科学地人为规定的,以某几个选定的基本单位为基础,就能推导出一系列导出单位,这一系列基本单位和导出单位的整体叫做单位制。

由于历史的原因或实用方面的理由,在物理学中,长期以来多种单位制并存。因为各种单位制所取的基本单位不同,相应的物理量的表征也不相同,因而物理常数和方程式等也各有差异。这不仅给学习和使用造成困难,也给国际间的科技交流和商业贸易造成障碍,所以许多国家一直在致力于统一单位制的工作。

历史上曾经建立了比较符合科学原则的米制,它是以米为长度单位作基础的。

但由于米制建立时还很不完善,因而引用时常常加以某些补充,从而出现了多种米制。例如,以长度单位为 cm、质量单位为 g 和时间单位为 s 作为基本单位的 CGS 制;以长度单位为 m、质量单位为 kg 和时间单位为 s 作为基本单位的 MKS 制等。这样,一个物理量就可能有几个单位,又带来了不便。直到国际单位制问世后,才使物理学单位制得以统一。

国际单位制(简称 SI)是经过改进的现代形式的米制,是世界唯一公认的"一切测量的共同语言"。它是一种科学的单位制,其构成原则有以下 3 点。

(1)它是由基本单位、导出单位和词头组成。

(2)一个物理量只有一个单位。例如,目前在科技和生产领域使用的能量单位,常见的有焦耳、千克(力)米、卡、大卡、千瓦小时(度)、瓦秒、电子伏特、马力小时和英尺磅等等。SI 中规定,能量只有一个单位,这就是焦耳,废除其它单位。焦耳是导出单位,$1\ \mathrm{J}=(1\mathrm{kg}\times 1\mathrm{m/s^2})\times 1\mathrm{m}$。

(3)SI 是"一贯"单位制。所谓一贯单位制是指采用了它的单位之后,能使物理量数字间的关系式和物理公式的形式一样。即在定义公式中,用基本单位表示的导出单位,比例系数为 1,如速率的定义式是 $v=\mathrm{d}s/\mathrm{d}t$,式中长度 s 和时间 t 在 SI 中单位为米(m)和秒(s)那么其速率单位选取为米/秒(m/s),则公式如前述形式,如果速率不选 SI 中的单位 m/s,而选取 km/h,这就使得公式成为 $v=k\mathrm{d}s/\mathrm{d}t$。所以,一贯性原则也就是在用来确定导出单位的定义方程式中取比例系数 $k=1$,而且在基本单位已经确定后,其导出单位首尾一贯地由基本单位或其它导出单位求出,而不附加任何不等于 1 的系数。

SI 选定了七个基本物理量长度、质量、时间、电流、热力学温度、物质的量和发光强度的单位为基本单位,分别为米(m)、千克(kg)、秒(s)、安培(A)、开尔文(K)、摩尔(mol)和坎德拉(cd)。这七个基本单位已能保证物理学乃至一般工程技术问题单位制的一贯性。此外,有些量往往还用到几何的平面角和立体角单位,因此又增添了弧度(rad)和球面度(sr)作为辅助单位。这样几乎任何单位都可以由这九个单位按一贯性原则推导出来。正是由于这种一贯性,才能使 SI 中每个量只有一个单位,这是 SI 区别于旧米制的主要优点。

单位制的研究已有约 200 年的历史,SI 是这许多年来世界各国科学家研究的成果。由于它是严密的、完整的、结构合理的、概念明确的,可以用于生产和科技领域的一种单位制,所以得到广泛应用。但在某些科技领域工作的科技人员还认为某些单位制更合用,例如原子物理学中,能量用电子伏特(eV)作单位。再者原来采用英制的西方国家推行 SI 的进度比较缓慢,加之在查阅过去文献时会遇到其它单位制,作为过渡,我国的法定计量单位是采用国际单位制,但在此基础上增加了 11 个由国家选定的非 SI 单位。在物理实验中一律采用国际单位制。

下面分别讨论几个常用物理量长度、时间、质量、温度和电流的单位、测量及其测量仪器。

第 2 节 长度的测量

2.2.1 长度及其单位

长度是个空间量。在物理实验或日常生活中常常要遇到长度的测量。在上一节已经提到在 SI 中长度单位为米,是一个基本单位,单位符号为 m。这个长度的国际标准,在 1983 年举行的第 17 届国际计量大会上规定了最新定义:1 米是光在真空中(1/299792458)s 时间间隔内所经路径的长度。

米的国际标准,从 1875 年法国实行米制以来一直在不断地完善。最早把米定义为从北极通过巴黎到赤道的地球子午线长度的一千万分之一。但这受到测量子午线准确度的限制。1889 年第一届国际计量大会上规定了米原器,它是个实物,因此其长度要受到环境影响而发生微小变化。1960 年第 11 届国际计量大会规定:米等于氪-86 原子的 $2p_{10}$ 和 $5d_5$ 能级之间跃迁所对应的辐射在真空中的 1650763.73 个波长的长度。这个标准提高了测量的准确度,而且容易获得。但因受激原子跃迁时,总要受到外部磁场作用和其它干扰,影响了谱线标准的精确度。20 世纪 70 年代,一些国家在研究光速方面投入了很大的力量,因为当时时间频率测量精度已经比较高了,光速也能准确测量,这自然又提高了长度测量的精度,所以米的国际标准就被规定为上述最新定义。

在 SI 中,长度的单位除米(m)以外,还可以在米前加上词头作为长度单位,常用的有千米(km)、毫米(mm)和微米(μm)等。在涉及光的波长时,过去常常用埃(Å)作为单位,1 Å$=10^{-10}$ m,Å 不是 SI 单位,现在则以纳米(10^{-9} m)作为波长单位。在其它一些专门领域中用到一些非 SI 的长度单位,如在国际航海上用于航程的海里,1 海里(浬)=1852 米。还有在天文学和天体物理学中计量天体之间的距离常用"天文单位"和"光年"作为长度单位。1 天文单位就是地球和太阳之间的平均距离,等于 1.496×10^8 km。1 光年就是光在真空中一年时间所走过的路程,1 秒钟光在真空中走过的路程约为 3×10^8 m,所以,1 光年$=9.46\times10^{15}$ m。

2.2.2 一般长度测量

在物理实验中常用的长度测量仪器有米尺(严格讲,米尺只是一个量具)、游标卡尺、螺旋测微计(也叫千分尺)、测量显微镜和测高仪等。一般测长仪器上都有指示不同量值的刻度线,相邻两刻线所代表的量值之差称为分度值。测量时,应该在一个分度内进行估计(如估计到 1/10 或 1/5 个分度等)。测量范围的上限值与下限值(一般取零)之差称为量程(或量限)。在选用长度测量仪器时要注意仪器的量限和分度值,须满足测量的需要和精度的要求。一般分度值越小,仪器精度越高。在使用测量仪器时,首先要校准好仪器,以避免系统误差。

1. 米尺

一般米尺量程是 1 m,分度值为 1 mm,测量时,可精确读到毫米位,并能估计到分度的 1/10。(即 0.1 mm)。使用米尺的优点是价格便宜和使用方便,但有两点应该注意:

(1)防止视差。测量时,如果待测物与米尺刻度之间有了间隙或视线不垂直于刻度(如图 2-1 所示),那么得到的读数是不正确的,这就叫做视差。视差不仅在用米尺时会发生,一切有指针在标尺上移动的仪器都会发生。为了减小视差,可以使物体或指针尽可能靠近标尺,也可以在标尺旁装一个镜子,使眼睛与物体或指针及其在镜中的像排成一线,以保证视线垂直于标尺。

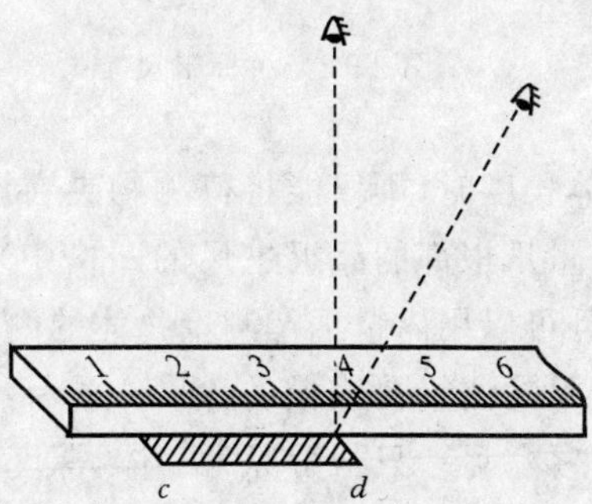

图 2-1　米尺的不正确使用产生视差

(2)除非粗略的测量,一般不用米尺端边作为测量起点,而可以选择某一刻度作为起点,如图 2-2 所示。这是因为有时米尺端部磨损或受伤使零点不准,会引起误差。如图,读取物体两端所对齐的米尺刻度值,两者之差就是物体的长度。米尺用完后应平放在桌上或垂直悬挂。

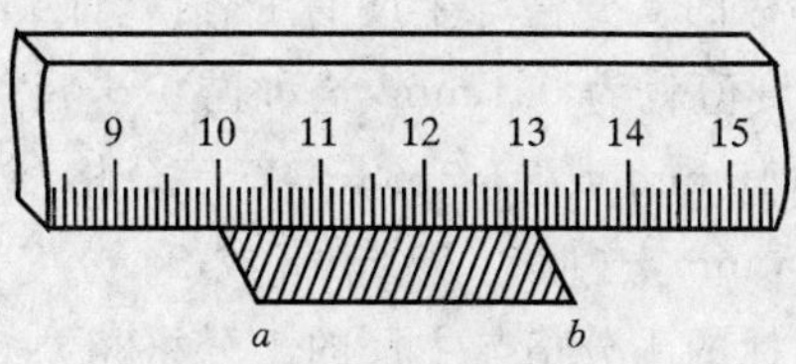

图 2-2　米尺的正确使用

2. 游标卡尺

由于米尺的分度值(1 mm)还不够小,常不能满足测量的需要。如要提高测量的精度,可以在主尺(即米尺)旁再加一把可以在主尺上滑动的副尺(叫做游标)构成游标卡尺,如图 2-3 所示。

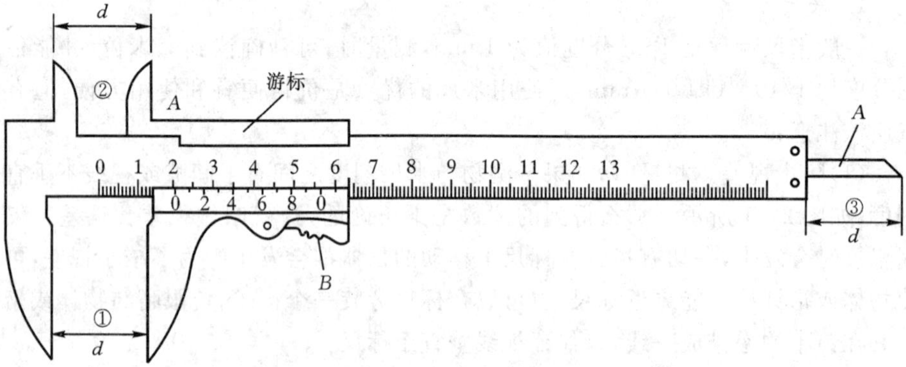

图 2-3 游标卡尺

用游标卡尺测量物体长度时,不仅能将待测物夹在游标卡尺的外量爪①中间(注意不要把物体夹在外量爪根部的靠近主尺的凹槽中)来测量它的外部尺寸,如棒的直径、板的厚度;而且可以用内量爪②测量物体的内部尺寸,如间隙的宽度、孔的内径等,还可以用深度尺③测量孔或槽的深度。游标卡尺一对外量爪和一对内量爪中的一只与主尺为一体,另一只与游标为一体,深度尺也与游标为一体(图 2-3 中标有 A 的部分)。所以,测得的 d 都是游标卡尺的读数,即从主尺 0 线到游标 0 线之间的距离。测量时,按下弹簧按钮 B,游标便可被推拉着在主尺上滑动。有些游标卡尺没有弹簧按钮,而是在游标上面装一只紧固螺钉,要滑动游标时,将紧固螺钉旋松。

游标原理

游标卡尺上的游标,有几种长度和分度。常见的有三种:一种为 9 mm 或 19 mm长,10 等分格,游标的 1 分格与主尺的 1 分格(即 1 mm)或 2 分格(即 2 mm)相差 0.1 mm,游标的分度值就为 0.1 mm,这种游标卡尺就叫做 0.1 mm(或 10 分度)游标卡尺;再一种是 19 mm 或 39 mm 长,20 等分格,游标的 1 分格与主尺的 1 分格或 2 分格相差 0.05 mm,这叫 0.05 mm(或 20 分度)游标卡尺;还有一种是 49 mm长,50 等分格,游标的 1 分格与主尺的 1 分格相差 0.02 mm,这叫 0.02 mm(或 50 分度)游标卡尺。归纳起来,如以 l_m 代表主尺分度值,l_n 代表游标分度值,n 代表游标分度数,各种规格的游标卡尺的游标公式为

$$nl_n = (kn-1)l_m$$

式中 k 为正整数 1 或 2，k 称为游标模(系)数。主尺上 k(即 1 或 2)个分度值 kl_m 与游标上 1 个分度值 l_n 之差为

$$\delta l = kl_m - l_n = kl_m - \frac{kn-1}{n}l_m = \frac{l_m}{n} \tag{2.1}$$

δl 就是游标卡尺的分度值，它等于主尺分度值的 $1/n$。可见游标卡尺的分度值取决于主尺分度值和游标分度数。这就是说，应用 10 分度、20 分度和 50 分度游标卡尺可分别读得 0.1 mm、0.05 mm 和 0.02 mm 的最小长度，一般不再估计游标分度的分数。知道了上述游标原理，用游标卡尺测长度时就会读数了。

被测物体的长度等于游标卡尺主尺 0 线和游标 0 线之间的距离 l，也就是读取游标 0 线处主尺的数值即为物体的长度。很明显，若主尺上整分度数为 m，这部分长度就为 ml_m，那么剩下不到 1 个 l_m 的长度 Δl 为多少呢？这时，要先找到与主尺刻线最为对齐的一条游标刻线，比如说第 i 条游标刻线与主尺某刻线最对齐，那么根据式(1)可以断定

$$\Delta l = i\delta l$$

所以，物体的长度

$$l = ml_m + \Delta l = ml_m + i\delta l$$

举两个例子，一个是用 10 分度游标卡尺测量物体的长度，如图 2 - 4 所示，一个是

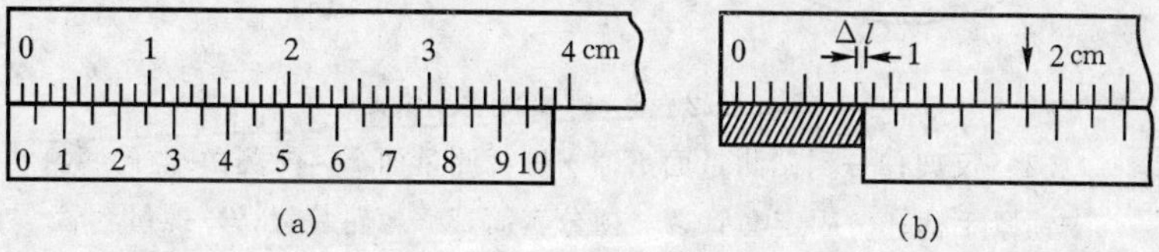

图 2 - 4　10 分度游标卡尺示意图

用 20 分度游标卡尺测量物体的长度，如图 2 - 5 所示。在图 2 - 4 中，主尺上的整分度数 $m=12$，主尺分度值 $l_m=1$ mm，游标的第 6 条线与主尺某刻线最对齐，所以 $i=6$，游标的分度值 $\delta l=0.1$ mm，因此得 $l=12.0+0.6=12.6$ mm。在图 2 - 5 中，$m=8$，$l_m=1$ mm，$i=5$，$\delta l=0.05$ mm，所以得 $l=8.00+0.25=8.25$ mm。在测量时，应该直接读出物体的长度为 12.6 mm 和 8.25 mm。因为在一般情况下，读取游标卡尺的数值时，不再估计游标卡尺分度值的分数，所以如果遇到相邻两条游标刻线与主尺某两条相邻刻线都很接近对齐时，也须确定一条为准。游标除了在游标卡尺上应用外，在很多其它仪器的测量长度部分上也有广泛应用，如福廷气压计、落体仪、测高仪等仪器上都装有游标。

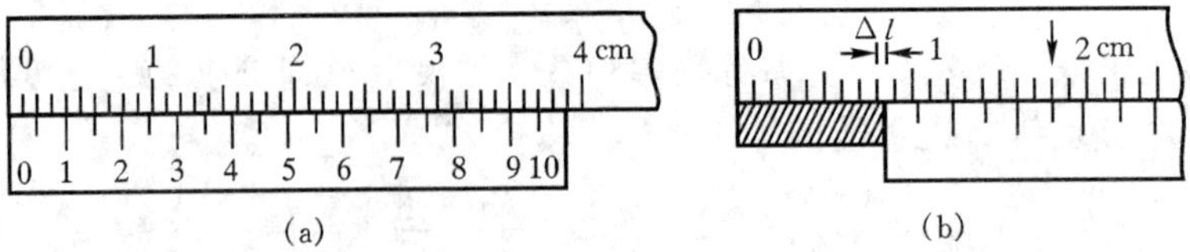

图 2-5　20 分度游标卡尺示意图

3. 螺旋测微计

螺旋测微计是比游标卡尺更为精密的长度测量仪器。常见的螺旋测微计如图 2-6 所示，它是一种外径千分尺，其量限为 25 mm，分度值为 0.01 mm。螺旋测微计是根据螺旋测微原理制成的。

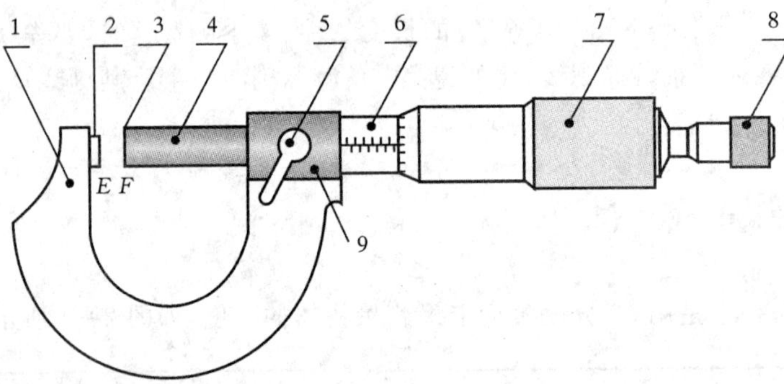

图 2-6　螺旋测微计

1—尺架；2—测砧测量面 E；3—螺杆测量面 F；4—测微螺杆

5—锁紧手柄；6—固定套管；7—微分套筒；8—棘轮装置；9—螺母套管

螺旋测微原理

螺旋测微计有一根装在固定套管螺母内的螺距为 0.5 mm 的测微螺杆与微分套筒固定连接。固定套管与尺架固接。当微分套筒旋转(测微螺杆也随之旋转)一周，测微螺杆沿轴线方向运动一个螺距(0.5 mm)。微分套筒周边上一周刻着 50 个等分格线，所以微分套筒转过 1 分格，螺杆在轴线方向运动 0.01 mm。还有一种螺旋测微结构，螺杆的螺距为 1 mm，套筒圆周上刻着 100 个等分格线，套筒转过 1 分格，螺杆在轴线方向也是运动 0.01 mm。

螺旋测微计的读数方法

螺旋测微计固定套管上沿轴向刻一条细线，在其上方刻成 25 分格，每分格为 1 mm，在其下方，从与上方“0”线错开 0.5 mm 开始，每隔 1 mm 刻一条线，这就使得主尺的分度值为 0.5 mm。在测量时把物体放进两测量面 E 和 F 之间。在未放进待测物之前要校对零点，即旋进微分套筒，使 E、F 轻轻吻合，此时读数应为“0”。这时微分套筒的前沿图 2-7(a)中的 H 应与主尺 0 线重合，而微分套筒上的 0 线应与主尺上的轴向细线图 2-7(a)中的 S 对齐。然后旋退螺杆，放进待测物，使 E、F 与待测物轻轻吻合。读数时，找出从微分套筒露出来的主尺上 0.5 mm 的格数，小于 0.5 mm 的读数则以主尺上的轴向细线作为微分套筒圆周分度读数的准线从微分套筒上读出，还要估计一位，即读到 0.001 mm。如图 2-7(a)的读数为 6.453 mm，(b)为 6.953 mm。

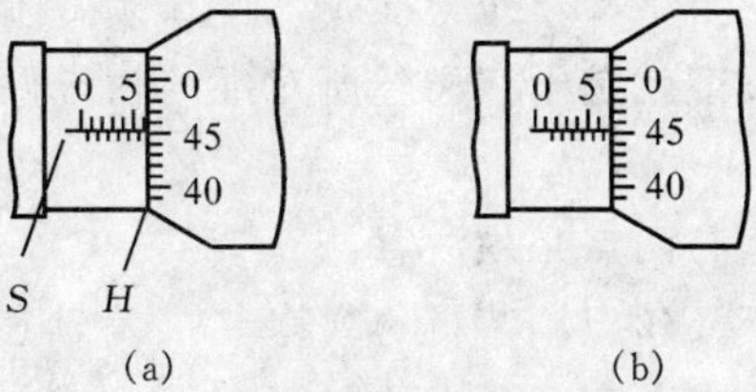

图 2-7　螺旋测微计的刻度

读数时要注意两点：

(1)校对零点时，若读数不为“0”，应记下零点读数，如图 2-8(a)的零点读数为+0.004 mm，(b)的零点读数为-0.015 mm。所以，物体实际长度应从测量时的读数值减去这个零点读数。一般实验室已把螺旋测微计的零点校准好。但如遇到零点不对，要按上述方法修正测量结果。

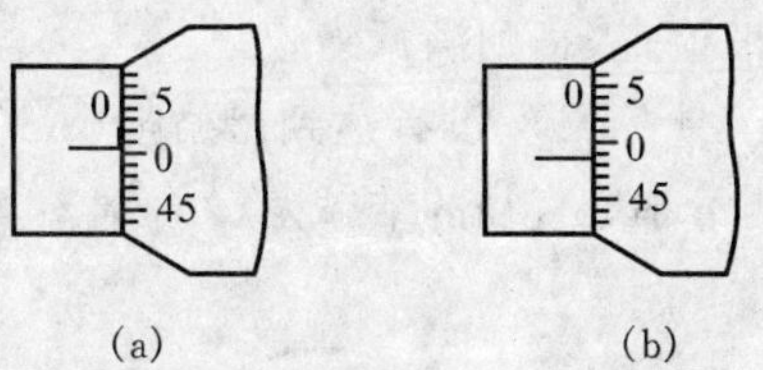

图 2-8　螺旋测微计的零点读数

(2)因为螺旋测微计主尺分度值为 0.5 mm，所以，特别要留心微分套筒前沿是否过了半毫米线，如图 2-7(b)的读数是 6.953 mm 而不是 6.453 mm。但有时出现似过非过的情况，那就要旋到零点看看校对零点时，微分套筒与主尺的重合情况。

螺旋测微计有两点使用规则，在开始使用螺旋测微计时就要特别注意：①在校对零点 E、F 将接触时，或在测量中 E、F 与待测物将接触时，不要再直接旋转微分套筒，而应旋转尾部的棘轮装置(也称摩擦帽)，直至听到 3～5 个“得”声为止。这表示棘轮打滑，无法带动测微螺杆前进。防止了测量压力过大，以致扳坏螺旋测微计内部精密螺纹或待测物体，也可避免附加的测量误差。②测量完毕应将螺旋测微计的二测量面之间留出空隙，以免热膨胀时螺旋测微计内部精密螺纹受损。螺旋测微的原理,在一些精密的测长仪器上得到广泛应用,如测量显微镜、某些光学干涉仪(如迈克尔逊干涉仪)中都有螺旋测微装置。

4. 测量显微镜

测量显微镜是由显微镜把待测物放大后观察待测量长度(也可以测量角度)的仪器。测量显微镜主要由显微镜、测量装置和载物台构成。显微镜下的载物台由在水平面(XY平面)内互相垂直的两个(X轴和Y轴方向)螺旋测微器带动。测量时,把待测物体置于载物台上,调节显微镜对物体聚焦,使物体成像于目镜筒中的分划板上,以分划板上的十字叉丝作为准线,旋转螺旋测微器来移动载物台就可以进行长度测量,所测的长度就是十字叉丝所对准的初末两位置在移动方向上螺旋测微器的读数之差。

为了测量准确起见,有两点必须注意:

(1)作为准线的十字叉丝应调节得与载物台的X轴和Y轴方向平行。调节的方法是:首先调节目镜筒使十字叉丝大致与X轴和Y轴平行,然后进行精细调节。在载物台上放一物体,例如小钢球。假如我们是利用X轴来测量长度,那么调节Y轴的螺旋测微器,使叉丝的X线与小球相切;再转动X轴的螺旋测微器,如果在移动过程中小球与叉丝的X线始终相切,就说明叉丝的X线与载物台的X轴方向严格平行。叉丝的Y线与X线严格垂直,载物台的Y轴与X轴严格垂直,已由生产厂校准。这样,叉丝的Y线也就与载物台的Y轴严格平行。如果小球偏离叉丝的X线,说明叉丝与载物台X、Y轴还没有严格平行. 这时可微微旋动目镜筒使叉丝改变一点方位后再来检查,直到满意为止。

如果不进行精细调节,十字叉丝没有达到严格与X、Y轴平行,测量的结果就会偏大,如图 2-9 所示。测量小球直径的结果为OO',显然大于小球实际直径AB。

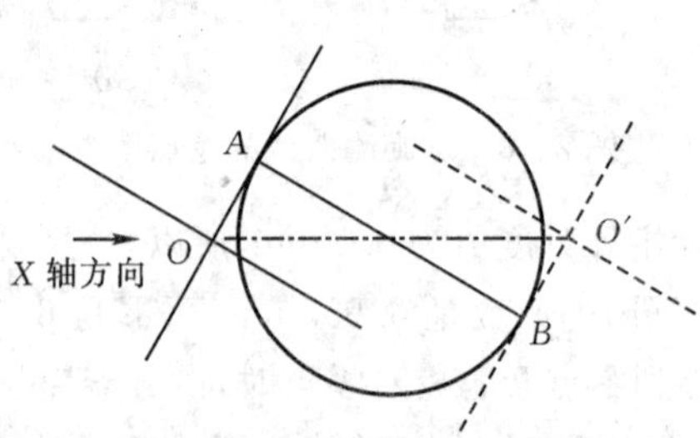

图 2-9　测量显微镜叉丝不正造成测量偏差示意图

(2)避免螺距差。我们知道丝杆螺母机构在倒向时会有空程,因此螺旋测微器在倒向时可能读数已有了改变,但尚未带动载物台,这就给测量带来偏差,叫螺距差。为了避免螺距差,在测量某一长度的过程中,应使载物台单方向移动,即螺旋测微器单方向转动。

以上讨论了在实验中可能用到的四种一般长度测量仪器，它们具有不同的量程、精度和适用范围，实验时可根据需要来选用。

2.2.3　微小长度的测量

在力学和光学实验中，我们将要用到几种光学放大和参量变换测量微小长度的方法和仪器。例如，在用光杠杆测定金属丝的杨氏弹性模量实验中的光杠杆就是一种利用光学放大法测量微小伸长量的装置。用光杠杆放大法和一般的螺旋测微法一样，测量的精度可达 10^{-6} m。测量更微小的长度变化，可用光的干涉法，使用干涉仪可精确测到光波数量级，即 10^{-10} m。在空气劈尖(等厚干涉)和迈克尔逊干涉仪等光学实验中，就是利用光的干涉原理来测量微小长度的。这里我们还要介绍一种把微小长度量变换成电学量来测量的电测法。

电阻法测伸长是一种长度的电测法。利用物体的长度与电学量之间的关系，测出电学量，可间接地测量长度。把一个非电量转换成电学量来测量的方法称为非电量电测法，电阻法测微小形变量只是这种方法的一个例子。

物体受力后会产生一定形变，在测定钢丝杨氏弹性模量实验中，用光杠杆放大的方法来测定形变量。电学测量方法需要把这些非电量转换成电学量，担负这一功能的器件称为传感器。电阻法中的传感器是电阻应变片，它能把形变量转换成电阻的变化，使测量形变转换成测量电阻。在机械制造及其它工程中测量零部件及其结构受力情况，或测量金属材料的杨氏弹性模量，就常使用这种方法。

电阻应变片的敏感部分是用金属电阻丝(或半导体材料)制成的单丝或栅状体，当变形时它的电阻也发生变化。如果能把应变片牢固地贴在待测试件上，当试件受力长度发生变化时，应变片的长度也相应地发生变化，从而引起阻值发生变化。可以用惠斯通电桥测出应变片的初始电阻 R 和电阻变化量 δR，电阻的相对变化与试件的长度相对变化(应变)成正比，即

$$\frac{\delta R}{R} = K\frac{\delta l}{l} \tag{2.2}$$

式中比例系数 K 为电阻丝的灵敏系数。每种型号的电阻应变片有一定的 K 值，由生产厂家给出(也可由实验室测出)。这样，若已知应变片的 K 值和试件的长度 l，测出应变片的初始电阻 R 和受力后电阻变化量 δR，由式(2.2)就可以求出试件形变量 δR，这就是电阻法测微小伸长的原理。在测量试件的杨氏弹性模量时，用不着求出 δl，根据式(2.2)，应变的测量转换成电阻的相对变化量的测量，所以只要测出试件受力时的 $\delta R/R$，就可测定杨氏弹性模量。

另外，还可以直接用电阻应变仪测出应变 $\delta l/l$，从而得到形变量 δl。电阻应变仪基本部分还是电桥电路，只不过多了电子放大部分。为了使温度对电阻应变片

电阻值的影响得以消除，使用了阻值相等的两个应变片，处于相同温度，作为电桥的两个臂。

2.2.4 平面角的测量 角游标

平面角是一个空间量，在国际单位制中是一个辅助量。在某些情况下，平面角有基本量的性质，如角速度中的角度；而在另外一些情况下，平面角有导出量的性质，如圆心角＝弧长/半径。

在国际单位制中，平面角的单位为弧度，单位符号为 rad，它是辅助单位、以弧度为单位时，圆周角（圆心角）为无理数，所以在实验中以及仪器上平面角的分度只用度（°）、分（′）、秒（″）。但在理论计算时必须以弧度为单位，一个圆周所对应的圆心角为 $360^\circ = 2\pi\text{rad}$。

分光测角仪

精密测角仪器大都是由望远镜和刻度盘组成的。由于用途不同，增加不同的附件而名称各异，如经纬仪、分光计等。在物理实验中，学会使用分光计测角，对其它测角仪器可以触类旁通。分光计实际上是专门测角用的仪器，因常用它来测量分光时的角度，故名分光计。分光计的测角，实际上就是利用望远镜瞄准，读出望远镜转过的角度。分光计的读数圆盘是由一个 0～360°的刻度盘和游标度盘组成，两个度盘同轴转动，相对转过的角度可从相隔 180°的两个游标的零点读得。设计两个游标，是为了消除度盘与中心轴不同轴的偏心差，取两边读得的望远镜转过角度的平均值为测量结果。

角游标

角游标的原理与直线游标的原理是一样的。有一种分光计刻度盘的最小分度为 30′，游标盘是在 14°30′（29 个刻度盘分度）范围内分成 30 等分，即每一等分为 29′与刻度盘最小分度差 1′，这就是角游标的分度值，也就是最小读数。有的分光计刻度的最小分度为 20′，角游标在 13°（39 个刻度盘分度）范围内分成 40 等分，即每一等分为 19°30′，与刻度盘最小分度差 30″，这就是角游标最小读数或分度值。与直线游标类似，可以写出角游标的普遍公式

$$\beta_n \cdot n = \beta_l (n-1)$$

式中 β_l 和 β_n 分别表示刻度盘和游标的分度值（以角量表示），n 为游标的分度数，游标的总弧长等于刻度盘（$n-1$）个分度弧长。刻度盘与游标分度的差值为

$$\beta_l - \beta_n = \frac{\beta_l}{n}$$

测量角度时的读数，φ 表示被测的角度，其值介于刻度盘的第 k 和第 $k+1$ 个刻度线之间，游标的第 m 个刻度与刻度盘的第（$k+m$）个刻度线对齐，则

$$\varphi = k\beta_l + m(\beta_l - \beta_n) = k\beta_l + \frac{\beta_l}{n} \cdot m \tag{2.3}$$

即被测角度等于它所含的刻度盘的整分度数($k\beta l$)加上游标分度值(β_l/n)盘某一刻线对齐的分度的格数(m)的乘积。这与直游标的读数完全类似。

在使用角游标读数时要注意，角度是以度、分、秒表示的，不是十进制。角游标通常是这样设计的，使所得结果直接就是分或秒。常用的角游标分度值如表 2-1 所示。

表 2-1　角游标分度值

刻度盘分度值(β_l)	1°	1°	1/2°	1/3°	1/3°	1/4°	1/4°	1/6°	1/12°
游标分度数(n)	12	30	30	20	40	15	30	60	60
游标分度值(β_l/n)	5′	2′	1′	1′	30″	1′	30″	10″	5″

更精密的角游标(表 2-1 的最右端)用在特别精密的测量仪中，例如，好的天文仪器上使用。

另外，在读数和计算角度过程中还应注意两点：

(1)读数时，不要漏读半度(30′)，如图 2-10 的读数是150°46′，而不是150°16′。

(2)在测量角位置的过程中，注意游标 0 线是否经过 360°刻度线(亦即 0 刻度线)，如果经过 360°刻度线，计算角度(末初读数之差)时，要考虑末读数±360°的问题. 角游标分度值非常小，直接用眼进行读数比较困难，一般用放大镜放大。

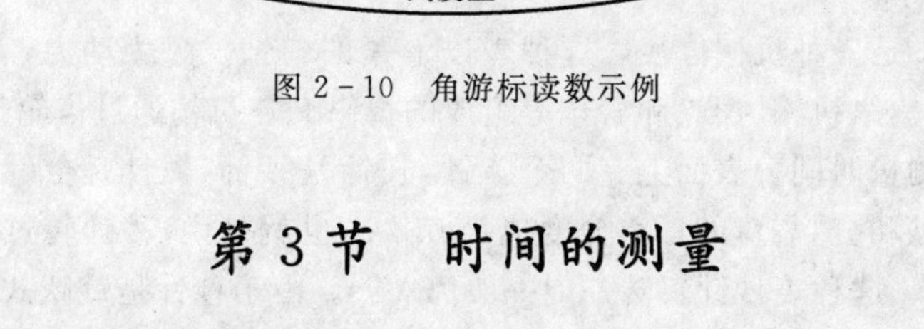

图 2-10　角游标读数示例

第 3 节　时间的测量

2.3.1　时间及其单位

时间是基本物理量之一。万物都在空间和时间中运动变化。在时间测量中涉及两类问题:一类是要测定某一物理现象发生的时刻,这在天文和地球物理研究中有它的意义(在日常生活中,使用手表也常涉及时刻问题);一类是涉及某一物理现象从开始到终了所经历的时间(或称时间间隔),或在过程中某两时刻之间的间隔。在物理实验中经常遇到的是时间的测定。

在SI中,时间的单位为秒,它是个基本单位,单位符号为 s。1967 年第 13 届国际计量大会决定采用秒的新定义:秒是铯-133 原子基态的两个超精细能级之间跃迁所对应的辐射的 9192631770 个周期的持续时间。

关于时间的标准,历史上经历了一系列的发展。早在古时候就把时间的单位分为时辰、昼夜(日)、月和年,直到钟表发明后,时间的最小单位才是秒。在 1960 年以前国际上把秒定义为 1 日的 86400 分之一。1 日为太阳在头顶上连续两次出现的时间间隔。后来发现每一“日”并不相等,便取一年中的平均值(称为平均太阳日)为准。不久发现地球自转并非均匀,又改为以地球公转为基准。1960 年时间标准改为 1900 年的回归年,即 1900 年太阳从天空某一特定位置(所谓春分点)出发再回到同一点所经历的时间,并确定秒为回归年的 31556925.9749 分之一。后来发现各回归年也不相等,所以在 1967 年确定了上述新定义。现代技术已使秒达到 10^{-14} 的精度,在所有基本量中,秒的复现精度最高。

时间单位除秒外,还有秒的分数和倍数(非国际单位制的日、时、分),其关系如下:1 d(日)=86400 s(秒);1 h(时)=3600 s(秒);1 min(分)=60 s(秒);1 ms(毫秒)=10^{-3} s(秒);1 μs(微秒)=10^{-6} s(秒);1 ns(纳秒)=10^{-9} s(秒)。

2.3.2　一般时间测量仪器

测量时间的理论基础,也就是制造计时仪器的依据,都是利用周期运动的等时性。在物理实验中常用的计时仪器是停表(也称秒表),停表有机械式的和电子式的两种。

1. 机械停表

图 2-11 是一种机械停表。这种表以上紧的弹性发条为动力,靠摆或摆轮作周期运动,由擒纵机构、摆轮和游丝等组成的擒纵调速机构通过齿轮带动指针呈步进式转动来测量时间。表面上有两个指针,长针是秒针,短针是分针,其刻度数字对应地表示秒和分,表盘的最小分度值为 0.1 s,也就是说,秒针转过 1 小格,表示 0.1 s 的时间。这种表秒针每转一周一般为 30 s。由于秒针是跳跃式运动,所以最小刻度以下估计数是没有意义的。

停表上端有柄头,用以旋紧发条及控制停表的启停。使用前先上发条(不要上得过紧)。测量时用手握住停表,大拇指按在柄头上,稍用力按下,停表立即启动,随即放手让其转动,当需要停止时,再按一下,分针、秒针停走,所走过的时间即为

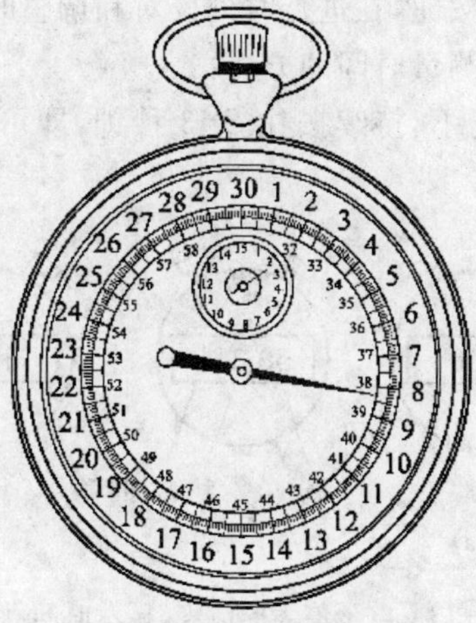

图 2-11　机械停表

所测时间。第三次再按时，分针、秒针都回零。有些停表在旁边另装一个回零按钮。还有一些停表在表的柄头上装有累计键钮，键钮向上推时，停表即停止走动，向下推时，停表继续走动，这样可以连续累计计时。

2. 电子停表

电子停表是数字显示停表，它是一种较精密的电子计时器，它的机芯全部采用电子元器件组成，利用石英振荡器固有振荡频率作为时间基准。因石英晶体振荡器稳定度较高，所以这种电子停表精度高。石英片有良好的压电特性，在激励电压作用下，会产生频率很高的电磁振荡，应用分频器可得到较低的频率。这种电子停表一般采用六位液晶显示器显示时间，数字显示，使用方便，而且功能比机械停表多。它不仅能显示分、秒，而且还可以显示时、日、月和星期。还具有$\frac{s}{100}$的计时功能。有的电子停表还装有太阳能电池，可以延长表内电源的使用寿命。目前，国产电子停表的石英晶体振荡器的振荡频率一般为 32768 Hz，并采用 CMOS 大规模集成电路。电子停表的功耗小，工作电流一般小于 $6\mu A$，用容量为 100mAh 的氧化银电池供电，可使用很长时间。一般使用的电子停表连续累计时间为59 min59.99 s，精度可达$\frac{s}{100}$，平均日差 0.5 s。

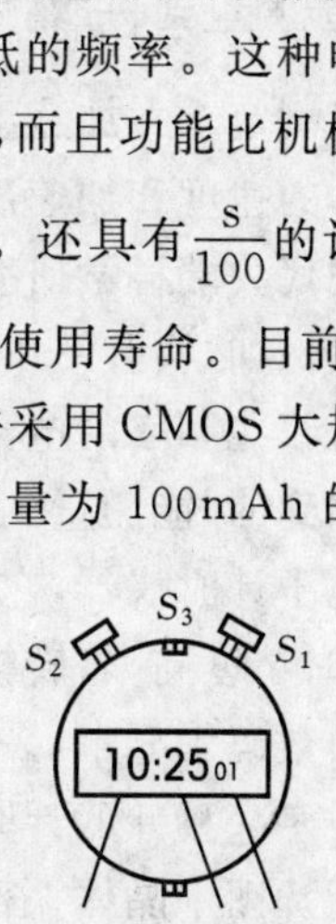

图 2-12　电子停表

电子停表配有三个按钮，如图 2-12 所示。S_1 为调整按钮，S_2 为变换按钮，S_3 为停表按钮。电子停表正常显示计时状态为“时、分、秒”，即如手表的功能。

在测量时间时用 S_1 和 S_3 按钮，在进行时刻校对和调整时用 S_2 按钮。

用这种数字电子停表测量时间的方法：

(1)在计时显示的情况下，持续按住 S_3 3 秒钟，即可呈现停表功能，数字显示全为零，如图 2－13(a)所示。

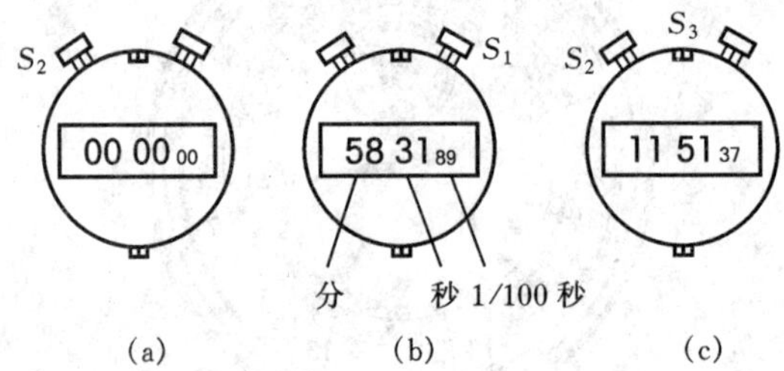

图 2－13　电子停表的清零、显示时间和时刻

(2)按一下 S_1 即可开始自动计时，当再按一下 S_1，停止计时，如图 2－13(b)所示，液晶显示器所显示的时间值(58 分 31.89 秒)便是测量的时间。再按 S_2 一次即可清零。

(3)若需要恢复正常计时显示时，再持续按住 S_3 3 秒钟即可，如图 2－13(c)所示。

2.3.3　短暂时间测量仪器

随着科学技术的发展，在生产、科研和教学中，对时间的测量精度要求越来越高，只能测量到$\frac{s}{100}$精度的测时仪器远远不能满足要求。在物理实验中，例如，为了精确测定重力加速度，对自由落体下落时间的测量应达到 0.1 ms 的精度；在测量物体的速度和加速度或两物体的碰撞时间时，也需达到 1 ms 或 0.1 ms 的精度。至于现代尖端科学研究中，需要测定更为短暂的时间，要求有更高精度的时间测量仪器。例如，实验室中的电子示波器，就可以测量时间，测量高频电信号的周期可以用几百兆频率的电子示波器测量到纳秒数量级的时间。这里介绍一下在物理实验中用到的、能测量到 0.1 ms 时间的数字毫秒计的原理。数字毫秒计是一种较精密的电子计时仪器，它也是以石英晶体振荡器的振荡频率作为时间基准，频率稳定，计时精度高，若转换不同分频的分频器，还可改变量程。通过控制线路让计时脉冲由数码管显示，表示测量的时间。

数字毫秒计的计时原理(以 JSJ 型数字毫秒计为例)，可用图 2－14 的框图简单说明。图中晶体振荡器产生一定频率的交流电，为了计数电路需要，要将交流电的正弦波形变换成脉冲波形。图中计数显示电路的作用是记录进入电路的电脉冲数，并以数字显示电脉冲累计数。如果将晶体振荡器与计数电路接通，由晶体振荡

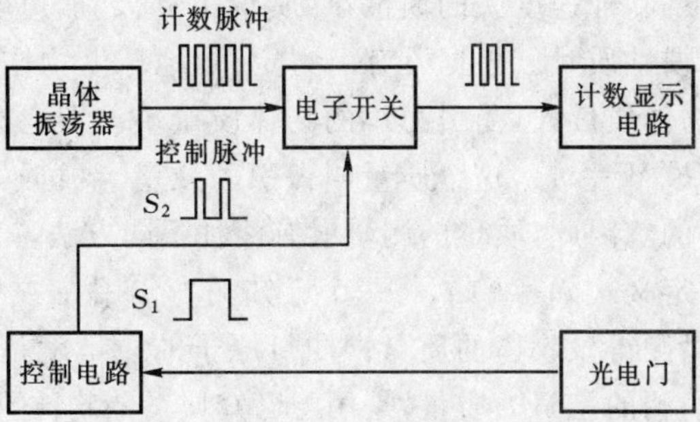

图 2-14　数字毫秒原理

器输出的电脉冲被送到计数电路进行计数，直到晶体振荡器与计数电路断开为止才停止计数。所累计的脉冲数就代表两电路接通到断开之间的时间。例如，晶体振荡器的交流电频率为 10 kHz，即每秒产生 1 万个脉冲。那么，不难看出，记录到 1 个脉冲的时间为 0.1 ms，即为能测量的最短时间。如果再进行 10 分频和 100 分频，那么，记录到一个脉冲的时间就为 1 ms 和 10 ms。可见，记录到的脉冲频率越高，即周期越短，则最末 1 位数字所代表的时间就越短。图中控制电路受光电门遮光作用可产生控制电脉冲，用这个控制脉冲来控制电子开关的接通或断开，从而控制晶体振荡器与计数电路接通或断开。光电门由光敏二极管和光源（小电灯）组成，由于光敏二极管受光照与否其电阻发生变化，从而使控制电路中的触发电路产生控制脉冲，可产生两种不同的控制脉冲信号。一种如 S_2，当光电门第一次遮一下光产生一个控制脉冲使电子开关打开，等到第二次再遮一下光电门的光产生第二个控制脉冲使电子开关断开。这时计数显示的是光电门两次遮光之间的时间。还有一种控制信号如 S_1，当光电门开始被遮光，电子开关被接通，直到遮光结束再次光照电子开关才断开。这时计数显示的是一次遮光的时间。

第 4 节　质量和压力的测量

2.4.1　质量及其单位

在力学领域中，除了长度和时间这两个基本物理量之外，再引入一个基本物理量——质量，就构成一系列力学导出量，如密度、动量、动量矩、力、力矩、压力、粘度、功和能等。其中有些力学量，在我们的物理实验中要进行测量，测量这些物理量都要涉及到质量的测量。

质量是物质的基本属性之一。根据牛顿第二定律，同样的力作用在不同物体上，产生的加速度不同，加速度大的惯性小，质量小；反之加速度小的惯性大，质量大。这个质量叫做惯性质量。根据万有引力定律，地球上物体受地球引力(重力)作用，受引力大的物体质量大，受引力小的物体质量小。在地球表面附近，重力与质量的关系可表示成 $W=mg$，这个质量叫做引力质量。根据等效原理，引力质量与惯性质量是相等的。因此，质量的测量就有两种不同方法，第一种是利用牛顿第二定律关于质量的定义式 $m=F/a$，将一个已知的力作用在一个物体上，测出该物体的加速度，就可以测得该物体的质量。测量原子的质量就是用这种方法。而测量宏观物体的质量，测的是引力质量，是用与已知质量的物体进行比较来测定待测物体的质量，这是第二种方法。

在国际单位制中，量度质量的单位是千克，也叫公斤，单位符号为 kg。1 千克等于国际千克原器的质量。

质量的国际单位在历史上也经历了一个发展完善过程，1875 年后，把千克作为重量单位，当时还没有使用质量这个名词，它等于十分之一米长度的立方体($1\ dm^3$)的纯水在 4℃时的重量，并用纯铂制成了千克的基准器。随着测量技术的提高，经过反复地精确测量，发现重量为 1 kg 的纯水，在 4℃时的体积并不是 $1\ dm^3$，而是 $1.000027\ dm^3$，即千克基准器的重量和理论千克的重量之间有差别。1889 年巴黎第一届国际计量大会规定千克是质量单位，质量的国际标准是一个直径和高度各为 39 mm 的铂铱合金圆柱体，称为国际千克原器，放在双层玻璃罩内的石英托盘上，保存在巴黎国际计量局。

在 SI 中，质量的单位除千克(kg)外，还可以改变词头变为克(g)、毫克(mg)和微克(μg)等。

2.4.2 质量的称衡仪器 天平

凡是用来直接测量物体重量的仪器统称为秤。秤的种类繁多，结构形式各不相同，量程和精度也有很大差别，但其原理都是利用力或力矩平衡的规律制成的。其中有一种利用等臂杠杆力矩平衡原理制成的秤，叫做天平，能够精确地进行质量比较而称得质量。因为地球表面的同一位置上，任何只受重力作用的物体都以同一加速度 g 下落，物体的重量就等于其质量与重力加速度的乘积。由此可见，如果在同一地点，两物体的重量相等，那么它们的质量也相等。等臂天平能较精确地调整砝码的重量与物体的重量相等，从而物体的质量严格地等于砝码的质量，其测量值与观测地点无关。实验室有精密度较高的分析天平和精密度较低的物理天平，物理实验中常用物理天平称衡质量，所以这里只介绍物理天平的构造和主要参数、调整和使用。

1. 物理天平的构造

物理天平的构造如图 2-15 所示，主要部分是横梁 A，在横梁中央垂直于它的平面固定一个三角钢质棱柱 F，F 棱柱的刀口置于由坚硬材料如玛瑙制成并研磨抛光的小平板(刀承)上，小平板水平地固定在天平立柱 J 中央可上下调节的连杆顶端。另外横梁两端的两个刀口 F_1 和 F_2 是朝上的钢质三棱柱，与中央棱柱平行等距，它们被用来悬挂天平的载物盘 C_1 和 C_2。在两秤盘的弓型挂钩架上装有坚硬材料如玛瑙制成并研磨抛光的小平板，整个横梁与秤盘的重心低于中央棱柱刀口 F 所在的水平面，也就是说横梁始终处于稳定平稳状态。垂直固定在横梁上的一根轻而细长的指针 G 和指针下端立柱上的标度尺 K，用来观察和确定横梁的水平位置。当横梁水平时，天平的指针应指在标度尺的中央刻度线上。两边还有两个横梁平衡调节螺母 B_1 和 B_2。立柱横架两端有两个支撑螺钉 M_1、M_2 可以托住横梁，立柱下端的掣动旋钮 Q 可调节连杆上下升降，升起时可使横梁自由摆动，降下时由支撑螺钉托住。底盘上有两个螺钉 L_1 和 L_2 调节天平水平，可由重垂线 N(或气泡水平仪)检验。E 是托架，D 是游码，H 为重心铊，H 上移，灵敏度增加。

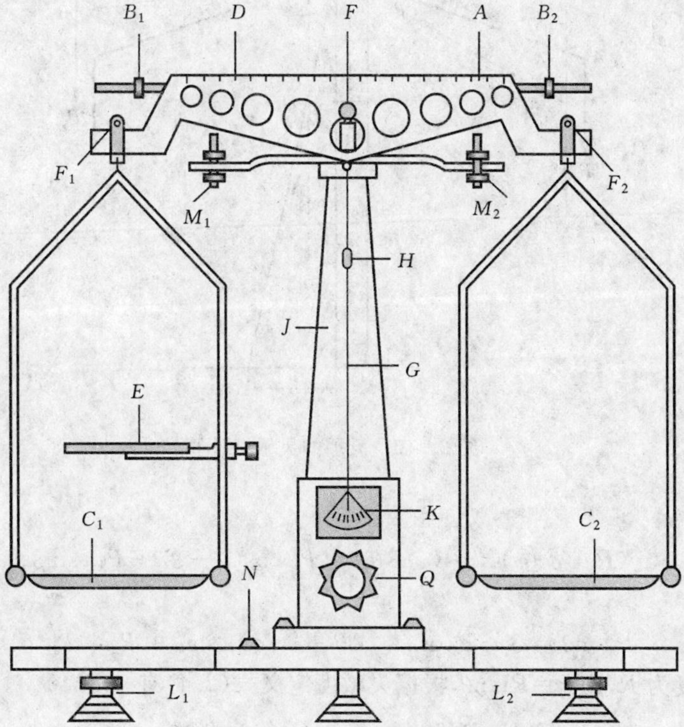

图 2-15　物理天平

2. 天平的主要参数

灵敏度 天平灵敏度C定义为在砝码盘中增加一个单位质量的负载时，天平指针所偏转的格数，即

$$C=\frac{n}{\delta m} \tag{2.4}$$

天平的灵敏度与天平的结构有关。如图2-16所示，载物盘和砝码盘的悬点和横梁的支点分别以A、B和O表示。假定横梁的臂AO和BO与水平线$A'B'$成某一角度α，横梁左右两臂的长度可以认为相等，以L表示。d表示横梁重心D到它的支点O的距离；横梁重P_k，两个力P作用在载物盘和砝码盘的悬点A、B上，若天平平衡，二力相等，则指针指零。如果在载物盘中多放上一个质量等于δm的小砝码，则天平指针偏转一角度β，当偏转到作用在横梁上的各力矩相平衡时，天平在一个新的位置上重新平衡。由图2-16可以看出，有下式成立。

$$(P+\delta mg)\cdot\overline{OA'}=P\cdot\overline{OB'}+P_k\overline{OD'}$$

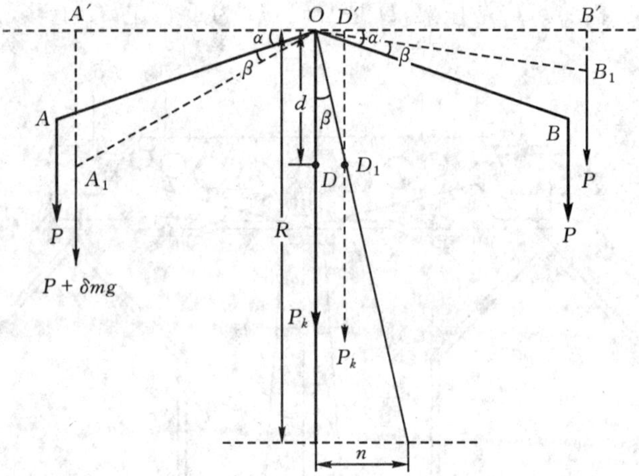

图2-16 天平的灵敏度计算

或者

$$(P+\delta mg)L\cos(\alpha+\beta)=PL\cos(\alpha-\beta)+P_k d\sin\beta$$

化简后可得

$$\tan\beta=\delta mgL\cos\alpha/[(2P+\delta mg)L\sin\alpha+P_k\cdot d]$$

若指针长度为R，则$n=R\tan\beta$，根据灵敏度定义式(2.4)有

$$C=\frac{n}{\delta m}=\frac{R\tan\beta}{\delta m}=\frac{Rg\cos\alpha}{(2P+\delta \mathrm{mg})L\sin\alpha+P_k\cdot d} \tag{2.5}$$

由式(2.5)可知，天平的灵敏度与负载的大小$(2P+\delta mg)$有关，负载大灵敏度低。

如果载物盘和砝码盘的悬点和横梁的支点位于同一直线时，即横梁上的三个刀口位于同一平面内，$\alpha=0$，则式(2.5)简化成

$$C=\frac{Rgl}{P_k\cdot d} \tag{2.6}$$

此时，天平的灵敏度与它的负载无关，而与横梁的臂长 L 成正比，与横梁的重心到支点的距离及横梁重量成反比。改变天平指针上的重心铊 H(见图 2-15)的位置，就可改变横梁重心位置，从而使灵敏度在一定范围内可以调节。且当 $d=0$ 时，天平灵敏度最大，但这种情况不能实现，因为这时横梁成为不稳定平衡。可以看出，对于横梁的臂长 L 和重量 P_k 所提出的要求是矛盾的。实际上采用较短臂而重量轻的横梁，并在横梁中挖去一部分形成桁架结构，使重量减轻而又有足够的刚度。当天平称衡的负载较大时，横梁不弯曲变形是不可能的，$\alpha=0$ 的条件被破坏。由此可见，式(2.6)的适用范围仅限于负载不大的场合。

感量　天平的感量就是天平空载时指针在标度尺上偏转一个最小分格，天平两秤盘上的质量差。天平感量是其灵敏度的倒数。一般天平感量的大小与天平砝码(游码)读数的最小分度值相等。

最大称量　天平的最大称量是天平允许称量的最大值。天平一般都附有专用砝码，质量按 5、2、2、1 比例组成，砝码的总质量等于或略大于天平的最大称量。天平超过最大称量使用时，性能急剧变坏，甚至会被损伤。

3. 天平的调整和使用

天平的调整

要使天平的测量示数正确，必须使天平处于如下的正常工作状态：天平平衡时，横梁必须水平(同时横梁上的三个刀口也处于水平状态)；横梁等长的左右两臂必须等重，所以在使用天平称衡物体质量前必须调整天平。

(1)水平调整。转动底盘下的调节螺钉 L_1 和 L_2(见图 2-15)，使立柱上悬挂的重垂线下端的锤尖对准底盘上的锤准尖(或立柱后的水准仪内水泡处于中心位置)。这时，横梁便处于水平状态，目前多用气泡水准仪检测。

(2)零点调整。将横梁上的游码 D 移至零位置处，旋转掣动旋钮 Q，将横梁抬起来，使其能自由摆动。当指针摆动相对标度尺中线左右幅度相等时，或指针停于标度尺中线时，天平平衡，这说明天平两臂等重。若不平衡，旋动 Q 使横梁放下，调节平衡螺母 B_1 和 B_2 再抬起横梁观察，若不平衡，再放下横梁调节 B_1 和 B_2 直至天平平衡。

(3)灵敏度调整。改变指针上 H 的位置，可以改变横梁的重心高度，从而改变灵敏度。天平的灵敏度在仪器出厂时已经调好，不要随意调动。

天平的称衡

一般称衡。用天平称衡物体的质量时，左盘放置待测物，或将待测物挂在左盘上方的小钩上；砝码置于右盘中。砝码的取用必须使用专用镊子，选用砝码应由大到小，逐个试用，逐次逼近，直至最后利用游码使天平平衡，这时待测物的质量等于右盘中砝码质量的总和加游码的刻度示数。

如果需要进行精确度很高的称衡，就应采用下述一些特殊的称衡方法。

复称(交换)法。将待测物体在同一架天平上称衡两次，一次把待测物放在左盘中称，一次放在右盘中称，若两次称衡所得质量值为 m_1、m_2 物体的质量为 m。根据杠杆原理：$L_2m_lg = L_1mg$，$L_1m_2g = L_2mg$，得到

$$m = \sqrt{m_1m_2}$$

实际上 m_1 和 m_2 相差很小，由近似计算可得到

$$m = \frac{m_1 + m_2}{2}$$

所以物体的质量可认为是复称法称得的两次质量的算术平均值。这种方法可以消除天平不等臂的影响，常在校准砝码时使用。

定载法。先在天平左盘中放上接近最大称量的砝码，在右盘中放上一些大小不等而总质量等于左盘砝码质量的小砝码，使天平平衡。称衡时把待测物放在右盘中，同时从右盘中取出小砝码直至天平又平衡为止。这样取出的砝码的质量总和即为待测物体的质量。这种方法具有不受天平不等臂影响和灵敏度不变的优点，缺点是天平常处于满负荷下工作。

配称法。将被测物体置于左盘，在右盘放上一些碎小物作为配重使天平平衡，然后用砝码代替待测物，重新使天平平衡，则砝码的总质量就等于待测物的质量。这种方法消除了横梁两臂不等或横梁形变等产生的影响。

使用天平的注意事项

(1)在向秤盘中加砝码或物体，从秤盘中取砝或物体，调节平衡螺母或移动游码时，都应该在放下横梁使其在由支撑螺钉托住的情况下进行，以免扭歪横梁，损伤刀口、刀承。

(2)取用砝码不要用手直接拿，而要用镊子夹。

(3)为了保护横梁两端和弓型挂钩架的刀承，用完天平后应将横梁放下且挂钩移离。

(4)空载调零时，不要调换左右秤盘、吊框和挂钩，这些零部件出厂时是对号入座的，否则会调不准零点。

2.4.3 压力的测量

1. 压力

压力是流体(液体和气体)的重要属性。在均匀介质中,把均匀作用在单位面积上、垂直于该面的力定义为压力。压力的表示方法有三种:绝对压力、表压和差压。

绝对压力:以绝对真空作零标准表示的压力,通常在单位符号后加"abs"符号说明。在用绝对压力表示低于大气压的压力时,把绝对压力叫做真空度。

表压:以大气压作零标准表示的压力叫表压。用表压表示压力时,通常在单位符号后加上"G"符号说明。当表压低于大气压力,即表压为负值时,该表压叫做真空压力。表压在工业生产中普遍使用。

差压:用两个压力之差表示压力叫做差压。也就是以大气压力以外任意压力值作零标准表示的压力。

压力的单位,在 SI 中为帕斯卡,简称帕,单位符号为 Pa,也可表示为 N/m^2,即牛顿每平方米。在生产实际、科研和实验室中,采用的非 SI 单位还有,kg/cm^2,mmHg,mmH_2O,atm(标准大气压)等。一个大气压等于 1.013×10^5 Pa,在气象部门曾把 10^5 Pa 叫做 1 巴,巴的符号为 bar。以上几种压力单位之间的换算关系见表 2-2。

表 2-2　几种压力单位换算关系

单位名称	Pa	kg/cm^2	mmHg	mmH_2O
1 Pa	1	1.0197×10^{-5}	7.5006×10^{-3}	0.10197
1 kgf/cm^2	980665	1	735.56	10000
1 mmHg	133.3224	0.00135951	1	13.5951
1 mmH_2O	9.80665	1.0×10^{-4}	0.073556	1
1 atm	101325	1.0332	760.00	10332
1 bar	10^5	1.0197	7.5006×10^2	1.0197×10^4

2. 压力计

凡是用来测量流体压力的仪器,总称为压力计。按其用途压力计可分为两大类,一类是用于测量流体静压力的,另一类是测量流体变动压力的。按测量压力的基本方法,压力计分为两大类:一类是用机械方法进行测量的,使压力与液体(或固体)的重量平衡,或者使压力与弹性体的弹性形变所产生的应力相平衡来测量压力;另一类是压力的非机械测量,不直接测量压力所产生的力,而是用与压力有关的物理定律来测量压力(例如利用物质的热、电性质随压力的变化关系来测定压力)。特别是对极低的气体压力(所谓高真空度)的测量,通常应用放电现象、电离现象和热传导率的变化等进行测量。

U形管压力计:U形管压力计是开管压力计。这种压力计一般用水或水银(也有用油)作为工作介质。U形管压力计是利用待测压力 P 与大气压力 P_a 和单位截面积、高为 h 的液柱重量平衡来测定压力的。这种压力计一般用来测压差,若一个管口与大气相通,读出的压差即为表压。

福廷气压计:福廷气压计是一种在实验室和气象部门用来测量大气压力的水银气压计。它是根据托里拆利原理制成的,其结构请参阅相关资料。这里介绍一下使用方法:福廷气压计必须垂直悬挂于墙壁上,将水银杯上方封盖上的通气孔螺钉拧松,使气压计与大气相通。旋转气压计下部的调节螺钉,升降杯内水银面使一枚固定的方向向下的象牙针尖与其在水银中的倒影尖端刚好接触为止,如此调节是因为气压计零点从此标起。必须注意,当玻璃管内水银面上升时,它的端面格外凸出,反之,水银面下降时,变得较平坦,为此可用手指轻轻弹击外层保护套管,水银受震后,就能使凸面保持正常状态。转动坐标尺旁的游标调节手轮,先将游标移到其下沿比水银柱顶端略高的位置,即下沿与水银面之间能透光。然后慢慢降低游标,直到其下沿刚好与水银凸面相切为止。这时从主尺及游标所得读数称为气压的示值。在要求不太高时,就把示值作为所测得的大气压。在要求较高时,还要进行温度、重力、毛细和零点修正。

压力计的种类繁多,例如利用弹性体弹性形变应力与流体压力平衡原理制成的波登管、波纹管、膜片式和膜盒式等压力计,在生产实际中用得很多,但在物理实验中很少用。

第5节　温度的测量

2.5.1　温度的概念和热力学温标

在力学中,描述一个系统的运动规律,用长度、时间和质量三个基本量来表示就足够了。而在有热现象的系统中,还要引入另一个基本量,这就是温度。

温度是表征处于热平衡系统的一个状态参量,其微观本质是分子热运动的激烈程度,是物质分子平均平动动能的量度。从感觉上来说,温度表示物体的冷热程度。热量自发从温度高的物体传向温度低的物体。一切热平衡系统具有相同温度。只要使温度计与待测系统接触并经过一段时间后达到平衡,温度计的温度就等于待测系统的温度。

对于选作温度计用的物质(测温物质),通常总是选择它的一种随温度连续地、单值地变化且变化显著、便于测量的物理量(测温属性)作为温度的标志。例如通常以液体的体积、电阻随温度的变化、热电偶的温差电动势等。各种温度计的测温属性随温度变化的规律,有的是接近线性的,有的是比较复杂的。

温度的数值表示法叫做温标。建立温标,除了选择合适的测温物质的测温属性来标志温度外,还要选定固定温度点,并对测温物质的测温属性随温度的变化关系作出规定。例如,历史上的摄氏温标规定:在标准大气压力下,冰水混合物的温度(冰点)为零度,水沸腾的温度(沸点)为 100℃。在 0℃和 100℃之间按温度计内液体体积随温度作线性变化来刻度。显然,由于不同测温物质或同一测温物质的不同测温属性随温度变化的关系不同,并不都是线性的,用它们建立的温标也将会不一致。为了使温度的测量统一,需要建立统一的温标,以它作标准来校准其它各种温标。

温标在历史上经过一系列的演变和发展。由于根据热力学第二定律和卡诺定理建立的热力学温标不受测温物质及其属性的影响,所以 1967 年第 13 届国际计量大会将热力学温标定为基本量之一的温度标准。热力学温标的热力学温度符号为 T,单位为开尔文,简称开,单位符号为 K。热力学温标选定的固定温度点为水的三相点(指水、水蒸汽和冰平衡共存状态),其热力学温度为 273.16K。那么开尔文定义为:水三相点热力学温度的 1/273.16。

开尔文也表示温度间隔的温度差。为了统一摄氏温标和热力学温标,1960 年第 11 届国际计量大会对摄氏温标作了新的定义,规定它由热力学温标导出、摄氏温度 t 定义为

$$t = T - T_0$$

式中 $T_0 = 273.15\text{K}$,即规定热力学温标的 273.15K 为摄氏零度(冰点)。摄氏温度的单位是摄氏度,单位符号为℃。单位摄氏度等于单位开尔文。但表示摄氏温度时,摄氏度是代替开尔文的一个专门名称。摄氏温度间隔或摄氏温度差可以表示为摄氏度,也可以表示为开尔文。在一些国家和地区还使用一种华氏温标,华氏温度符号为 t_F,单位为华氏度,单位符号为℉,它与摄氏度的关系为

$$t_F = 1.8t + 32$$

上述三种温度的关系如表 2-3 所示。

表 2-3 摄氏、华氏和热力学温标之间的关系

温标	热力学	摄氏	华氏
温度单位	开尔文	摄氏度	华氏度
单位符号	K	℃	℉
水沸点	373.15	规定为 100	规定为 212
水的三相点	规定为 273.16	0.01	32.02
水冰点	273.15	规定为 0	规定为 32
固体 CO_2	195	−78	−109
氧沸点	90	−183	−297
绝对零点	0	−273.15	−459.67

2.5.2 测温仪器 温度计

温度的测量是热学实验中首要和基本的测量。随着科学技术的发展，测温的方法和仪器不断增多，准确度也逐渐提高，所测温度范围不断地向更高和更低延伸，形成了一门计温学。计温学是利用物质的各种热效应研究测温技术的学科，包括对温度分度法和各个温度标准点的选定，对适用于不同温度范围的各种温度计的设计，制定各种测量温度的标准方法，提高温度测量的精度及测定实用温标和热力学温标间的差值等。在这里仅介绍几种常用温度计的原理和使用。

1. 气体温度计

以气体为测温物质的温度计称为气体温度计。气体温度计的原理是基于理想气体的状态方程

$$PV = nRT \tag{2.7}$$

由式(2.7)可见，对于一定质量(n 一定)的气体，当体积固定时，其压力与热力学温度成正比；当压力固定时，其体积与热力学温度成正比，所以利用测温泡(内盛测温气体)及与其相关的测量压力或体积变化的装置，就可以制成定压或定容气体温度计。虽然真实气体与理想气体存在偏差，但一些实际气体如氢、氦、氮和空气等，在一般状态下，与理想气体定律偏差很小，在标定时可根据修正公式作适当修正。

显然，在测温过程中，必须保持气体温度计系统内气体的质量不变，才能使热力学温度单值地对应于气体的压力或体积。为了消除高温下容器壁吸收气体对测温的影响，有人研制了一种固定容器温度的气体温度计。比较各种气体温度计，定容气体温度计的灵敏度最高。

气体温度计适用范围很宽，它可应用于从极低温度至 1500℃左右温度范围。气体温度计所用测温气体应根据测量温度的范围来选择。如果用它来测量低温，必须使用低温时不会液化的气体。当温度低于－260.5℃时，使用氦气，当测量温度不高于 200℃时使用氢气，高于 200℃时，由于氢气太活泼且扩散强烈，所以用氮或空气。

标准气体温度计是很复杂的，很少直接用来测量温度，主要用于检验其它温度计。

2. 液体温度计

液体温度计的测温物质是液体，一般用水银、酒精或其它有机液体。它是利用测温物（液体）热胀冷缩性质来测量温度的。这种温度计下端是个贮液球泡、内盛液体，上接一根内径均匀的玻璃毛细管，如图 2－17 所示。液体受热后，毛细管内液柱升高，从管壁的标度可读出待测的温度。在一定温度范围内，液体体积随温度变化的关系是线性的，所以温度标尺刻度是均匀的。实际上，当玻璃液体温度计受热时，测温物质和玻璃都要膨胀，但液体的体胀系数远大于玻璃的体胀系数，只要刻度作适当修正即可。多数液体温度计用的测温物质是水银。

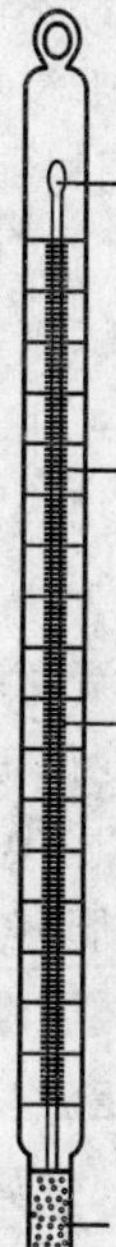

图 2－17　水银温度计

水银温度计测温范围较宽，可应用于－38.9℃至 356.6℃，因为水银在这个温度范围内保持液态。除此之外，水银不浸润玻璃，随温度上升的均匀膨胀性好，热传导性好，且水银容易纯净。正因为水银作为测温物质有这些优点，所以较精密的玻璃液体温度计多为水银温度计。如果要用水银温度计进行精密测量，还要注意引起水银温度计示值失真的原因，并加以修正。

(1)零点漂移。水银温度计的一个缺点是它的零度刻线所代表的实际温度会随时间而发生变化，这是因为几乎所有的玻璃制品中保持有永久性应力，这种永久性应力是在玻璃制品成形后冷却过程中产生的。经过较长一段时间后，在应力作用下，温度计会稍稍变形，主要是贮液泡的体积发生变化，这种效应也叫热后效，从而出现零点漂移，高的可达 1℃左右。制作精密的标准温度计的玻璃热后效很小。使用水银温度计，必须经常检查和校核其零点，以消除零点漂移导致的系统误差。

(2)毛细管粗细不均匀。由此引入的系统误差约为十分之几度。较简单的修正方法是与气体温度计或标准水银温度计进行比较。

(3)水银柱在毛细管中升降时滞留和滞后现象引起的误差。当温度连续下降,水银柱却跳跃式间歇地下降,即水银面先由凸变平坦,这时温度示值不变,然后突然下降。在下降过程中,这种滞留现象显著。所以,如果实验本身不是要求观测下降时的温度,最好采取温度上升方式测温。另外,由于热量传递的速度,温度计贮液泡的大小,周围介质的流动速度及周围介质与测温物质的热学特性等因素的影响,水银温度计跟不上被测介质温度的变化,要滞后一点时间,不能正确及时显示被测介质的温度。所以要测量待测介质温度变化迅速的温度,要用反应迅速的热电偶温度计来测量。

(4)温度计不能全部浸入介质,液柱露出一部分引起的误差。温度计在刻度时,一种是全部浸在定点槽(恒温槽)中进行的叫全浸式温度计;另一种是局浸式温度计,刻度时只将贮液泡和毛细管的一部分浸入定点槽,这种温度计背面有一根横线,表示测温时要使待测介质浸到此线为止。用全浸式温度计测温时,若不能全部浸入待测介质,则需要进行温度修正。物理实验室常用的玻璃水银温度计的测温范围是－10～50℃,－10～100℃,－10～200℃,分度值为0.1℃,0.2℃,0.5℃,1℃。多数采用局浸式读数。做物理实验时,一般只进行零点修正,不进行其它修正。

3. 电测温度计

电测温度计是根据测温物质的电学量与温度的关系制成的。其中利用金属或半导体的电阻随温度变化的规律来测量温度的温度计叫做电阻温度计;利用热电偶的温差电动势随温度的变化规律来测量温度的温度计叫做热电偶温度计。热电偶温度计的测温范围很大,从接近绝对零度到约2000℃或更高。

金属电阻温度计

大多数纯金属当温度升高1℃时,电阻值要增加0.4%～0.6%。作为测温元件的金属材料其物理性质和化学性质要稳定,不易氧化,电阻温度系数要尽可能大;电阻温度关系的线性要尽可能好(在一定温度范围内 $R=R_0(1+at)$),易于机械加工,可以拉成丝并绕成所需形状。铂、铜、钨、铁等材料都能较好地满足这些要求,其中以铂为最好。所以常常用一根很细的铂丝(尽可能是纯铂)在特制的绝缘架上绕制成线圈,封在保护套管中构成电阻温度计的测温元件。测量时将其放入待测介质中,并用导线把它连接到测量电阻的仪器上,如惠斯通电桥。根据已知的电阻与温度的关系,由测得的电阻值便可得到待测介质的温度(或者将电桥刻度直接刻成温度)。因为电阻测量可以达到很高的精度,所以电阻温度计是很精密的测温仪器。

半导体材料、金属氧化物、盐类的水溶液和酸类,在温度升高时,电阻值反而减小(即电阻温度系数为负值),但其变化率要比纯金属电阻大4～9倍,利用这些材料作测温元件，也可制成各种电阻温度计，但稳定性不如金属的好。

热电偶温度计

当两种金属 A 和 B 制成的导线联成回路并使两个接点维持在不同温度 T_1 和 T_2 时，则该封闭回路中会有温差电动势 $E=E_{AB}(T_1,T_2)$存在，(如图 2－18)所示。这种回路称为热电偶。当组成热电偶的材料 A 和 B 给定时，温差电动势 E 由温度 T_1 和 T_2 的差决定。如果使其一端温度 T_1 固定在已知温度(T_0)，则原则上另一端温度 T_2(可不加脚标)就决定其温差电势 E，反之可由 E 确定 T_2，这就是热电偶温度计的原理。为了测量温差电动势，还必须在热电偶回路中接入连接导线和测量仪器(电位差计)，在一定条件下，测量仪器等的接入不会改变热电偶回路中的温差电动势的值。因为温差电路在一定条件下(例如材料均匀、接点等温)有一些基本特性，只有温度梯度，才能维持温差电势，如果整个电路所有接头都处于同样的温度，则任何不同材料所组成的闭合回路的温差电动势都为零。由此可以推论，把第三种均匀材料加到电路中，只要它的两端处于同样的温差，就不会影响回路的总温差电动势。因此，测量两处的温差 $\delta T=T_2-T_1$，可用图 2－19 的接法，测量某处温度 T 时，可采用图 2－20 的接法，其中 T_0 为参考温度，一般取冰点。图中虚线框中表示等温区。热电偶线和铜线相接的两个接头必须维持在同样温度下，当然、检测仪器也不应存在有显著的温度梯度。

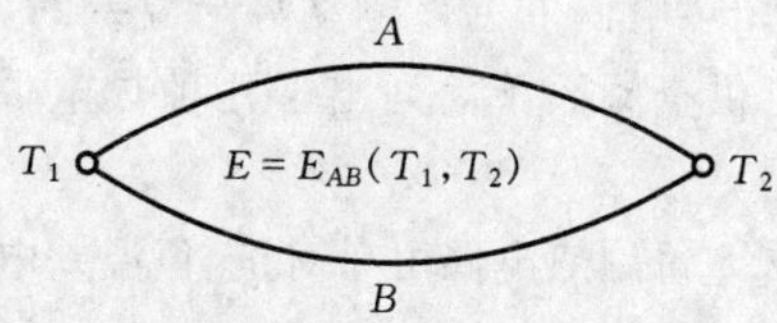

图 2－18　热电偶回路

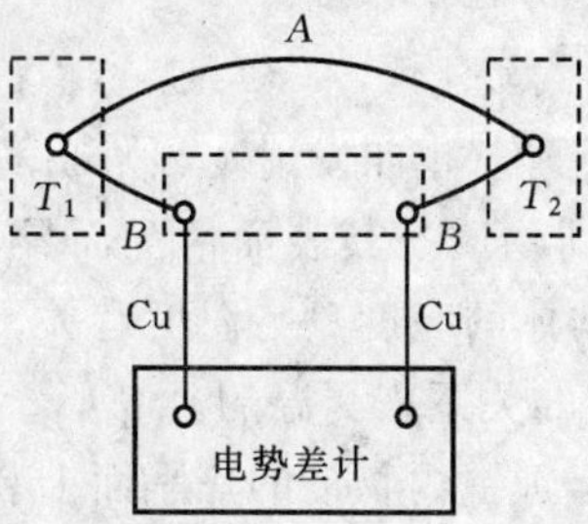

图 2－19　热电偶测温差接法

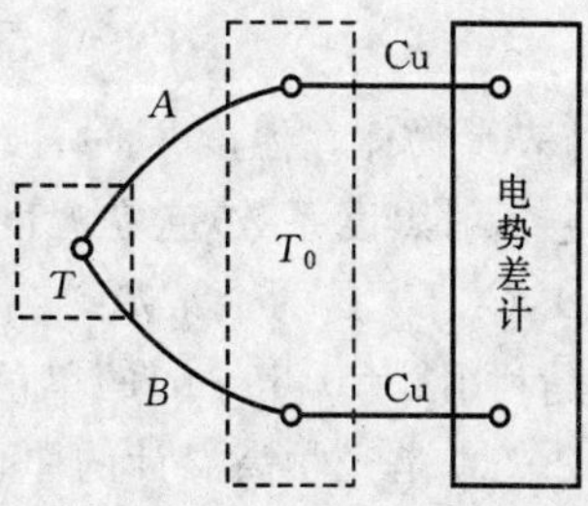

图 2－20　热电偶测某点温度接法

用作热电偶温度计的材料，不仅要有足够高的温差电动势灵敏度 dE/dT，而且要物理、化学性能稳定，质地均匀，有良好的复现性，并易于加工。例如灵敏度并不低的金、钴材料，由于性能不稳定，已逐渐被舍弃。现在常用的热电偶金属材料有铂铑-铂、镍铬-镍铝、铁-康铜、铜-康铜和镍铬-康铜等。它们用于不同的温度范围，测量 300℃ 以下的温度用铜一康铜热电偶；800℃ 以下用铁-康铜热电偶，

1100℃以下用镍铬-镍铝热电偶；温度更高或测量范围更大，通常用铂铑-铂热电偶，它的适用范围从－200℃至1700℃，如果温度高达2000℃以上，则用钨-钛热电偶，热电偶的温差电动势与温差的关系，在国家标准和温度测量手册中有详细图表可供查阅。下面列出了几种热电偶的温差电动势与温差的关系表可供参阅和使用。

每副热电偶由一对正、负温差电元件组成。各元件材料的极性如表2-4所示。

表2-4 热电偶材料的极性

极性	热电偶元件材料名称	成分
正	铂铑合金	90％铂，10％铑
正	镍铬合金	95％镍，10％铬
正	铜	
负	铂	
负	镍铝合金	95％镍，2％铝，2％锰，10％硅
负	康铜	55％铜，45％镍

4. 光学高温计

当物体被加热至高温时，由于热辐射不同，其颜色逐渐改变。温度越高，辐射越强，物体越亮。因此，可用物体的亮度代表物体被加热而放射的热辐射强度的大小。光学高温计就是利用经过温度标定的钨丝灯发出的单色光亮度和被测物体的单色辐射亮度进行比较，使其达到一样，由钨丝灯的温度确定被测物体的温度。

根据热辐射的维恩定律，物体的单色亮度、温度及波长有如下关系

$$E_{\lambda T}=\varepsilon_{\lambda T}C_1\lambda^{-5}\exp\left(-\frac{C_2}{\lambda T}\right)$$

式中$E_{\lambda T}$表示物体在温度T时，波长为λ的辐射强度（也叫发射本领）；$\varepsilon_{\lambda T}$称为该物体的单色辐射黑度系数，它是温度的函数，随不同物质及其表面情况而异，对于黑体$\varepsilon_{\lambda T}=1$，$C_1$、$C_2$是两个常数。当波长一定时，物体的亮度只与温度有关。光学高温计就是利用$\lambda=0.65\ \mu\text{m}$的单色辐射能与温度的关系来测温的。

图2-21是光学高温计的原理结构图。在望远镜内物镜的焦平面上装一只钨丝灯泡，在望远镜目镜与钨丝灯之间装一片红色（$\lambda=0.65\ \mu\text{m}$）滤光片。当光学高温计对准待测辐射热源时，调焦使辐射热源的像平面与灯泡灯丝所在平面重合。从目镜看到在辐射热源的像所形成的发光背景上有灯丝的像。灯丝的电池组E与可变电阻R相连。调节可变电阻器，改变通过灯丝的电流以改变灯丝亮度，直到两者亮度一致，灯丝也就看不见了。这时灯丝的温度就是待测辐射热源的温度。已经根据温度和电流的关系把电路中的安培表刻度成温度，故灯丝的温度可直接读得。

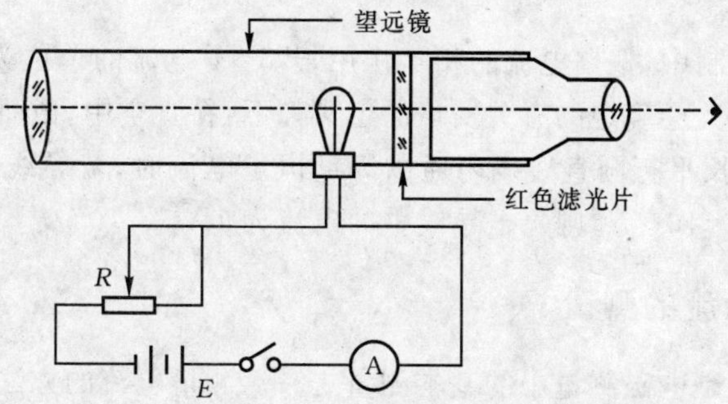

图 2 - 21　光学高温计原理结构图

进行亮度比较测得的温度是亮度温度。它的定义是，在某一波长的表面亮度等于黑体在同一波长的表面亮度时，黑体的温度 T_L 就是待测物体的亮度温度。根据维恩定律和亮度温度的定义，有

$$\varepsilon_{\lambda T} C_1 \lambda^{-5} \exp(-\frac{C_2}{\lambda T}) = C_1 \lambda^{-5} \exp(-\frac{C_2}{\lambda T_L})$$

取对数得到真实温度 T 和亮度温度 T_L 的关系

$$\frac{1}{T_L} = \frac{1}{T} - \frac{\lambda}{C_2} \ln \varepsilon_{\lambda T}$$

因为 $\varepsilon_{\lambda T} < 1$，所以真实温度总是高于亮度温度。单色辐射黑度系数 $\varepsilon_{\lambda T}$ 可从有关手册中查出，例如，对于钨在 $\lambda = 0.65\ \mu\text{m}$，$T = 2000\ \text{K}$ 附近时，$\varepsilon_{\lambda T} = 0.44$。这样，就可以从测量所得的亮度温度求出真实温度。

光学高温计用人眼来判断亮度的精度不高，现在正逐步采用以光电倍增器代替人眼的光电高温计，并且采用自动平衡电路来完成被测辐射热源与高温计灯丝之间的亮度平衡。这种温度计没有任何部分与待测辐射热源接触，因而不干扰被测对象的温度场，不受高温气体的氧化和腐蚀，能够用来测量金属熔点以上非常高的温度，并且给热容量小的、热接触困难的

和运动体等测温对象的温度测量带来方便。

第 6 节　电磁学量的测量

2.6.1　电流及其单位

在电磁学中，为了描述电磁运动的规律，除长度、时间和质量三个基本物理量以外，还须引入一个有关电磁现象的基本物理量，这就是电流。其余的电磁学量都

为导出量。

在国际单位制中，根据电流的相互作用，规定了电流的单位为安培，单位符号为 A。国际计量大会确定的有关安培的定义如下：在真空中，截面积可忽略的两根相距 1m 的无限长平行圆直导线内通以等量恒定电流时，若导线间相互作用力在每米长度上为 2×10^{-7}N，则每根导线中的电流为 1A。

2.6.2　电流的测量

电流的测量是电磁测量中的基本测量之一。测量电流的方法和仪表是多种多样的，可以根据电流的各种物理效应制成多种测量电流的仪表。在物理实验中，经常用到的是磁电系电表。

1. 磁电系电表的工作原理

磁电系电表作用原理是以永久磁铁气隙中的磁场与其中的载流线圈（称动圈）相互作用为基础的，这种仪表的作用是将被测量——电流以电表指针的偏转角位移来表示。其测量机构如图 2－22 所示，主要由固定的永久磁铁和活动的线圈构成，指示被测电流大小的指针和可动的线圈装在同一个轴上。测量机构有三个功能，现分述如下。

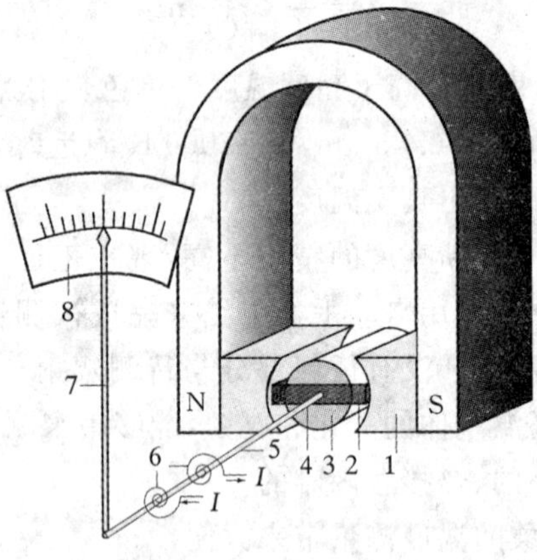

图 2－22　磁电系电表的测量机构

1—有均匀辐射磁场的永久磁铁；2—可转动线圈；3—圆柱形软铁芯；4—铝框；5—转动轴；6—固定螺旋弹簧；7—指针；8—刻度盘

第一，产生偏转力矩。当电流表串入电路中，动圈中有电流流过时，在永久磁铁磁场中受到偏转力矩的作用。指针也随之偏转，其偏转力矩的大小为

$$M = BINA$$

式中 B 为磁铁空气隙中的磁感应强度；N 为动圈匝数；I 为通过动圈的电流；A 为动圈的有效面积。

测量机构的第二个功能是产生反作用力矩。为了获得特定的指示，当偏转力矩作用在电表的活动部分使它发生偏转时，活动部分还必须受反作用力矩作用，并且这个反作用力矩还必须随偏转角的增大而增大。当偏转力矩和反作用力矩大小相等时，指针就停下来，指示出被测电流的数值。反作用力矩可以用游丝产生，其大小为

$$M' = C\theta$$

式中 C 是反作用力矩系数，它取决于游丝的材料、几何形状。θ 为指针偏转角度。偏转力矩与反作用力矩平衡，即其大小相等，$M=M'$。则有

$$\theta = \frac{BNA}{C} \cdot I$$

可见电表动圈（亦即指针）偏转角与动圈面积 A、匝数 N、磁感应强度 B 和电流 I 成正比，与游丝的反作用力矩系数 C 成反比。当电表一经制成，B、A、N 和 C 都是定值。又因为磁铁极掌与圆柱形铁芯之间的气隙中的磁场是均匀辐射状的，如图 2-23 所示，因此动圈的偏转角仅与动圈中所通过的电流成正比，这样，刻度标尺是均匀的，这就是磁电系电表的基本原理。如用 S_L 代替 BNA/C，则

$$\theta = S_L I \tag{2.8}$$

一般把 S_L 叫做电流灵敏度，表示每单位电流的偏转角度。

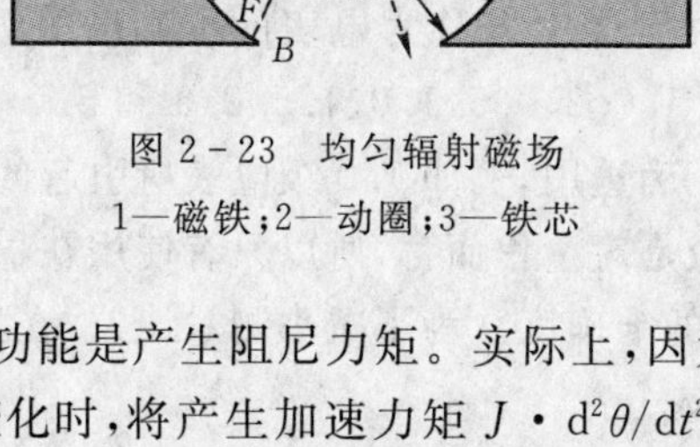

图 2-23　均匀辐射磁场

1—磁铁；2—动圈；3—铁芯

测量机构的第三个功能是产生阻尼力矩。实际上，因为电表活动部分有转动惯量 J，所以当偏转量变化时，将产生加速力矩 $J \cdot \mathrm{d}^2\theta/\mathrm{d}t^2$，导致指针在平衡位置左右摆动，不能很快停下来。为了防止输入电流变化引起过度振荡，必须提供阻尼力矩 $D\mathrm{d}\theta/\mathrm{d}t$，让它在活动部分运动时，发挥阻尼作用，$D$ 为阻尼系数。一般利用绕制线圈的铝框架形成涡流来产生阻尼力矩。

2. 电流表量程的扩大

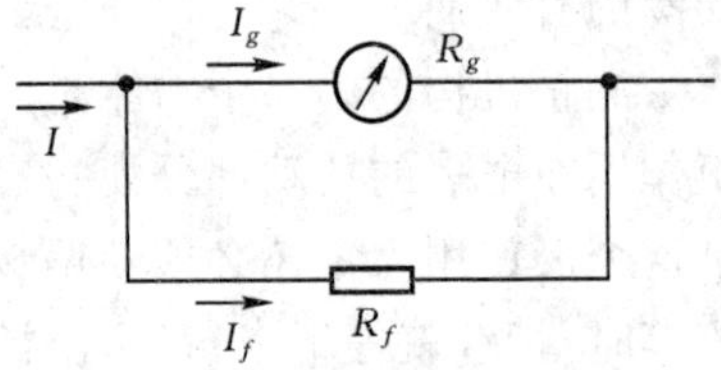

图 2-24 电流表扩大量程

因为电流表的偏转直接与电流成正比，或者更确切地说，与动圈的安匝数成正比，所以绕以大量匝数，则小电流将足以得到满刻度偏转，具有 50 μA 满刻度偏转的电流表是很平常的。也可以使用少量匝数通过较大电流，不过直接通过的最大电流将受导线的粗细、连接动圈的游丝等其它元件限制。为了测量较大电流，必须扩大电流表的量程。扩大电流表量程采用分流法，即给电表并联一个低电阻 R_f，如图 2-24 所示。这样，通过动圈的电流 I_g，只是待测电流的一部分。如果要把量程扩大 n 倍，即 $I=nI_g$。那么，所需并联的低电阻 R_f 为

$$R_f=\frac{R_g}{n-1} \tag{2.9}$$

一个表头如果采用多个不同大小的分流电阻，便可构成多量程的电流表。

若被测电流太大(50A 以上)，由于分流电阻发热严重，影响电表测量机构正常工作，而且体积也得很大，可以将分流电阻做成单独的分流器。

由上述可知，一只磁电系电表的主要参数是灵敏度 S_L、内阻 R_g 和量程 I_m。

3. 电表准确度等级及校验

电表本身都存在着某种程度的固有缺陷，如轴承与轴尖的摩擦，游丝张力不均匀，径向磁场不均匀和刻度不准等。在正确使用的情况下，也不可避免存在着误差。设电表量程为 I_m，用该表进行测量时可能引起的最大绝对误差设为 ΔI_m，那么比值

$$\frac{\Delta I_m}{I_m}\times 100\%=S\%$$

就反映了该表的准确程度，式中 S 称为电表的准确度等级。根据国家标准，电表分为七种准确度等级：0.1、0.2、0.5、1.0、1.5、2.5 和 5.0，标明在电表表盘上。使用时，要根据测量要求正确选用，例如 1.0 级电表所引起的仪器误差不超过量程的 1.0%。因为准确度等级是对量程而言，所以只有使用在量程附近(一般使用在2/3至满度)，才能接近仪表的准确度。为了减小测量误差，在满足测量要求的前提下，应尽可能选用小量程电表。

电表准确度等级的校验

一只电表用的时间长了，或者自己改装了一只电表，都要进行准确度等级的校验。一般采用比较法，选用等级高二级的电表作标准表，最好量程也是一样的。将待校表和标准表串联在电路中，在整个量程范围内，逐点比较待校表和标准表的差

值，以待校表的读数 I 为横坐标，以待校表的读数 I 与标准表的读数 I' 之差值 $\delta I = I - I'$ 为纵坐标，作出校正曲线，如图 2－25 所示。这个图例是校正一只 100 mA 量程的电流表，且每 10 mA 比较一次。从校正曲线上可以查出待校表读数的校正量，若使用的标准表为 0.5 级，校正结果的最大相对误差小于 1.5%，则该表可定为 1.5 级。

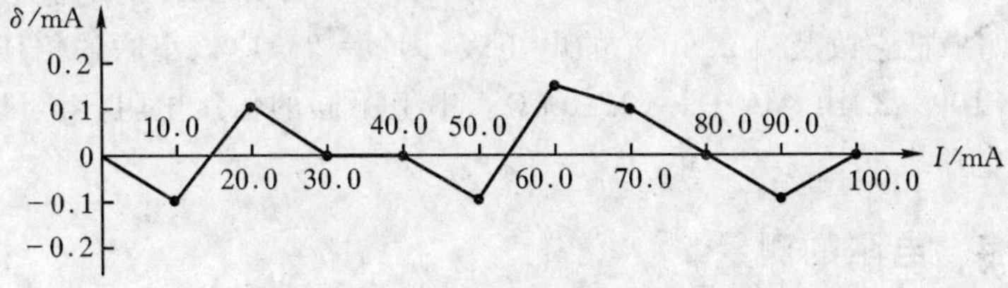

图 2－25　电流表校正曲线

正确使用电流表应该做到以下几点：使用前应对指针作零点校准；对直流表注意其正负极性；选用合适量程，如事先无法估计待测电流的大小，应先选用大量程，然后改用适当的小量程；读数时避免视差；正确读取多量程表读数的有效数字，应根据该电表的级别及选用的量程和最小分格来确定，不能简单的一概读取最小分格的十分之一。

2.6.3　电压的测量

电压的单位，在国际单位制中为伏特，单位符号为 V。1 伏特(V)是当 1 安培(A)的恒定电流流过导体的两点间，若所消耗的功率为 1 瓦特(W)时，该导体两点间的电压。

测量电压的方法和仪表也很多，这里只讨论用磁电系电压表测量电压。磁电系电压表是由小量程磁电系电流表串联大电阻而构成的。用电压表测量电压的原理仍然是欧姆定律。要测某电路的电压，把电压表跨接（并联）在电路两端，如图2－26所示。这样，就有一部分电流流过电压表。如果电压表的内阻为 R_V，则测得电压为

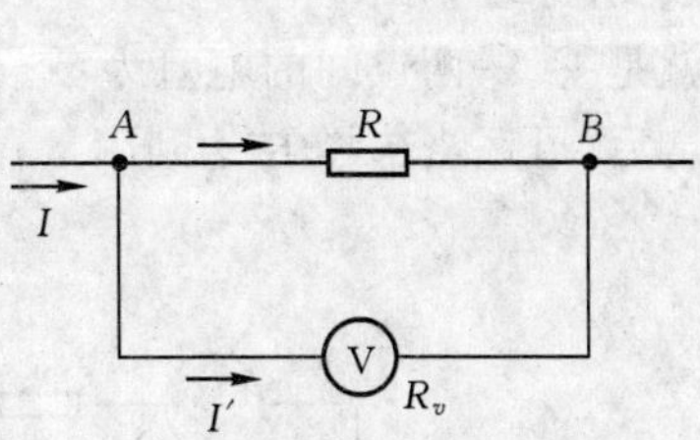

图 2－26　电压表测电压

$$U = I'R_V$$

这是在电压表接入后 A、B 两端的电压。显然，由于电压表的接入，R_V 与原电路 R 并联，使测得的电压小于原电路的电压。所以要求电压表内阻尽可能的大，必须使 $R_V \gg R$，测量误差才小。当 $R_V \geqslant 100R$ 时，就可认为电压表内阻对被测量电路状态

的影响小到可以忽略的程度。

把电流表改装成电压表是很简单的，根据所需量程串联上适当大小的电阻就成了。设电流表表头内阻为 R_g，再串上一个电阻 R_V，通常称 R_V 为倍压电阻，使

$$R_V = (n-1)R \tag{2.10}$$

这样一来，改装后的电压表量程就是电流表表头指针达到满刻度时，其线圈电阻(R_g)两端电压的 n 倍。例如，一个 $R_g = 100\ \Omega$，$Ig = 1.00\ \text{mA}$ 的电流表，即表压为 100 mV，如果把它改装成 2.50 V 的电压表，即 $n=25$，应该串联的倍压电阻 $R_V = (25-1)\times 100 = 2.40\times 10^3\ \Omega$，$=2.40\ \text{k}\Omega$。串上不同的倍压电阻，就可以得到一只多量程的电压表。

2.6.4　电阻的测量

电阻的测量是电学中常用物理量的测量之一。在国际单位制中，电阻的单位为欧姆，单位符号为 Ω。其规定为当导体中两点间的电位差为 1 V 时，若流过导体这两点间的电流为 1 A，则该段导体的电阻为 1 Ω。表示较大的电阻常加上词头，如千欧($\text{k}\Omega = 10^3\ \Omega$)和兆欧($\text{M}\Omega = 10^6\ \Omega$)。

通常把阻值在 $10\sim 10^6\ \Omega$ 范围的电阻叫中等电阻，小于 10Ω 的叫低电阻，大于 $10^6\ \Omega$ 的叫高电阻。测量导体电阻的方法与阻值的大小关系密切。

1. 欧姆表测电阻

用欧姆表测量电阻，实际上就是用电流表测量电阻，由于测量方便，在测量精度要求不高时，使用较多。

欧姆表通常是由表头(满量程电流 I_g，内阻 R_g)，限流电阻 R 和电池组 E 组成，其原理如图 2-27 所示。当⊕、⊖两点用测试笔短路时，指针应指在满刻度，也就是⊕、⊖两点间的电阻为零。因 $I_m = E/(R_g + R) = I_g$，所以在表头和电池组选定后，可适当选择 R 达到满量程 I_m。当待测电阻接入后，电路中的电流 I_x 为

$$I_x = \frac{E}{R_g + R + R_x}$$

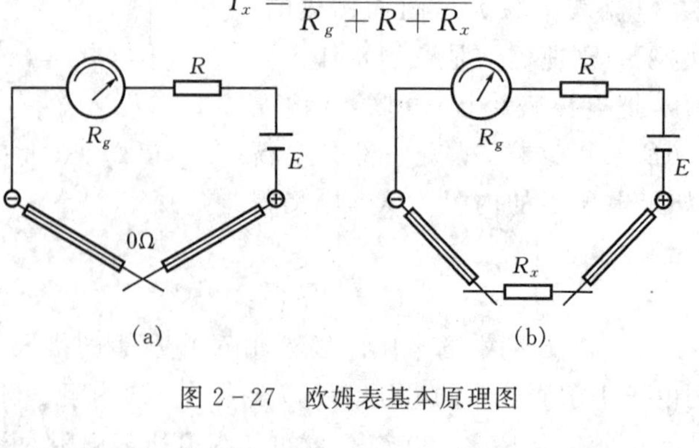

图 2-27　欧姆表基本原理图

因为 E、R_g 和 R 都确定，所以 I_x 与 R_x 一一对应，故在表头的标度尺上把电流指示值直接刻为电阻值。开始时，$I=0$，相当于电阻为∞，因此电流表的零点刻成"∞"；在满量程处，$R_x=0$，刻成"0"。这就成了一只欧姆表。

我们注意到，当 $R_x=R_g+R$ 时，电流 $I_x=I_g/2$，电表指针指在表面的中央。这个电阻称为欧姆表的中值电阻。即 $R_中=R+R_g$。

中值电阻是欧姆表的量程标志，这一点不同于电流表和电压表，它们是以最大读数为量程标志的，因为欧姆表两端分别表示∞和 0，不能作为量程标志。所以测量电阻时，待测电阻在欧姆表中值电阻附近，测量误差才较小。通常选 $R_中/5$～$5R_中$ 为有效测量范围。在电流表中分别串联不同的电阻 R，就可使欧姆表有多个相应的中值电阻，就成了具有多量程的欧姆表。

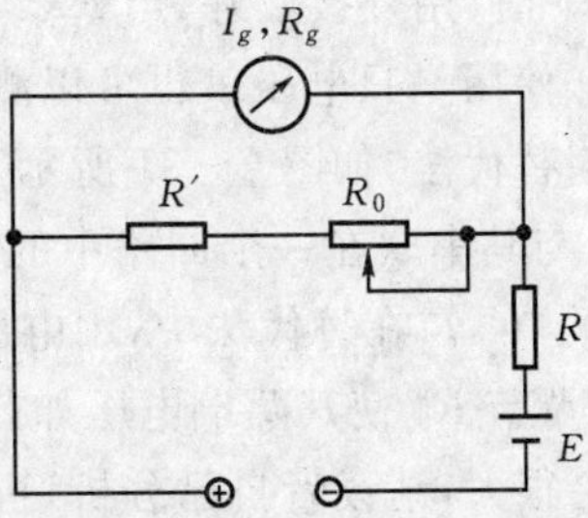

图 2-28　改进的欧姆表调零电路

上述欧姆表虽然在原理上能够测量电阻，但在实用上不合适。因为电池用旧了电压会降低，如⊕、⊖短路，使 R 调小才能使电表满量程(电阻 R_x 为零)。这样中值电阻发生了变化，读数就不准了。所以在实用的欧姆表中加进了分流式调零电路，如图 2-28 所示，使 R' 和可变电阻 R_0 起调零作用。R'、R_0 支路经常分去电流表中一部分电流，当 R_0 增大时，被分去的电流减小，指针偏转较大；反之，R_0 减小，被分电流增加，指针偏转就小。为了不使分去电流过多，所以串一个固定电阻 R'。这时，计算中值电阻要把 R' 和 R_0 考虑在内。在 E 变化的情况下，利用改变 R_0 使 $R_x=0$ 时，电流仍能达满度。同时，选择 R_0 时使其满足当 R_0 变化时对 $R_中$ 影响甚小，这样欧姆表刻度照样可用。因此，在使用欧姆表时，每换一个量程都必须调零，然后再进行测量。

2. 伏安法测电阻

对于中等阻值的电阻，常用电压表和电流表来进行测量，这种方法通常叫伏安法，两种接法的测量原理如图 2-29 所示。测出流过 R 的电流和 R 两端的电压，就可算得 R。但在实验中不可避免地存在着系统误差(方法误差)。从图 2-29 可见，这两种连接法，图(a)电压较准，电流不准；图(b)电流较准，电压不准。究竟哪一种线路系统误差小些呢？

图 2-29(a)称为外接法(电流表外接)。可导得

$$R = R_x\left(1 + \frac{R_x}{R_V}\right) \tag{2.11}$$

图 2-29(b)称为内接法(电流表内接)。可导得

$$R = R_x\left(1 + \frac{R_A}{R_x}\right) \tag{2.12}$$

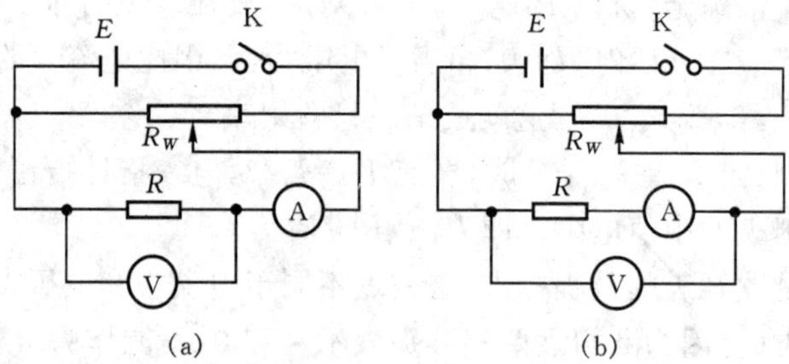

图 2-29　伏安法测电阻的两种接法

式中 R 为真实值，R_x 为测量值，R_V 为电压表内阻，R_A 为电流表内阻。可见当 $R_x \ll R_V$ 时，用外接法好；当 $R_x \gg R_A$ 时用内接法好。

使用一只电压表也可以测量电阻。这里用一种叫比较法，如图 2-30 所示；一种叫替代法，如图 2-31 所示。在比较法中，若已知 R_0，用电压表测出其两端电压 U_0，与其串联在一个回路中的 R_x，也用这只电压表测出其两端电压 U_x，那么，$R_x = R_0U_x/U_0$。在替代法中，用电压表测出 U_x 两端的电压，然后把 R_x 换成可变电阻 R_0，调节 R_0 使其两端电压如前，则 $R_x = R_0$。这两种方法都有一定的条件，否则误差会很大，请读者自己分析讨论。

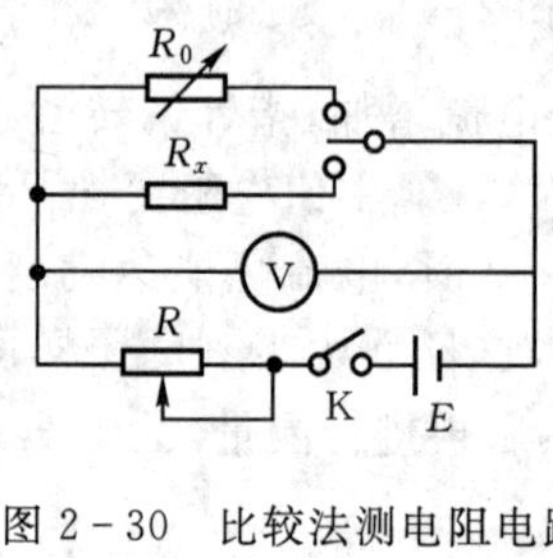

图 2-30　比较法测电阻电路

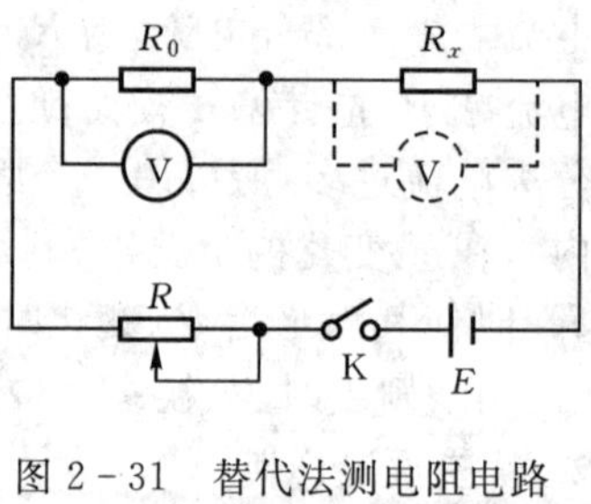

图 2-31　替代法测电阻电路

在实验中，还用过惠斯通电桥测中等电阻，开尔文电桥测低电阻，后面专门讨论。

2.6.5　磁感应强度的测量

在永久磁铁和通电导体周围存在着磁场，工业生产、科学研究和实验中常常需要测量磁感应强度。磁场本质上是由运动电荷产生的，因此它对运动电荷反过来也有作用，磁场发生变化时，有电磁感应现象发生，利用这些原理就可以测量磁场。

在国际单位制中，磁感应强度的单位是特斯拉，单位符号为 T。特斯拉定义为 1C 电荷以 1 m/s 速度运动时所受到的最大磁力为 1N 时的磁感应强度。

在实验中，将要讨论用霍耳法测定稳恒磁场和用探测线圈感应法测定交变磁场，不再重述。

第3章　实验方法与测量技术

科学实验的目的，在本书绪论中已做了概括的叙述。为了实现这些目的，首要的问题是如何再现或表征这一物理过程。例如为了验证电荷的量子性，就要设定一种装置能够把带电粒子的运动与所带的电荷联系起来，通过改变电荷量来表征其电荷的变化是非连续性的；为了测定某地的重力加速度，就要选择一个能表征与当地的重力加速度值 g 有关的函数式（当然可能很多），按照函数式要求的条件，设计这个装置；为了研究某种电器元件中电场的分布以期设计一个新的器件，必须按照已有设想，通过某种方法（例如模拟法），实测其电场的分布，看其是否附合预期的设想等等。在研究和实现上述过程中，由于可以采用的理论依据和具体实现的手段可能不是单一的，有时可能很多，因此根据任务的要求，选用最简单而又可行的，即所谓技术经济比较的最佳方案，则是实验前的重要准备。当然也可能出现这种情况，原理似乎很简单，过程也并不复杂，但实现起来却非常困难，甚至不可能，这是因为在推导理论时为了简化，常常假定了一些理想条件，如“在均匀介质中”，“在无限广延条件下”，“某某质量忽略不计，阻力不计……”等等，这些条件在实验装置中再现将非常困难。如何恰当的处理这些问题，这不仅要求对理论知识的精通和熟悉，还要求对实验方法和测量技术的深入掌握并能运用自如，才能较好的实现前述的任务。本章试图就这方面的知识作一些基础讨论。

正如俗话所说，万丈高楼平地起，千里之行始于足下，知识的精通和技术的熟练都要从基点开始，因为在科学的道路上确无捷径可走。不同之处在于“基点”不同，现代科技工作者应学会在前辈的“肩上”继续攀登。本章是以总结前人工作的经验和知识为基石，力图将读者送上这一台阶，以利尽快攀上下一个台阶，走自己的路。

实验的任务总有一定的预期目的和要求，分析这些内容和基本思想，在一定条件下给予满足，是研究实验方法的首要任务。定量的测试，总是力求得到被测量的真值，然而真值是不可知的，就是说设有误差的测量是不存在的。选择怎样的实验方法和装置，怎样采集数据，以减小误差并达到预定指标，则是研究实验方法的第二个任务。预定要研究的对象和被测量是客观存在的，但由于种种原因，可能使观察和测量非常困难，以至有时难于实现，如变化量非常之小，或者变化非常缓慢，或者被研究对象隐含于某一较大的物理量之中难于析出。如对高压、高温过程，有些现象或过程，不可能也不允许人为地再现它们，又如雷电、洪水、地震等自然现象，不可能按人为的意志招之即来，但如果真的来了，后果如何呢？凡此种种，都要求实验工作者恰当的予以解决，这就是研究实验方法的第三个任务。

第1节　实验装置的基本调整

3.1.1　水平调整

通常情况，多数仪器和装置都要求在“水平”或者“铅直”条件下工作。例如天平的正常工作状态应首先调节它的底座螺钉至天平水平，福廷气压计应在铅直状态下读数才正确，只有满足上述条件，其测量结果的示值才在误差范围以内，其结果才是有效的。就一般条件而言，仪器的水平和铅直状态，又互相依存，能够做到同时满足，例如天平底座的水平将客观上满足了立柱铅直，从而保证了上面三个承载刀口的水平，否则底座的水平是无意义的，但也有的仪器的铅直和水平是独立的，例如测高仪，立柱的铅直仅保证读数系统的正确和有效（与望远镜系统的平移），而望远镜本身的水平调节则与具体使用条件有关，两者是独立的。这些是在水平调节之前应该明确的。

准备工作选择一个良好的基础平面是非常重要的。普通的实验桌面或比较平滑的地面，具有一定的强度和刚度（指在调整过程及调整后的使用过程中不产生新的变形），对于实验台则还要有一定的稳定度，也是非常重要的。为了防止旋转调整螺钉与桌面（或地面）有相对的移动，不少调整螺钉下面加了一个有 V 型槽的垫片，这是必要的。如果没有配备这种垫片，则应用一块有一定刚度的垫块将调整螺钉与台面隔开，这不仅可以保护工作面不因旋转调整螺钉而受到损坏，而且可以保证调整工作稳定而灵活的进行。

检查一下仪器或装置的水平调节螺钉是否转动灵活是必要的，否则过紧或过松都会影响调整工作的正常进行。检查完毕，应把所有的调节螺钉都调到适中位置，不可过高或过低，以使调节时有足够升降余地。

调节方法是根据三点决定一个平面的几何原理，所有的水平调节装置都应由三个支承点构成。过去的装置多数三个支承点都可调节，在一般情况下这是不必要的，只要有两个支承点可调就够用了。就是对有三个支承点均可调的系统，一般也将其中一个调节适中之后作为参考点，只调节另外两个就可以了。

用来检测（或显示水平状态）的仪器通常用水平尺或水平仪。前者是一维调节，后者是二维调节，区别是在使用和调节过程中前者必须分两步完成，后者则可不动水平仪一次调节完成。下面以水平尺为例说明调节过程。以图 3-1 为例，被调整面 S 由 A、B、C 三点支承，设以 A 点为参考点（一般选不可调的一点），先将水平尺沿 AB 方向（不一定必须和 AB 连线重合）放置，调节 B 螺钉，使气泡停在水平尺中点，此时说明 AB 线已处于水平状态，再将水平尺沿 CD 放置（或与 CD 平行），调节 C 螺钉，使气泡在水平尺中点，说明 CD 线也已水平。一般来说，此时 S 平面已调至水平状态，其标准是无论水平尺在 S 平面上任何方位放置，气泡均应在中点。当然水平尺放置的平面应该是加工平整的可以做为测量基准的光滑平面。若尚有差异，可再反复微调，直到平面水平为止。若使用的是水平仪，由于它是由一组同心圆表示水平状态，则最好将水平仪放在 D 点，先调 B 使气泡停在 AB 连线的中点，而后再调 C 使气泡停在同心圆的中心。如果技术熟练且思路清晰，可以同时调节 B、C 两点，使气泡停止在中心位置。

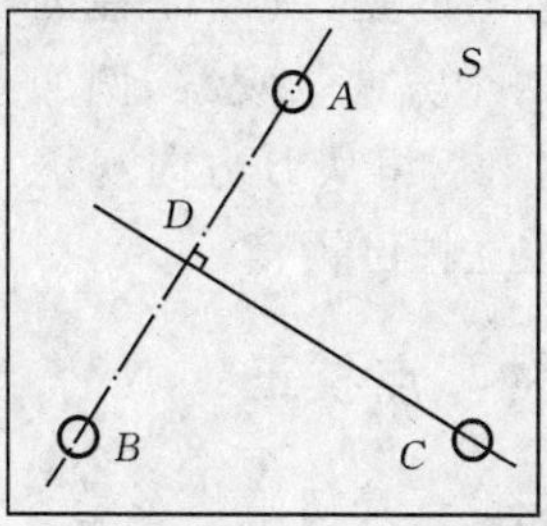

图 3-1　水平调节示意图

特别要说明的是，如果先将水平尺沿 CD 放置，调节 C 使 CD 水平，而后再沿 AB 放置调节 B，使之水平，这样的调节次序是不对的，因为虽然 CD 已调整好，但当调节 B 点时，处于 AB 连线上的 D 点也就跟着位移，这样就破坏了 CD 的水平状态，所以它是不可取的。

检测或指示水平状态的装置，除了气泡水平仪外，还有别的装置，例如有的天平是用一根悬线吊一个圆锥体和底座的圆锥尖对正来指示水平状态。这种装置的悬线一般是固定在一个可调的支架上，要先用别的方法将天平调至水平，而后调节悬线，使上下两锥尖对正，再将悬线固定。以后再调节就以这个状态来判定水平与否。因而使用这种装置来判定水平，首先应检查悬线的状态是否在预调及固定的状态。如果悬线已松动且可以任意移动，再用它来判定水平与否就变得毫无意义了，这点务必引起注意，以防止误调和误判。

对调整好水平的仪器，必须保证水平仪在测量面上任意放置均能达到水平状态，才能说已调整完毕。

3.1.2　铅直调整

对于具有一定高度且在垂直方向上放置测量部件或工件的仪器或装置，这一步骤是重要的。如自由落体仪、焦利秤、杨氏弹性模量仪、三线悬摆装置等。

这类装置的共同特点是常常由固定在一个可调底座上的一根或多根长立柱构成。检测的标准大多用一根长的悬线看它是否与立柱的素线平行来判断，如图3-2所示。调节底座螺钉，可以改变立柱的竖直角度，当悬线和立柱素线平行就可认为立柱已铅直。这里应该指出的是，判断立柱的素线和悬线平行，一定要从两个方向去观察，例如先从 A 方向观察，它已平行，然后再从 B 方向观察，直到如图3-2(b)所示，即 A、B 两个方向均已平行，才能判定立柱已铅直。

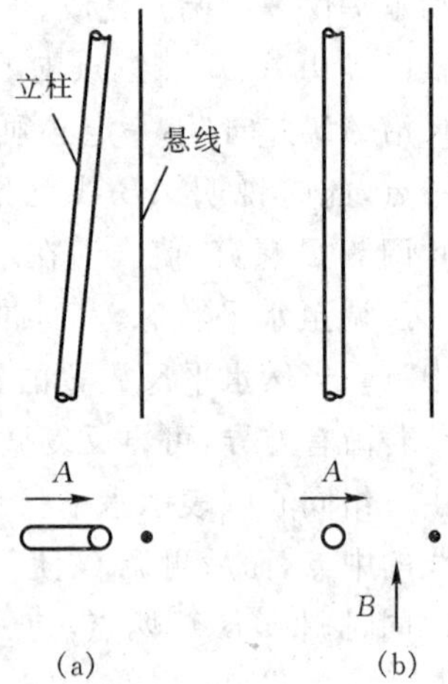

图 3-2　铅直调节示意图

3.1.3　仪器(仪表)的零点校正

使用任何仪器，必须事先检查其初始状态是否正常。对异常情况应作出判断和调整，以期达到该仪器正常使用条件下应该达到的精度。

游标卡尺的校验

无论那种分度的游标卡尺，在钳口清洁的条件下，将钳口并紧，此时游标之零刻线应和主尺的零刻线对齐，游标的最后一条刻线应和主尺上的某条刻线对正，而整个游标内的所有刻线应无一条和主尺刻线对正。否则，应将游标之紧固螺钉松开，轻轻移动游标，以达到上述要求，这把游标卡尺才能正常使用。如差别不是太大且调整困难，一般可把这个零点读数记录下来，从测量读数中减去。只是应该注意这个零点读数可正可负，如何判断请读者自己加以区别。

螺旋测微计(千分尺)的校验

在保证测量砧面清洁的条件下，轻轻旋转摩擦帽，使两个砧面密切接触(应该听到摩擦帽内弹簧滑跳声 3—5 次后停止旋转)，这时微分筒上的“0”线应和主尺的标志线(平行于轴线的一根长直线)对齐。否则应用盒内配备的专用扳手轻轻旋转主轴套筒，直至两线重合为止。为了保护千分尺，这种调节只在“0”线超过微分筒上的一小格(百分之一毫米)才这样调整，小于一小格时，可将零点读数记录下来(参阅图 2-8)，同样，这个零点读数也有正负之分，记录时务必注意。

物理天平的校正

在完成天平的水平调整和横梁的平衡调整后，可轻轻举盘若干次，看其指针是否停在同一位置，否则应检查天平的水平和横梁的平衡是否调节好。完成上述调节后，应移动游码，使其值恰等于该天平的感量值，轻轻举盘，观察指针偏转，其值恰应等于分度值(一般应为一小格)，如不对，可调节指针上的感量铊，使之达到要求。

如果在举盘操作时，发现横梁有轻微转动，尤其在空载时更容易观察到这种现象，说明天平调节不合格，应重新调整，特别是天平的水平，若采用重锤指示且已对正，可能悬线点已变动，应另用水平仪校准。因为水平调节不好，立柱倾斜，举盘时天平的主刀口与刀承不能同时呈线状接触，所以横梁才会扭动。也有可能是刀口松动，这对使用很久或受过伤的天平是可能发生的。这类调整应由专业维修人员进行，自己不要轻易动手。

指针式电表零点的校正

尽管这类电表的指针(含转动机构)在设计时都考虑到整个系统的平衡，但由于它结构精密，使用一段时间，特别是偶然的过载冲击，都可能使得电表在不带电的条件下指针不在“0”位。调整时，首先应将电表按规定的使用状态(水平或垂直)放置，再在与电路分离的条件下(如已接入电路，应从电路中分离出来)，调节指针的调零旋钮使其到达“0”位。然后将电表改变方位并轻轻摇动，指针应能自由摆动，再按原位放好，指针应回到“0”位。若又不回“0”，则可能是轴尖过松或过紧，应请专门维修人员调整。

这种调“0”操作，叫做机械零位校准。这个校“0”螺丝可以360°旋转，但它的调整范围有限，如果偏离太多，这种调节就不行了。处理的办法和前面一样，把零点读数记录下来，只是由于刻度的原因，它只能读出正的零点读数，对于负的因“0”刻线以左没有刻度线，零点读数不允许估计。

悬丝式(镜式)电流计的调零

这类电表共同的特点是没有刚性的机械转轴，其线圈是用一根叫做“悬丝”的极细薄的金属带吊装在磁场中、在悬丝中部粘接了一面小镜(也有少数固接一极小的指针)，借助光的反射，当线圈转动时带动小镜一齐转动，使小镜反射的光标移动来进行读数。它的调“0”和使用要求很高。首先将其放在一个非常稳定的水平工作台上，否则线圈就不在磁场中心，读数就不可能正确。因为它没有固定的“0”点，调“0”应根据本次测量的具体要求，缓慢旋转机械调零旋钮(一般都是多圈旋转)，就可以看到光标缓慢移动，到达预定位置为止。由于其机械调零装置可能有空程差，因而严格调到“0”很困难，有些电表(如AC—15系列)的标尺可以微小移动，所以当差别很小而机械调“0”困难时，可轻微移动标尺来实现。

第 2 节 比较测量法

测量是指为了确定某一被测量的值而进行的一组操作过程。测量涉及被测量、测量仪器和一套与之相关的方法。凡是可以找到能与被测量进行比较的同量纲的标准量,并且可以直接或间接地以被测量是标准量的倍数表示结果的方法,叫做比较测量法。用于比较的标准量不同,比较的方法和条件的差异,比较测量法又演变为以下的不同形式。

3.2.1 直接比较测量法

所谓直接测量,是指不必对与被测量有函数关系的其它量的测量,能够直接比较而得到被测量值的方法。它有如下特点。

1. 同量纲:标准量和被测量的量纲相同。如用米尺测量长度,用天平称量质量等。

2. 直接可比:标准量和被测量可以直接相比,不需要量的繁杂变化就可以直接得到结果。

3. 同时性:标准量和被测量的比较是同时发生的。没有时间的延迟或滞后,亦即无需经时间变换的效应参与比较过程。同时性也表示了测试环境条件的同一性。

标准量的选择是进行比较测量的前提。由于被测量不同,对标准量的要求就不一样。同样的被测量,测量的精度不同,所选用的标准量也会出现差异。例如要测量一段金属丝的长度和直径,设其长度约为 1 m,直径约为 0.8 mm,对测量精度的要求是其相对误差均不大于 1%,由于两个被测量的量值相差甚大,选用同一个标准量,是不合适的。对于长度测量,如果选用分米(dm)为标准量,仪器的额定误差按标准量的 1/2 估计,即为 0.5 dm,那么长度的测量结果应该为

$$L_1 = 10.0\ \text{dm}$$

$$\Delta L_1 = 0.5\ \text{dm}$$

$$E_{L_1} = \frac{0.5}{10.0} \times 100\% = 5\%$$

这个结果显然超过了误差允许范围。如果换用厘米(cm)为标准量,仪器误差仍为标准量的一半(0.5 cm),则长度测量结果为

$$L_1 = 100.0\ \text{cm}$$

$$\Delta L_1 = 0.5\ \text{cm}$$

$$E_{L_1} = \frac{0.5}{100.0} \times 100\% = 0.5\%$$

这时，测量所产生的相对误差(0.5%)小于规定标准(1%)，显然选用这个标准量进行直接比较测量是合适的。对于直径的测量，如果也选用这个标准量进行直接比较测量，由于被测量的量值小于这个标准量，直接比较是困难的。一定要比较，那么它的结果是：

$$d = 0.1 \text{ cm}$$

$$\Delta d = 0.5 \text{ cm}$$

这种情况下，误差估算已无意义，显然是不行的。就是选用毫米(mm)做标准量进行比较，由于仪器误差 Δd 已经是 0.5 mm，那么

$$E_d = \frac{0.5}{0.8} \times 100\% = 60\%$$

远远大于规定标准，当然是不许可的。进一步减小标准量，若选定 0.01 mm，那么它的测量结果一般可表示为

$$d = 0.800 \text{ mm}$$

$$\Delta d = 0.005 \text{ mm}$$

$$E_d = \frac{0.005}{0.800} \times 100\% = 0.6\%$$

这个结果小于测量要求的误差限，是可行的。根据上述分析，可以得出如下结论：对于给定长为 1 m 直径为 0.8 mm 的金属丝的测量任务，在各被测量之相对误差小于 1%的条件下，用直接比较法测量，其标准量分别选用 1 cm 和 1/100 mm，与这种标准量对应的量具分别为厘米分度的直尺和千分尺。把上述内容和第 1 章介绍的有效数字对应来看，所谓标准量就是量具的最小分度，它和测量结果的有效数字的最小一位可靠数字对应，而有效数字的存疑位，正好是标准量的估计位，这点正是根据实验任务要求来选择量具(或仪器)的根据之一。

用停表来测量时间，则是描述直接比较测量的同时性的最好例证。计时开始时刻，用手启动停表，它就以固定的周期计时，并与它的最小单位进行比较，表盘上指针的位置随时显示被测量是标准量的倍数值，直到测量过程终止，止动停表，指针指示最后的位置即整个过程是标准量的倍数值。它们同时开始同时结束，同量纲同过程，这就是直接测量的同时性。用直接比较测量法测定某些物理量的方法，比较简单易行，效果直观，确是一般测量的基础，还是应该仔细研究，认真掌握的。

3.2.2　间接比较测量法

在比较法测量中，仅仅做到同量纲，在基本量和常用导出量的范围内还是比较容易做到的，但若再要求直接比较和同时比较，往往有一定的困难。例如在高温条件下测量某物体的长度，在真空状态下测定某物体的质量以及那些过大过小的量

值等。历史上有名的“曹冲称象”是典型的比较法，但它却不能做到同时和直接。通常用的磁电系电流表，可以测量电流，表盘上的示值可以是标准量，似乎已经做到同一量纲，但其本质上却是用被测电流的安培力和标准电流的安培力，通过游丝的平衡所对应的角度量进行比较测量的，显然这种比较既不是同时、又不是直接，我们通常可以借助一个或几个中间量，或将被测量进行某种变换，来间接实现比较法测量，这种方法叫做间接比较测量法。

间接比较测量法的关键是如何找到合适的中间量。在 SI 中电流强度是一个基本量，它的定义是用每米载流导线所受的力来定义的。但力是一个不可见的物理量，只能用它的作用效果来表征。电流表就是借助安培力使线圈旋转，并且通过游丝的反力矩平衡显示其作用的效果——偏转的角度这一中间量来进行比较，显然旋转的角度就成了一个中间标准量。电流的安培力矩和游丝的反力矩平衡，实现了同量纲的比较。因而就本质而言，是否可以说电流表测量的不是电流值而是角度值更恰当呢？因为磁电系电表都是建立在关系式

$$I = K\theta$$

的基础上的。所以可以得出这样的结论：预先选定电流的中间标准量，借助于上式，在确保 K 为常数的条件下，电流的标准量对中间标准量 θ 进行标定，从而将电流标准量转变成角度的标准量，当被测电流产生的中间量与这个标准量比较时（这时是同量纲的），实现了比较测量，求出它们之间的倍数关系，从而得到被测结果。这种思想方法是重要的，因为在近代技术中，不能直接测量的量越来越多，越来越重要，上述思想方法正是许多现代实验技术的思想基础。

中间量的出现，扩展了思路，但带来了新的误差因素。恰当地选取中间变化量并力求使用最简单的函数表达式是极为重要的。因为这个函数式中含有将要选取的中间标准量，这个量的选取是否适当，将是影响间接比较测量的质量乃至成败的关键，核心问题是中间量能否保证均匀和稳定。电表的中间量是角度值，它刻印在纸盘上，当然不会变化，然而它是在磁场稳定和游丝反力矩均匀且稳定的前提下有效。水银温度计是借助毛细管的长度进行比较，它隐含了一个毛细管的直径这一中间变量因子才把体积的比较变为长度比较，显然毛细管直径的均匀，将直接影响比较结果的精度。而电阻温度计则除了阻值的稳定性之外，还有所引用的函数式

$$R_t = R_0(1 + \alpha t)$$

其中 α 本身的线性范围，只有 α 在有效线性范围内，这一间接比较才能成立。

综上所述，间接比较测量法亦是常用的测量技术之一。正确使用这一方法的关键是恰当地选取中间媒质及中间变量，并且尽可能选用最简单的函数关系，当然，线性函数是首取方案，这对实现间接测量和提高间接比较测量的精度是至关重要的。

第 3 节　放大测量法

严格地说，放大测量只是测量过程的一个手段，并不能独立的构成一种测量方法。它适用于那些被测量值本身很小(或隐含于某一大的物理量中的增量部分)，使得测量难于进行的情况。

3.3.1　直接放大

生活中的实际经验告诉我们，要想看清楚一个很小的物体，或某一物体上的细小部分，可以借助于放大镜或显微镜就能够实现。测量也不例外，例如要测一个小孔的直径可以把直尺和小孔放到一起比较，借助于放大镜来观察，就可以进行测量。这时被测物和标准量被同时放大，这是一种直观的方法，是不难理解的。对于一根很细的金属丝，要想直接测量其直径是有一定困难的，中学物理实验中曾建议将它密绕在一个光滑的圆柱体上，例如密绕 100 匝，这 100 匝的宽度就是直径的 100 倍，这也是一种放大的思路。测量单摆的周期，实测中并不测量一个周期，而是用停表累计 50 个(或 100 个)周期的总时间，这又等于将周期放大了 50(或 100)倍。用天平称量物体的质量，直视天平横梁的水平，也可以确认，但这个差异太小，难于判断，用一个固定在横梁上很长的指针，就把横梁微小偏离的角度放大而且显示出来。上述种种，都是把被测量本身，通过光学、机械或其它方法直接放大而完成测量的。这种方法简单易行又直观，其测量值还有一定的平均作用，所以在一般测量中得到普遍的采用。

由于放大，就不可避免的带来了新的误差因素。例如光学放大，如果放大的光学系统有像差，则必然使被测物产生一定的形变，但在直接放大测量中，由于标准量和被测量同时放大，只要放大部分的像差同时且均匀存在，对结果的影响还不算严重，但如果不是同时放大，如测量显微镜，这点就不容忽视。用累计增加被测量的方法，如密绕多匝来测细丝的直径，则密绕的程度将直接关系到测量结果的误差。当然这种方法还隐含了一个条件一被测细丝的直径处处相等(严格地讲这是不可能的)，测量结果并不代表任何一个截面的直径，而是这一段被测量的平均值。与此相类似的测单摆周期的方法，增加总测量次数和单次测量多周期的累计，虽然在原理上其周期是个恒量，次数增加并不增加误差，但因测量是在一段时间内进行，在这一过程中测试条件(如空气阻力及振动等)不能保证绝对不变，所以误差仍然是存在的。在采用直接放大测量时，恰当而又周密的考虑这些因素是必要的。

3.3.2　间接放大

对于隐含于变量中的微小增量直接放大是困难的，例如一根金属棒在受外力作用或温度变化时，引起的长度增量就很难直接放大。本教材的实验中介绍的光杠杆放大装置，巧妙地解决了这一问题，其关系式为

$$\delta l = \frac{k}{2D} \cdot \delta n$$

首先测量装置将 δl 放大了 $2D/k$ 倍，并以 δn 示值显示出来。只要满足公式推导过程中对角度值的限定就能比较好的减小误差。显然，光杠杆到镜尺的距离 D 越大，不仅放大倍数增大，同时还会适当减小 θ 角，这对放大原理是有利的，但是对望远镜的要求提高了。这种不是把被测量直接放大，而是经过一定的函数变换，用另一个被变换大了的物理量(式中的 δn)通过一个变换系数(实际上小于1)求得被测量的方法，叫做间接放大。

为了展开思路，研究一下液体温度计是有意义的。利用某种液体的体积与自身温度有敏感且线性的关系，用其体积的变化来表征其温度的测温仪器叫做液体温度计，如水银温度计、酒精温度计等。在这种温度计内，作为工质的液体，其体积恒定且置于一个封闭空间之内。一定的温度变化 δt，引起相应的体积变化 δV，尽管变化关系敏感，但 δV 的量值仍然有限，直接读取 δV 的变化仍然是困难的。如果把这一 δV，限定在一个均匀的很细的而且截面积 S 不变的直管之内，则 δV 的变化便成为 $\delta V = S\delta l$ 的变化，只要 S 很小且一定，则将很小的 δV 变成了一个足够大的长度增量 δl 显示出来，这又是一个放大过程，恰是在测温过程中一个间接放大的实例。显然 δl 与 δV 的线性是建立在 S 不变的条件下，S 越小，放大倍数越大；S 越均匀，带来的误差就越小。还有与它类似的例子，请自行分析电表的线圈选用多匝密绕与放大的关系。

第4节　补偿法

当把一支温度计插入某一液体之中去测量该液体的温度，或者将电表(电压表或电流表)接入电路去测量电路参数的时候，我们本来的目的是力图得到被测量的客观值(温度、电流或电压)，但当测量仪器进入被测系统之后，该系统的状态会发生变化。例如盛被测液体的容器并不很大，即被测液体容积有限，水银温度计置入后，该系统将因温度计的温度与被测液体的温度不同而产生热交换，最后达到新的热平衡(就是温度计的示值)。这是一个新的温度值，已经不是原来液体的待测温度。同样电表接入电路之后，由于电流表内阻不可能等于零，电压表内阻不可能无

穷大，电路状态必然发生变化。尽管可以测得相应的参数值，但已经不是原来状态的参数。另外一种情况是，整个实验过程中，除了给定的自变量及其引起相应变化的因变量之外，我们希望稳定不变的量能确保稳定不变，但做到这一点非常困难，有时几乎是不可能的。例如一套电子线路或光路，在流过电流或经光源照射后，总有一部分能量转变为热量，使系统温度变化，除了专门做温升试验外，我们希望温度是不变的。如何排除一些意外的变量引起的增量，也是非常困难的。综上所述，由于测量的目的而引入系统的测量仪器将会改变被测系统的原始状态，或者由于实验过程中无法消除的一些环境条件的改变，都可能使得测量产生一定的偏差。巧妙地解决这些问题，无论在技术上还是经济上都是重要的。

3.4.1　补偿原理

还是从伏安法测电阻谈起。这种方法依据的是“一段电路的欧姆定律”，电路图如图 3－3 所示。无论是电流表外接还是电流表内接，被测量值电流或电压中总有一个是不真实的，所谓测量大电阻用电流表内接法(图 3－3(b))和测量小电阻用电流表外接法(图 3－3(a))，都只能减小误差而没有从方法上加以消除。

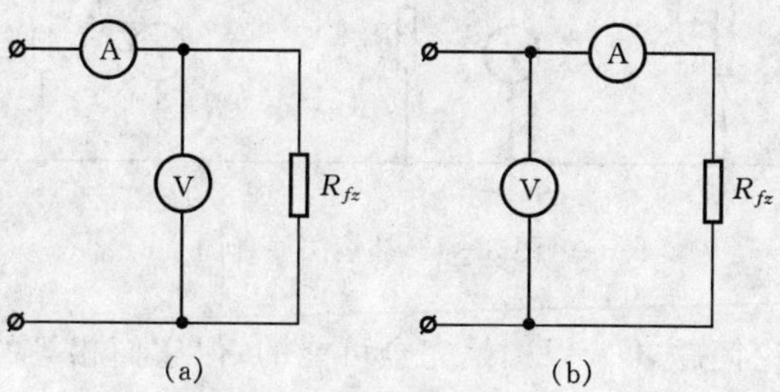

图 3－3　伏安法电路图

将图 3－3(a)补充一些仪器和元件，变成图 3－4 所示的电路。图中虚线左侧，就是图 3－3(a)，虚线右侧增加的电路是为了测量电压用的。测量过程是这样的：K_1、K_3 断开，K 和 K_2 闭合，调节 R_1 得到某一组 I、U 值，闭合 K_3、K_4 调节 R_2，使电压表 V_2 变化到和 V_1 相同时，断开 K_2，闭合 K_1，此时检流计 G 中将有电流流过，细心调节 R_2，使检流计中电流为“0”，此时 a、b 两点等电位，V_2 的示值正好和 R_{fz} 上的电压降落相同，这就真实的测出电阻 R_{fz} 上的压降。由于 a、b 等电位，ab 支路没有电流，所以电流表示值就是流过 R_{fz} 的电流，达到了负载电阻 R_{fz} 的电压、电流同时正确测量的目的。这个电路消除了原电流表外接引起 V_1 分流而产生的系统误差。

由上述分析可以看出，在某些测量过程不可避免的会改变被测系统的原始状态，使得被研究对象或被测的量产生一些不希望出现的变化和误差。如果通过一定方式改变一些条件或结构，甚至补充一些能量，以补偿这些影响，使系统保持原始(或理论规定的)状态，或消除某些附加误差，这就是补偿原理的思想，这种方法叫做补偿法。

进一步分析图 3-4 所示电路可知，核心的问题是要正确的测量 R_{fz} 上的电压降，而又不改变原始状态，那就需要一个内阻真正无穷大的电压表。但是要让电压表工作，不流过电流(就是使内阻无穷大)这对磁电系电表是不可能的，因此企图增加电压表内阻的办法来解决这一矛盾是徒劳的。图 3-4 的思路就是另外组成一个电压测量电路，可以产生一个在一定范围内连续变化的电压，采用平衡比较的办法，电流计 G 就像天平的指针，相对于 c 点 a、b 两点电位相等时，G 指“0”，用这个办法的本质是从另外一个电路提供电压表测量时所必须消耗的能量，达到保证原电路工作状态不变或测量方法正确这一目的。

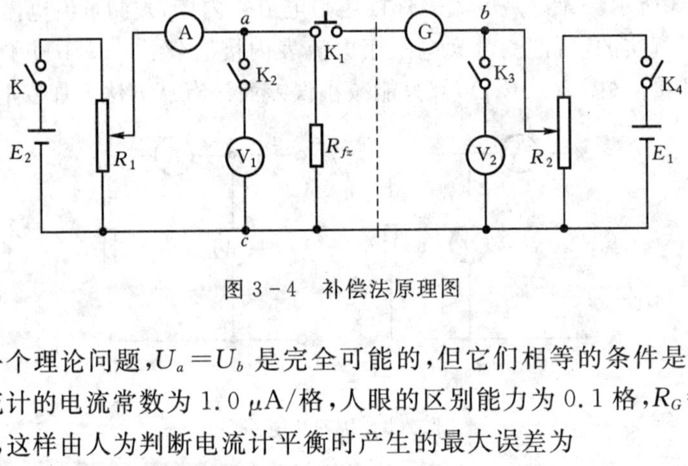

图 3-4　补偿法原理图

作为一个理论问题，$U_a=U_b$ 是完全可能的，但它们相等的条件是 $I_G=0$。设使用的检流计的电流常数为 1.0 μA/格，人眼的区别能力为 0.1 格，$R_G=500\ \Omega$(检流计内阻)，这样由人为判断电流计平衡时产生的最大误差为

$$\Delta U_{ab}=I_G\cdot R_G=0.1\times10^{-6}(\mathrm{A})500(\Omega)=5\times10^{-5}\,\mathrm{V}=0.05\ \mathrm{mV}$$

设电路中在 R_{fz} 上产生的电压降为 5.00 V，那么由于 ΔU_{ab} 产生的电压测量的误差为

$$E_U=\frac{\Delta U}{U}=\frac{0.05\ \mathrm{mV}}{5.00\ \mathrm{V}}=0.001\%$$

可见，这个相对误差是非常小的。

3.4.2　电位差计

从上述分析中可以看出，E_U 和 U 之间是不对应的。就是说误差可以到 10^{-5} V，而电压测量值只到 10^{-2} V，无法反映测量精度。就是使用 0.1 级的电压表，也与这个精度差了两个数量级。这里提出一个精密测量的问题。由于补偿法

消除了系统误差，因此完全有可能实现精密测量，实现它的关键是什么呢？从图 3-4看，为了精确地测出电压值，有三点是必须解决的：(1)电压表的读数必须准确，起码要有五位以上的有效数字；(2)高稳定度的电源 E_2；(3)与之相应的平衡指示装置——检流计。

为了获得高精度的电压指示，采用普通磁电系电表已不可能。在目前的电路元件中，电阻最容易做到准确、精密，并且阻值稳定。因此电压示值不用指针式电压表而用一套分压电阻。将图 3-4 虚线右侧电路改为图 3-5 所示，只要用一个高精度的标准电池 E_S，串联于辅助电路中，通过电键 K_5 和检流计 G 与比较电路的标准电阻 R_S 并联。当工作时，先调节可变电阻 R_P，就可以改变 R_{22}、R_{21}、R_P、R_S 和 E_2 串联回路的电流值，若事先设定 $I_{规} \cdot R_S = E_S$，就可以调节 R_P 使上式成立(通过 K_5 和 G 检测)，由于 E_S 可以达到六位有效数字，R_S 做到也不困难，这样 $I_{规}$ 的精度也可以达到六位数字，只要 R_{21} 和 R_{22} 组合合适，电压测量就可以得到六位数字，实现高精度的测量。

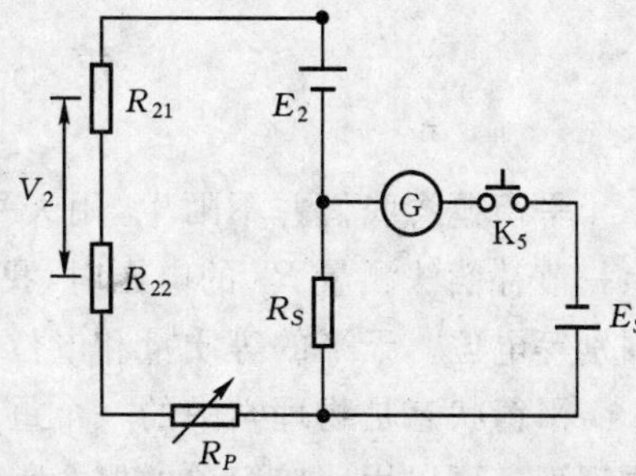

图 3-5　补偿电路的辅助电路

运用上述思想构成的电位差计，就是根据补偿原理做成的高精度的电压测量装置，只不过请读者注意，它的高精度除了补偿原理外，还有高精度的标准电池，高精度和高稳定度的标准电阻以及高灵敏度的检流计等环节共同保证，概括为补偿、比较、示值三个方面，缺一不可。至于电源，除了本身选用高稳定度外，还要控制测量时间尽量短。

3.4.3　补偿法的应用

补偿法在一定的范围内，可以使实验条件达到理论上的要求，有效地提高实验的精度。在某些方面补偿法可以用比较简单的方法，取代庞大贵重设备所难于完全实现的条件，因此引起了实验工作者的注意。

电子仪器的稳定工作与否，在许多方面都受到温度的影响，因为温度的变化直接影响到许多关键元件的工作状态。要使整个电子仪器工作在特定温度条件下非常困难，有时是不可能的。若在电路上增加温度补偿器件，对个别灵敏元件，把它们做在一个共同的片基上，虽然温度仍在变化，但元件之间没有温差，就可以消除温度的影响，这是非常简单而又有效的办法。

光测器件和光学仪器中，为了得到相同的光程或光程差，在需要的光路上，增设补偿片，从而达到理论要求的状态，并保证了仪器更广阔的使用范围，这都是积极的措施。

在研究和运用物质运动规律服务于科学技术之中,不是单纯的防止和减少,而是积极的从根本上改变那些不利因素,补偿法给了我们有益的启迪。把握住它的基本精神和思路,就能在科学实验的某些领域,使我们更加自由。

第5节　零示法

平衡概念我们并不陌生,用天平称量物体的质量是用天平的平衡来判别的。上一节补偿法测量 R_{fz} 的电压时,我们并没有直接读电压表,而首先是在检流计中判别等电位。天平的等质量和电位差计的等电位,都隐含了一个平衡的概念。

平衡状态是物理学中的一个重要概念。因为在这种状态下,许多非常复杂的物理现象可以用比较简单的概念来描述,一些繁杂的函数关系也变得非常简明,从而可以比较容易地进行定性和定量的描述。例如,用天平称量物体的质量,如果天平没有平衡,只要横梁能相对静止,还是可以通过一系列的计算,求出待测物体的质量,但显然问题就比较复杂。若指针正确的处于"0"位,那就变成了简单的"两盘质量相等"结论。

单臂电桥(俗称惠斯通电桥)是大家熟悉的电路,本来它是一个复杂电路,不能用简单的串并联方法处理,但是电桥如果平衡,那么电路就变得非常简单。从前述例子可以看出,平衡这一概念和状态,在实验方法和测量技术中,也有着极其重要的位置。图 3-6 所示为一简单的电桥电路。从测量的角度来看,适当地调节 R_3 和 R_4,可以使电桥达到平衡,即

$$U_{ab}=U_{ac}$$

或

$$U_{bc}=0$$

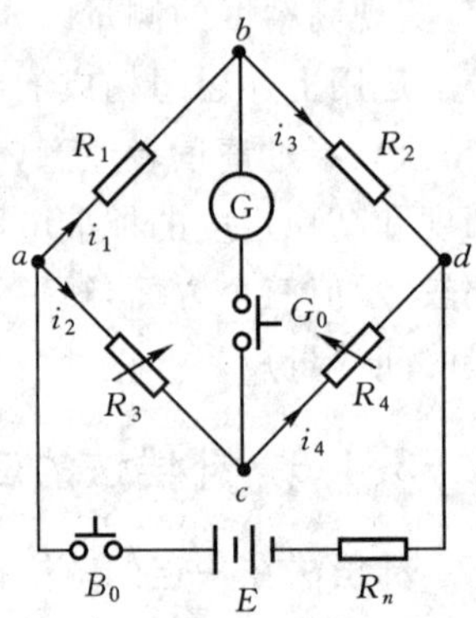

图 3-6　桥式电路

为了检测上述状态,可以用电压表直接测量,使得 $U_{ab}=U_{ac}$,但这样做是困难的而且精度不高。例如用两块 0.1 级的量限为 5V 的电压表(且要各项指标均一样),同时测量,就是达到两者相等时,它们可能产生的误差为

$$\Delta U=5(\mathrm{V})\times 0.1\%=0.005(\mathrm{V})=5\ \mathrm{mV}$$

但是如果用一只普通的 1.0 级量限为 100 μA 的电流表(内阻为 500 Ω),跨接于 bc 两点之间,当其平衡时,$U_{bc}=0$,此时可能出现的最大误差为

$$\Delta U=100\ \mu\mathrm{A}\times 1\%\times 500\ \Omega=0.5\ \mathrm{mV}$$

显然它的精度比用 0.1 级的电压表高出一个数量级。如果换用一个 10^{-6} A 的检

流计，这个误差还会更小。可见，从测量角度来看，平衡测量比直接测量灵敏度要高。从另外一方面来看，在测量过程中如果电源电压发生变化，若用电压表直接测量，电源电压的变化将直接影响测量值，后果严重，但是平衡测量时，电源变化将均衡地反映在整个电路上，只影响平衡指示的灵敏度而不会影响示值状态。所以平衡测量还具有较高的稳定性和可靠性。

综上所述，在测量中，不去研究某个被测量本身，而是让它和另一个已知量或相对参考量进行比较，通过检测其差值并使其差值为“0”，再用已知量或相对参考量描述被测量的测量方法，叫做“零示法”。它有以下几个共同点。

(1)都有一个指“0”装置，用以判别待测系统是否达到一种特殊状态——平衡。该指“0”装置本身可以不表征任何测量结果。真正的被测值，都要通过一定的函数关系求出。

(2)指“0”装置所指示的量值和被测量可以是完全不同的量纲，它只承担状态指示任务。

(3)指“0”装置不改变系统状态，从理论上说它可以不产生误差，达到高精度的测量。

(4)对指“0”仪器和装置本身要求并不很高，一般仪表都比较容易达到较高的精度(对测量结果而言)。

由于上述特点，零示法测量在精密测量或微变量测量中，具有重要的意义。它常常是提高测量精度的关键所在。

这里还应指出，由平衡概念引出的零示法已发展到不平衡测量，因而具体到“桥”路中都要调到平衡的概念应予修正。更多的是先将系统平衡，并精细调“0”。当参数或状态变化时，原来平衡破坏，就有一个新的增量显示出来，这种方法在自动、远动、遥感、遥测或其它在线测量中，得到广泛的应用和发展。

第 6 节　模拟法

在实际测量过程中，限于条件，有许多现象是不可能直接测量的。例如一个大的水利工程，在论证和设计阶段，要做一定的实验，像洪水的冲击，地震的危害等，这些过程不仅不能按实验要求随时再现，就是有一定手段再现其后果也不容乐观。还有一些很大的宏观现象，如狂风暴雨、自然界中的雷电伤害等等都无法直接进行再现。又有一些比较抽象的现象，例如各种场的性质，一则仪器难于引入，再则引入检测仪器就无法消除这些装置对原始状态的影响，达不到测量的目的。为了解决这一类问题，通常用模拟的方法进行研究。

3.6.1　物理模拟

仅仅改变被测实物的线度，按一定的比例将实物缩小或放大，仍保持其原来的属性，在保证实例的条件下制成样品，对该样品在相应的条件下进行测试，再按比例算出原件的结果来。这一类属于物理模拟，它在流体的研究中被广泛应用。如按一定的比例将水工建筑（坝体、河床、水流）缩小；制成一定形状的管道，以大的风机在管道内形成一定流量和速度的气流，让试件在其中运动。

模型与原型按一定比例缩小（或放大），这是物理模拟的重要条件。只有满足客体（实验条件）与主体（样品或模型）都和原型严格保持性质、形状及过程（特征点）相似，物理模拟才能成立，这就是模型相似定律。

综上所述，对于物理模拟我们可以得出如下结论：

(1)原理依据为相似原理或模型相似定律。

(2)模型与实物原型有相同的物理过程和相同的物理性质。

(3)有相同的量纲和一致的函数关系。

3.6.2　数学模拟

一个被测量可以找到另一个与之有相同的函数表达式且遵循同样的数学规律，因而可以用该物理量及其函数关系相似地表征被测量的过程叫做数学模拟。例如把一个特制电阻贴在一个标准试件内，将该试件埋入某一实体内，让它和该实体同样受力变形，这时电阻器的阻值将发生变化。若是机械形变，则因

$$R = \rho \frac{l}{S} = Kl = f(l) \tag{3.1}$$

如果给材料施力，它也会产生形变，所以有

$$F = Kl = \psi(l) \tag{3.2}$$

这种依赖于数学形式的相似和相同的函数关系，通过一个中间变量最终用完全不同量纲的另一个量来表征被测量，即 $F=f'(R)$，就是数学模拟的例子。

对于数学模拟，同样可以归纳以下几点：

(1)模拟量和被模拟量可以是不同的物理量，可以有不同的量纲。

(2)必须有相似的数学表达式，并遵循相同的运算规则。

(3)有一个可以联系双方的中间量，该中间量应相对稳定。

第 7 节　替代法

为了精密地测量电表 G 的内阻而又不致使电表过载，可以把它经过可变电阻

R、标准电流表 A、开关 K_1 等和一个比较稳定的电源 E 串联成一回路，待测电表经开关 K_2 与另一标准电阻箱 R_0 并联，如图 3-7 所示。电路先和待测电表接通，K_2 合向 a，调节 R，使电流表 A 达到某一数值(大于 2/3 量程)，且保证待测电表 G 不过载，记下标准电表 A 的读数。然后将 K_2 合向 b，调节 R_0(保持 R 值不变)使标准表中电流值和上一步时相同，此时可以反复切换 K_2，分别向 a 和 b，确保与两支路接通时标准电流表的示值一样，这时，对于直流电路而言，R_g 和 R_0 在数值上等效——直流电阻相同。因此，可以用 R_0 的阻值表征待测电表 G 的直流电阻 R_g 的数值。这种以标准参数取代未知参数进行测量的方法叫做替代法。

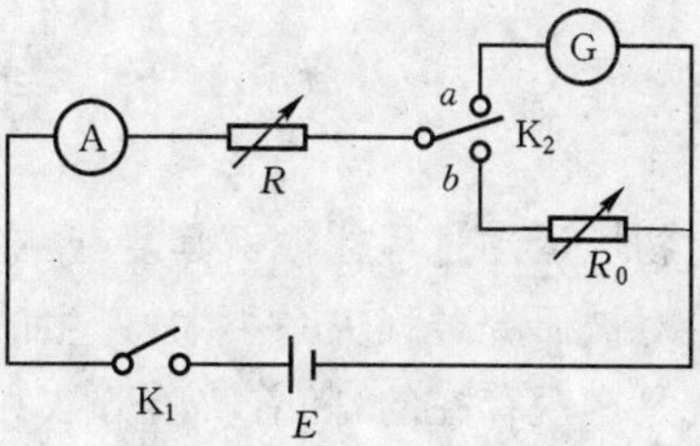

图 3-7　替代法电路

替代法要求标准量和被替代量在属性上完全等效，也仅仅限于这一属性，别的概念与此无关。前面比较法中提到的例子曹冲称象，从替代角度来看，也是一个很好的例子。石块和大象是完全不同的两回事情，但在重力这一点上，都无法摆脱万有引力定律的约束，在地球表面且都满足公式 $F=mg$，船成了中间载体，船上的"吃水线"作为比较的标准，从而完成了石块和大象的重量在同一参照系、相同条件下的替代法测量。

采用替代法的条件：

(1)能否找到一种与被测量属性相同(物理量)、而数值在与被测量相应的范围内可以连续变化的量或实体。这里应该强调说明的是只要求两者在被测量的被测属性方面一致，与中间替代量本身的其它属性无关。

(2)能否找到一个中间载体，把二者联系起来，以便于进行比较。如图 3-7 中的检测电路、称象中的船体。

(3)能否找到一个稳定的客观系统及相当精度的指示器。如图 3-7 中的稳定的电源和一定精度的标准电表，称象中要在密度不变的水中且在船上可以找到两次可以共同使用的同一条吃水线。

由于这种方法简单快捷，又能达到一定的精度要求，适用性广，也是实验中常用的方法之一。特别在参量较大时，一次总测有困难，而总体不可分割，则用可分割的替代品替代之后再分别测量就方便得多了。

第 8 节　非电量的电测技术

物质运动过程往往极其复杂，在研究时常常要人为地忽略某些次要因素，这些因素对被研究过程关系不大，产生的影响微弱可以忽略不计。但实际上这些次要因素是客观存在的，随着实验方法和测量技术的发展，有可能上升为重要因素。例如，一根金属导体在磁场中运动，从运动学角度来看，它与位移、时间、速度和加速度等相关；而从电磁学来看，它存在着带电粒子在磁场中运动而受到洛仑兹力，运动电荷自身的效应等；如果一旦形成电流，又会出现电压降落、电流热效应等。总之，由于构成物质的最小粒子中电子和质子都是带电粒子，因而在几乎所有的物质运动中，都有可能引出电的参量来。这体现了它的广泛性和普遍性。从另一方面来看，对于电参数的测量，目前手段和仪器比较完备，特别在自动测量和自动控制方面，更显示出它的优点，也体现出它的实用性和可靠性。电测技术自上世纪中期以来得到很大发展，特别是在计算机高度普及的今天，电测技术似乎已成了计算机在科学实验工作中的前导。

3.8.1　依据电路参数的变化进行测量

作为电路元件，最基本的无非是电阻、电感和电容。若被研究的运动过程能同时引起上述元件参数的变化，且保持严格的函数关系，那么就可以通过元件参数的变化来研究被测量的变化。用来反映并用其量值来描述被测量的元件叫做传感器。

1. 电阻传感的非电量电测法

由于在 SI 中电阻是导出量，它的数值决定于材料性质、几何形状及温度。其函数式为

$$R = f(\rho, l, S, t) = \rho_t \frac{l}{S} \tag{3.3}$$

对于这个表达式，我们看到，对 R 有影响的所有量（如 l, ρ, S, t）都可能建立相应的关系

$$R = f_1(l) = f_2(S) = f_3(t)$$

也就是无论是改变长度、面积、温度等均可引起 R 的变化。进一步扩展来说，任何一个被测量，只要能和上述参量（l, S, t）中的任一个有确定的函数关系，都可能引起电阻量 R 的变化，通过对 R 的测量，就间接地表示出被测量的变化，这就是电阻传感器。

例如，在保证被测量的变化只引起电阻器 l 的变化，而对 S 和 t 可以相对不变或变化甚微可以忽略不计，则有

$$R = f(l) = Kl$$

而被测量 Y 在变化中又与总体 L 发生线性联系，那么将电阻传感器置于总体样本之中有

$$L = K_2 l$$

而又有

$$Y = K_3 L$$

所以有

$$Y = K_3 L = K_3 \cdot K_2 l = K_3 \cdot K_2 \cdot \frac{1}{K_1} R = KR \tag{3.4}$$

这样就建立了被测量 Y 与测量值 R 之间的关系，而且是线性的。这就完成了非电量 Y 的电测(R)的全过程。

同样，我们根据金属电阻随温度的变化其电阻值有相应的变化，且有关系式

$$R_t = R_0(1 + \alpha t)$$

经过变换，则有

$$t = -\frac{1}{\alpha} + \frac{1}{R_0 \alpha} R_t = A + KR_t \tag{3.5}$$

式中 A、K 均为常数，只要测出 R_t，就可以找到与之对应的温度 t，这就是温度的电测法，也就是电阻温度计的原理。

由于电阻元件制作容易，参数稳定，线性变换的可能性比较大，所以在电测法中，总是首选的样本。

2. 电容传感的非电量电测法

根据电容的定义，作为元件的电容值，总是和极板的面积、极板的间距及其中间介质的属性有关，其表达式为

$$C = f(S, d, \varepsilon)$$

改变其中任何一个因素，都会使电容值改变。为了测量的变换尽量简单，一般总是将其中一个参量和被测量联系，其余的尽可能保持恒定。例如对于平行板电容器，其电容值 C 为

$$C = \varepsilon \frac{S}{d}$$

式中 ε 为介电常数，S 为极板面积，d 为极板距离。若采用矩形($a \times b$)截面积，保证 ε，d 和极板宽度 a 不变，则有

$$C = \varepsilon \frac{a \cdot b}{d} = \frac{\varepsilon a}{d} \cdot b = Kb \tag{3.6}$$

$$K = \frac{\varepsilon \cdot a}{d}$$

这样就可以用电容值 C 来线性的表征长度量的变化。然而实际应用中，更方便的

是改变电容器的极板距离 d，这在实现上比较方便，但它最大的缺点是失去了线性，因为函数表达式变成

$$C = \varepsilon \frac{S}{d} = \varepsilon S \frac{1}{d} = K \frac{1}{d}$$

这当然不是线性关系。

3. 电感传感的非电量电测法

由于线圈自身参数的变化、磁介质的变化、线圈自身运动状态的变化，还有线圈中流过电流的数值、频率等的变化，都可能引起电感 L 发生变化，从而改变线路工作状态，通过这种变化达到对非电量进行测量的方法叫做电感传感电测法。

例如做成一个小的直流发电机，当转子以一定转速旋转时，就会产生相应的感应电动势，这个电动势的值和转速有严格的函数关系，据此制造的测速发电机用于速度测定和自动速度调节，都是很方便的。至于其它方式改变电感值 L 的变化因素很多，这里不再赘述。

综上所述，利用电路参数变化实现电测，由于电测手段比较成熟和完备，使用比较广泛，但它最大的缺点是在很多应用场合，很难保证线性，这在过去是一致命的缺点，随着电子技术的发展，利用电子线路将其线性化，已经不太困难，这就为电测技术开拓了更广阔的天地。不过在使用中，下列几点是应该注意的。

(1)引起电路参数变化的因素应该是单一的。即被测量对电路参数只能是一元函数。若有些因素不能完全消除，至少应把它减小到误差允许范围之内。

(2)建立电路参数与被测量之间的函数关系应力求简单，并且尽可能选取线性关系，以减少误差因素。

(3)用来做传感器的电路元件一定要性能稳定可靠，保证只对被测量敏感，特别是环境条件较差的场合，更要如此。

(4)传感器的引入(或存在)，要保证不影响被测系统的原始工作状态，也就是要求其体积小(相对)、质量轻，并保证有良好的电气性能。

3.8.2 依据电路效应进行测量

1. 热电效应

当两种不同的金属材料组成闭合回路时，由于两接触点温度不同会形成温差电动势，这一热电效应在高温测量中被广泛应用。

2. 压电效应

当传感器(例如压电陶瓷)在受到力的作用时，它将产生对应的电动势，且与压力有对应的函数关系，这种直接把力转变为电信号的器件就可以直接对力进行测量。近代压敏元件很多，如对频率、电阻等参量直接产生效应，只是有一部分线性

不好，且受灵敏阈的限制，正在发展中。

3. 磁电效应

利用法拉第电磁感应现象直接通过 E、H 变换得到与被测量的关系，有些经典方法应用多年已比较成熟。近年来由于技术的发展，原来铁磁材料的三大特征（磁滞回线、磁致伸缩、居里点）又得到发挥，开拓了不少新的领域，如测温、测速、测力等诸方面。

4. 半导体传感器

由于半导体器件的独特优点，已全面进入各个领域，特别是利用半导体的电阻特性，在测温及测力、测光、测速等方面已被广泛使用。若将霍耳效应也以半导体器件分类，那么它在测磁方面已渐渐取代传统方法，趋于主导地位。

3.8.3　电测法的优点

(1)反应快，灵敏度高，便于实现在线测量和精密测量。

(2)变换容易，可以和多种待测量衔接，又便于变换成需要的量，使用的面比较广。

(3)容易实现自动记录和遥感遥测，由于输出就是电信号，容易实现闭环运行，达到自动测量、自动记录和自动控制的目的。特别是计算机高度普及的今天，它可以经过简单变换就能和计算机联网运行。

(4)电测技术有较高的稳定性和可靠性。

第 9 节　光测技术简介

随着光学理论和应用光学的发展，特别是各种新光源的出现，使得光测在精密计量中占有重要位置。

几何光学建立在光的直线传播的理论基础上。在光波的波长远小于传播路径或检测对象时，这一理论明显是正确的。简单的放大原理使得许多精密测量成为现实，高倍显微镜可以观察到许多微小的变化和精细的运动状态。电子显微镜更是波动光学和机、电的高精度结合，把人的肉眼引入物质结构的最基本形态，从而把测量技术推入一个崭新的领域。激光的发现和应用，使光测技术如虎添翼，它无论在几何光学和波动光学方面，都为测试技术开辟了新的天地。全息术已广泛用于机械、动力、水利、水工及电机、电器等各个方面，而傅里叶光学的引入及随之而来的新技术更是日新月异。

光电的结合，几乎延伸到整个测试领域，为自动化、机械化和计算机化开辟了新领域，把人真正地解放出来。

然而这一切,究其本质仍然是几何光学和物理光学这两个基本问题,熟悉掌握几何光学的几个假定是有益的,如薄透镜、近轴光线和共轴等高原则,以及不能完全满足上述条件而引起的一系列像差。对物理光学则还是围绕着干涉、衍射和偏振三个方面,熟练掌握这些基本原理,才能运用自如。

光、机、电的结合是近代测量技术一个最突出的特点。综合本章所述的各种方法(其实读者已经看出它们都不是孤立的而多是交叉使用),运用所学知识,仔细分析它们的结构和过程,许多问题是不难解决的。

随着科学技术的发展和各个学科的交叉,物理思想、物理模型以及物理方法将逐渐延伸到社会科学、人文科学等各个领域,请读者自由思考和发挥。

第10节　实验设计的基础知识

对于给定的实验任务和要求,如何把它变成一个切实可行的实验过程,这就是实验设计工作。一般来说,为了完成某项实验或测试,其方式并不是唯一的,使用的仪器或设备也可能各不相同。结合任务要求,依据一定的物理思想,选定一个适当的模型,这是设计工作的第一步;在上述思想指导下,设计一套实验装置并选用(或设计)相应的仪器,这是第二步;第三步是安排实验程序,这是一项细致的工作,务必条理清晰,不遗漏而又不重复;第四步则是仔细、如实地记录各项数据,观察并客观地反映各种现象,这一步最重要的是客观、如实而又不加任何主观意志在内;最后一步是分析这些设计的可行性和经济性,务必达到技术经济指标合理。

3.10.1　物理思想(模型)的建立

对于一个限定的物理现象(或观测对象),可能有若干种与之相应的物理过程可以表征,深入研究和思考任务要求的基本内容,透彻地掌握有关的物理学原理,并综合分析各种过程的外观、特征及内涵,这是确立一个物理思想的基础。

例如要研究某温度场的性质、特征及与之相关的过程,其对象可能是气态、液态、固态等不同的物相,而表征它的量有压力、温度、体积及热量或功等各种参数,反映它们之间关系的数学模型(函数表达式)也各不相同。根据任务的要求,需要初步判断温度变化的范围(如超低温、低温、中温及高温等),慎重地分析各参量间的关系,恰当地选取其中一种或几种参量来进行测量和比较。又如,研究自由落体运动(实质是研究某地的重力场)并测定重力加速度。依据已知的物理学知识,研究对象可以选取液体或固体(只要任务没限定),而要研究的物理过程可以直接利用自由落体,也可以用单摆的近似谐振动过程,还可以是斜面上的光滑无摩擦的下滑运动。广义地说,凡含有被测因子的数学表达式(函数方程),都可以作为选择对象并加以分析比较。

为了尽可能真实地再现被观测过程，必须综合与这个过程相关的诸多物理量，从中选出适合于当时条件的物理模型，既要突出物理概念，又要尽可能使实验简易可行，这是形成一个初步构思的必要条件。

基本构思完成后，进一步典型化，即确定试样，这才是物理思想完成的最后过程。因为几乎所有的物理原理都是建立在理想条件下的，例如要求无穷大、无限小、刚体、质点、均匀、平衡、连续等一系列“理想”条件，这在实验中是根本无法完全达到的。所以必须深刻理解原理所要求的条件，参考设计思想中的基本假定实体，比较其差别，在误差允许范围内确定一个具体的模型。例如要研究一个温度场，要求其均匀、平衡，我们只要考虑其容器(或环境)所存在的空间，在有限的时间内保持“均匀、平衡”即可。这里有两个思想可供参考：其一，可以使系统“稳定”相当长的时间，使其自然达到“准平衡”状态，这当然需要经过一定的测试，直到确定各点状态一致；其二，可以有效地缩短测试时间，使其相对于全过程来说，δt 趋向于无穷小，则可以认为在这极短的时间内，系统状态不变。思路不同，则模型或样品也不一样。所谓“质点”和“刚体”的要求，“光滑无摩擦”的条件，都可以参照这种思路，只要其量值达到误差要求，且不影响物理过程的性质，就可以近似达到理论要求。这种方法在确定样品和建立模型时是很有益的。

以测量重力加速度为例。已知重力是物体在地球表面附近的万有引力，这个力使该物体产生的加速度为重力加速度，以 g 表示，它们的基本关系式为

$$f = G\frac{Mm}{r^2} = mg \tag{3.7}$$

式中 G 为引力常数，r 为地心到物体质心的距离，M 为地球质量，m 为试验物体的质量。考虑到地球是一个椭球体，如选取地球纬度 45°海平面处的半径，再将有关常数代入(参考附录 B)，可以得到重力加速度的理论值(大体相当于 g 的平均值)

$$g = G\frac{M}{r^2} = 9.80665\ \mathrm{m/s^2}$$

因为上式中 M 和 G 都是恒量，所以 g 随 r 变化，由于测试点不同时，r 将不同，所以表现为不同实验点的 g 值各不相同。了解 g 的实质后，再考虑总体思想，就比较清晰了。从以上分析来看，在预定的测试点上，凡是与重力加速度有关的物理过程，都可能构成本实验的基本方案。

使物体从某一高度自由下落，满足运动方程

$$h = h_0 + v_0 t + \frac{1}{2}gt^2 \tag{3.8}$$

t 是计时时间间隔，h_0 是 $t=0$ 时刻的初始位置，v_0 是 $t=0$ 时刻试样在铅直方向的初速度，h 是 t 时刻试样所在位置。若为了方便和简化运算，以 t_0 时刻的 h_0 为坐

标原点，则有 $h_0=0$；同时，相对于地球半径而言，若 h 可以忽略不计，就是说在 h_0 和 h 处的 g 有相同的值，或者说在 h 变化过程中 g 是一个常数。则有

$$g = 2\frac{h - v_0 t}{t^2}, \quad h_0 = 0 \tag{3.9}$$

精确地测定 h、v_0、t 三个参数，就可以求出欲测的重力加速度值。

单摆是大家熟悉的一种谐振动模型，在摆角很小的条件下，摆的周期表达式为

$$T = 2\pi\sqrt{\frac{l}{g}} \tag{3.10}$$

在确定的试验点，摆动周期只和摆长及当地的重力加速度有关，从而导出

$$g = \frac{4\pi^2 l}{T^2} \tag{3.11}$$

仔细地测定摆长和周期，就可以测得当地的重力加速度 g 的值。

上述实例中都有一个共同的问题要考虑，即空气的阻力要小到可以忽略不计的程度。这就要求试样的体积小，质量足够大，所以自由落体通常用小钢球，单摆的摆锤最好是铜质的流线型体。对单摆来说，还有一些个性问题，就是摆线应适当的加长，以满足 $\theta\approx\sin\theta\approx\tan\theta$，且摆线应是尽量细、尽量轻的线材。至于到底选用哪个装置测定重力加速度，则应由实验者视当时的具体情况而定。

在选择方案时，若采用落球且创造 $v_0=0$ 的条件，这时两种方案的测量量都变成了两个参数(l 和 T 与 h 和 t)，表面上看来似乎一样，但实际做起来，单摆要优越得多。这是因为：

第一，自由落体要做到 $v_0=0$ 且能准确判定 h 值并不容易，而计时测量似乎只能用光电计时器，手控是很困难的；而单摆则没有这么复杂，l 易测而 T 用停表就行。

第二，自由落体只能测一个单程，以 h 为 2 m 计，它的时间不过在 0.6 s 多一点，计时精度要求很高。若用单摆，因为可以测 n 个周期的累计时间 $n\cdot T$，当 $n=50$ 时，对 $l=1$ m 的单摆来说，$T\approx 2$ s，若累计 $50T$，则计时间隔达到 100 s 左右，显然这个时间测量要简单，而且比较容易测准确。

考虑上述因素，选择并确定方案就明确了。

总之，无论是实验过程，还是单个物理量的研究，都应该根据有关原理进行综合分析，列出几种可行的方案进行技术经济比较，最后选择确定。

3.10.2 仪器的选用与配置

实验装置和仪器是完成实验任务的工具。物理模型确定之后，就要有配套的装置和仪器。一般来说，选配仪器和装置可按下列步骤考虑。

第一，按物理模型所规定的各个物理量的特征，初步安排装置的基本结构。

假定实验任务是研究某液体的内摩擦现象并具体测定其粘滞系数。在构思及选定物理模型时，有毛细管法、落球法和转筒法等方案。如欲测静态的，则应排除转筒法，若液体的粘度比较大，则不宜用毛细管法，最佳选择是落球法。因为它依据的原理是斯托克斯公式，成立的条件要求液体应是无限广延和静止的。实际上的无限广延和所谓的无限长、平行一样，是无法实现的。能够做到的只是小球的直径 d 和容器的线度 D 之比应为无限小。若选择直径为 1 mm 的钢球，容器管径为 100 mm，其比例为 0.01，如果要再提高一个数量级，那么管径将增加到 1000 mm，这不仅是不经济的，而且实验将无法进行——看不见小球的运动状态，显然这是不合理的。如果选用一组 D 的值分别为 10.0 mm、12.5 mm、16.7 mm、25.0 mm、50.0 mm 的管子，让小球分别在各个管中下落相同的距离并计时，以 $\frac{d}{D}$ 为横坐标，以对应的下落时间 t 为纵坐标，将测试结果作图线，将图线延至与纵轴相交，得到 t_0，此时的横坐标是 $\frac{d}{D}=0$，这点的物理意义就是 $D=\infty$，这就是用数学的方法找到了斯托克斯公式要求的时间。显然这比用一根很粗的管子要经济合理得多。基于上述分析，为了测量一种粘度比较大的液体的静态粘滞系数值，我们设想的是用依据斯托克斯公式对应的落球法，盛被测液体的容器不是一根粗管子而是一组不同直径的较细的管子，它们的直径为上述的一组 D，计时器选用机械停表，分度值为 0.1s，小球的行程约为 150 mm 左右，因此管子的总高应在 200 mm 左右，为满足理论要求，实验装置应有水平(竖直)调节功能，以便让管子铅直。

第二，按照精度要求选择并确定仪器及量具。

设以单摆来测重力加速度，精度要求分别为 5% 和 0.1%，若选 $l=1$ m 左右，则粗估 $T\approx 2$ s。根据公式

$$g=\frac{4\pi^2 l}{T^2}$$

所以

$$E_g=E_l+2E_T$$

若 $E_g\leqslant 5\%$，分配为 $E_l<2\%$，$E_T<1.5\%$。所以摆长可用米尺测量，周期可用 $\frac{1}{10}$ s 秒分度机械停表来计时，因为每个周期约为 2 s，$\Delta t=0.1$ s，所以 $E'_T=\frac{0.1}{2.0}=5\%$，这已远远超过要求。若测 5 个周期累计计时，则有 $E''_T=\frac{0.1\ \text{s}}{10.0\ \text{s}}=1\%$，已达到要求。

结论：在 $E_g\leqslant 5\%$ 时，$l\approx 1$ m，用米尺测量。$t=5T$ 计时，用 $\frac{1}{10}$s 秒分度机械停

表，累计五个周期的时间。摆球采用普通钢球，为便于测量和计时，可选用 ϕ20 mm 左右的钢球，其质量大约在 30～40g 之间。摆线选用不伸长的细弦线。这个装置测出的重力加速度值的绝对误差大约为 0.5m/s^2。

若要求 $E_g \leqslant 0.1\%$，分配为 $E_l \leqslant 0.03\%$，$E_T \leqslant 0.01\%$。根据上述要求，l 的测量仪器还用米尺，因为 $\Delta l = 0.2$ mm，为确保 $E_l \leqslant 0.03\%$，则摆长 l 应为 667 mm，所以用 1 m 的摆长，用米尺测量 l，能保证 $E_l \leqslant 0.03\%$。还用 $\frac{1}{10}$s 秒分度机械停表，要求 $E_T \leqslant 0.01\%$。则计时周期应该增加为 500 次。

结论：在 $E_g \leqslant 0.1\%$ 时，$l = 1$ m，用米尺测量。$t = 500T$ 计时，累计 500 个周期的总时间。摆锤应改用铜质具有流线形的外形。$\Delta g \approx 0.01$ m/s^2。

第三，对选定的仪器要进行误差核算。

这里主要指对仪器误差概算，它的值应控制在允许最大误差以内，并且要给多次测量的随机误差留有余量。一般说，若仪器精度低，系统误差占主要成分，可给随机误差少留一点(约 $E/3$)，若仪器精度高，随机误差占主要成分，则系统误差只占 $E/3$ 就行了，必须给随机误差留下 $\frac{2}{3}E$ 的余量。

第四，条件核定。

在仪器选定之后还要考虑实验的具体环境条件，能否保证该仪器正常工作。这里主要指环境的温度、湿度、风速、气压、电磁场、射线、震动等。全部达到预定条件，会有一定困难，应选出主要影响因素加以解决，非主要分量，只要在误差允许范围以内，可以不予考虑。

3.10.3 实验程序的制定

调整仪器或装置，从存放状态到使用状态，都要调整到满足理论要求的条件(水平、铅直、均匀等)。如自由落体上下装置必须在同一铅直线上；各种仪器要求进行零位校正(尚有部分仪器要求满量程校正)。还有一项工作常被忽视，即测试的环境条件，如温度、气流、压力、湿度及电磁场等，是否在允许范围内，特别是电源提供的各类电压是否达到要求值。这是一项细致而又繁琐的工作，每一个实验工作者，都应严肃认真地对待。在这些准备工作中的任何疏忽，都可能导致实验工作的失败。

仔细分析实验工作的总体思想，是否存在一些不可逆的过程，如加热蒸发、溶解、铁磁材料的磁化及升温过程等。在这些不可逆过程之前必须进行的工作，要开列清楚，保证首先进行，不可遗漏。实验过程中，对各种物理量可能出现的极大值要有所限定，以防发生意外，导致仪器损坏或发生故障。例如由于加热可能产生升温对环境的影响；质点受力运动所可能出现的最大位移；加载以后出现的最大变形及试样的承载能力；各种电表，特别是电流计所在电路的参数，是否会导致超过电表的量限，这些都应在安排实验时予以考虑。

一切准备就绪，对于可以反复进行的实验过程，可以先粗略地进行一次，仔细观察现象与理论预想是否一致，如有差异应予以记载，以便实验时仔细观察和分析。观察各个物理量的变化过程，对非线性的变化，应注意各个量的变化率，以确定测试点的数据分布，一般在线性部分可以少作些点，而在变化率大的范围，测试点应尽量密些，以便了解其变化规律。

参照上述各步工作，列出数据表格（含应观察的现象），特别注明各量的单位，在设计数据表格时，不要忘记测试条件（如日期、天气、气温、湿度、气压等）的记录，它的重要性，起码可供使用者参考，特别是有些物理量（如粘滞系数、密度等）离开了测试时的温度条件，结果就毫无意义，这点务必注意。

上列分析只是综合一般情况，不同实验要有所取舍，并非每次都要样样必做。概括起来，设计实验程序应包含下列几个方面：

1. 按照理论或物理思想的要求，安排、调整仪器装置。

2. 对含有不可逆过程的实验内容应明确指出，在实验开始以前，必须完成相应的准备工作。

3. 限定实验过程中各个量的极限。

4. 安排测试步骤，在允许粗测条件下，先进行粗测。

5. 设计数据表格，进行实验。

6. 结尾工作是极其重要的，恢复各仪器装置至初始状态，切断水源、电源，清理仪器（特别注意易受腐蚀、怕污染、潮湿的部件），不常用的仪器应复原到存放状态。

第4章 基础实验

4.0 基本操作与数据处理

4.0.1 测量金属棒的体积

1. 实验目的

(1)学习基本量具的使用；

(2)学习用有效数字和误差表征测量结果；

(3)学习实验过程的数据采集和记录。

2. 实验仪器与材料

(1)样品(黄铜棒等)

(2)游标尺:0～150 mm　　　　0.02 mm

(3)钢板尺:500 mm　　　　0.1 mm

3. 实验内容

(1)用钢板尺测量铜棒的长度 L,共三次；

(2)用游标尺在铜棒的两端和中部三个位置(A,B,C),每个位置在三个方位(1,2,3)测其直径,共九次。

注:A、B、C 是检测其直径在 L 方向上的变化,而 1、2、3 在于检查在同一截面不同方位的直径变化一椭圆度

4. 数据记录及处理

(1)数据记录

单位(mm)

		A	B	C
L				
d	1			
	2			
	3			
	$\bar{d}$			

(2)求长度的平均值及结果表示

$$\overline{L} = \frac{1}{3}(L_A + L_B + L_C)$$

$$\Delta L_i = L_i - \overline{L}$$

$$\Delta L = \sqrt{\overline{\Delta L_i}^2 + \left(\frac{0.1}{2}\right)^2}$$

用 $L=\overline{L}\pm\Delta L$ 表示测量结果，$p=95\%$。

(3)用标准偏差 S 计算直径的误差及结果表征

分别用统计的方法计算 $\overline{d}$ 及 S_d。

根据游标尺的仪器误差求出直径的合成误差 Δd 并解释其置信概率。

说明：由于长度的误差是按照算术平均误差计算($n=3$)，而直径的误差是按照标准差计算($n=9$)，它们的计算方法和置信概率不同，不能简单合成。

5. 报告测量结果

4.0.2　测量小球的体积

1. 实验目的

(1)学习基本量具的使用；

(2)学习有效数字的使用和计算；

(3)学习用标准差表征测量结果。

2. 实验仪器

(1)样品(各种小球)

(2)千分尺(25 mm、0.004 mm)

3. 实验内容

(1)对一个球体在不同方位测量，测量其直径变化及分布。

(2)对若干个小球(例如 50 个)分别测一次直径，观测与评价该批次样品的直径分布。

(3)选一个样品，做 9 次测量，求其直径的平均值、直径的误差(均方根误差)、球的体积及其误差表达式。

4. 数据记录及处理

(1)一个小球的多次测量

方案一：对一个小球在不同方向测其直径共 50 次，作统计直方图，建立其分布函数。

方案二：对一个小球在不同方位测直径 9 次，求 $\overline{d}$，S_d，及 $d=\overline{d}\pm\Delta d$。

(2)方案三：取 50 个小球，各测直径一次，作统计直方图求其直径分布函数。

(3)以各方案的最可几直径或平均直径计算小球的体积,并用标准偏差求其体积的误差表达式。

4.0.3 测量样品的质量分布

1. 实验目的

(1)学习物理天平的使用;

(2)用物理天平称量物体的质量;

(3)将质量天平改造为数量天平,要求其数量误差小于1。

2. 实验仪器

(1)样品、M_3 螺母和螺丝各若干;

(2)物理天平及砝码一套

3. 实验内容

(1)取100粒样品,分别测每个样品的质量 m_i($i=1\sim100$),按其最大与最小区间等分,不少于10,然后再以出现的频率为纵坐标,以质量分段为横坐标,作统计直方图。

(2)根据该质量分布,分别求出其质量的平均值 m_0 和 S_{m_0} 及 $S_{\overline{m_0}}$。

(3)任选10个样品测其总质量为 M_1,再分别任选5组10个样品,测得 M_2,$\cdots$,M_6。

(4)求 M_1,$\cdots$,M_6 的 S_M。

(5)根据上述各种数据,判断该天平可否改其为数量天平。以及可用于数量天平的单个样品质量的最小值。

4.0.4 作电阻元件的伏安特性曲线

1. 实验目的

(1)练习作图法;

(2)练习直流电路的接线及电表的使用;

(3)测绘线性电阻和非线性电阻的伏安特性。

2. 实验仪器

(1)12 V/6 V 蓄电池、直流电压表、直流电流表;

(2)待测电阻(100 Ω,0.5 W 线绕),滑线变阻器。

3. 实验内容

(1)按图4-0-1接线

$U=6$ V,当 U 从0—6 V变化时,记录对应的电流

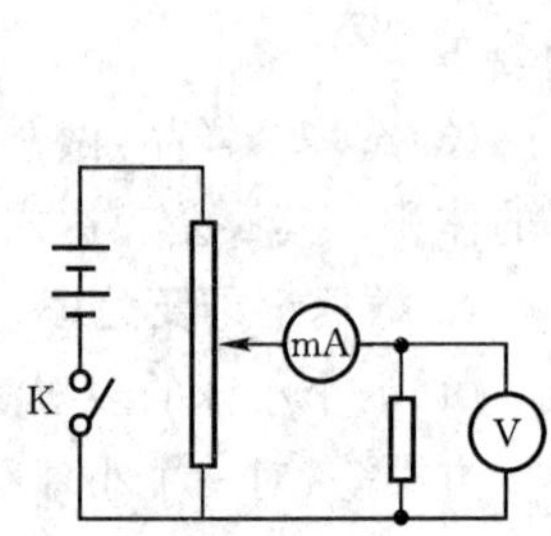

图4-0-1

作 $I=f\left(\frac{U}{R}\right)$图线，它应该是线性的。

(2)用 12 V 蓄电池，从 0～12 V 作 VA 特性曲线。

4. 数据记录

(1)线性特性——冷阻

U(V)	0.00	1.00	2.00	3.00	4.00	5.00	6.00
I(mA)							

$R=100\ \Omega$ $E=6$ V $I_{max}\approx 60$ mA

(2)非线性—热阻

U(V)	0.00	2.00	4.00	6.00	8.00	10.00	12.00
I(mA)							

5. 作图及结果分析

(1)当 $U\leqslant 6$ V，$I_{max}\approx 6.00/100=60$ mA。$P=UI=0.06\times 6.00=0.36$ W。

此时最大耗散功率为 0.36 W，而该电阻为 0.5 W，未达到预定的发热功率，温升不明显而保持常数，故伏安特性曲线为线性。

(2)当 $U\approx 12$ V，此时 $I_{max}\approx 12.00/100=0.12$ A，$P=UI=12\times 0.12=1.44$ W。

而该电阻为 0.5 W，即实际功耗已大于其额定功耗，其本质就是引起电阻温度上升，而电阻的阻值是和温度相关的，当功耗过大而引起升温时，其阻值也会增加，从而出现了非线性，电阻不再是定值。

注：电阻作为一种电气元件分为冷阻和热阻两大类。

冷阻：作为电阻元件，其阻值稳定不变，温度不能变化，因此它流过的电流只能很小。

热阻：作为加热元件，利用其电流的热效应，它的电阻会在很大范围内变化，例如普通白炽灯泡，其冷热电阻的变化可达到 7 倍之多。

4.1 物质密度的测定

密度是物质的基本属性之一，它表征的是单位体积内所含物质的量。在宏观物理学中，人们认为每种物质在一定条件下，是有其固定不变的值，然而任何物质的形状、体积会受环境条件影响，例如一般物体受热会膨胀，当体积增加而其质量不变时，密度将发生变化。所以测定物质的密度时，同时也要说明它适用的条件，这也正是从事各项工作都应该注意的。

测定物质密度的方法有很多，广义地讲，只要找到一个含有密度这一物理量的方程，都可以用来进行测量。比较之下，定义式显然是最简单、最准确的一种方法。这就是说，只要能测定该物质在测试环境下的质量，并能准确求出它的体积，两者的比值就是该条件下物质的密度值。

在实际测量中，具体转化为对质量和体积这两个物理量的测量。

常规条件下，只要被测物可以孤立存在，又非易燃易爆的特殊危险品，量值本身又不是太大或太小，通常用各种天平就可以准确测定。

对于形状规则的物体，可以通过基本测量和运算准确测定其体积。对于形状不规则的物体，只要找到与它不发生变化（化学的和物理的）的液体，就可以利用阿基米德浮力原理来测定它的体积。

若被测样品是液体，可以用一定容积的容器（例如比重瓶）来进行测量，这在本质上是限定于一个固定的体积量值。对于一些小颗粒状（或粉末状）的固体，只要找到的液体对它不发生作用，也可用比重瓶来测量。

气体是流体的一种物态，由于它具有明显的可压缩性，而压缩之后它的状态函数（P,V,T）都可能发生变化，所以测定气体的密度，至少要有温度、压力这两个状态函数，否则是无意义的。

一、实验目的

1. 学习游标尺、千分尺及物理天平的使用方法；
2. 学习用有效数字和误差来记录和表征测量结果；
3. 测量给定样品的密度。

二、实验仪器

游标尺（150 mm，0.02 mm），千分尺（25 mm，0.004 mm），物理天平（500 g，0.05 g），比重瓶（50 ml，20℃），样品若干，附件，烧杯及细线等。

三、实验原理

1. 定义式

对于形状规则的物体，可以用天平称量其质量，用量具测量其几何尺寸，根据定义式计算其密度。

$$\rho = \frac{m}{V}$$

2. 比重瓶法

(1)当被测样品为液体时,只要用比重瓶装满被测液体,再用天平测出其质量,就可算出其密度为:

$$\rho=\frac{m_1-m_0}{V}$$

式中:m_0 为比重瓶空瓶质量,m_1 是比重瓶装满被测样品时的总质量,V 是比重瓶标称容积。

(2)对于被测样品为小颗粒状固体。

分别称出比重瓶(m_0)、样品(m)的质量,将小颗粒放入比重瓶,并注满水,称其质量为 $m_0+m+m_水$,从总质量中减去瓶和样品的质量(m_0+m),得到水的质量 $m_水$,经过简单运算可求出样品的体积为

$$50-m_水=V_{样品}$$

注:这里有一个简化,为计算方便,全部以 g 和 ml 为单位,且令水的密度近似为 ρ=1g/ ml,亦可用 $m_水/\rho_水$ 代入计算,从而可求出小颗粒固体的体积。

$$\rho=\frac{m}{50-\dfrac{m}{\rho_水}}$$

3. 静力称衡法

静力称衡法适用于体积不规则的固体,此类物体难以通过测量几何形状来计算出体积。

设某一不规则的物体,在空气中称其质量为 m,浸在某一液体(应不与该物体发生任何作用)中,再称其质量为 m_2,根据阿基米德原理,物体在该液体中受到的浮力等于它排开液体的质量,所以有

$$(m-m_2)g=\rho_0 Vg$$

式中:ρ_0 为所浸液体的密度,V 即为该被测物体的体积。

所以

$$\rho=\frac{m}{m-m_2}$$

四、实验内容

1. 物理天平的调节与使用

(1)调节底座螺丝,使底板上气泡水准仪的气泡处于圆环的中心。

(2)将两侧吊盘上架上的副刀承置于横梁的副刀口上,使左右两个吊盘处于工作状态。

(3)左手缓慢顺时针旋转指针下方的举盘手柄,使立柱上的主刀承升起,三个刀口同时受力;观察横梁是否水平上升,若接近平衡,则可右旋至上止点,观察横梁

的水平状态，若一侧高一侧低，则轻轻手柄反转让主刀承落下，待横梁在两支点上落实稳定后，再调节相应的平衡螺丝；之后再举盘再观察，直至横梁平衡，即指针指向标尺的中点（或者等幅摆动）。

(4)在左盘中放入待测物体，右盘依次自大而小的逐个放入砝码，左手不停地举盘观察，待砝码放到1 g时，若还不能平衡，可以移动横梁上端的游码，直至横梁平衡（指针指“0”或等摆）。累计所有砝码（含游码）之和，即可求得待测物体的质量。

(5)若需多次测量某物体的质量，则应在上次测量之后，重新调整天平（先调底座水平后调天平平衡），方可进行第二次测量。

2. 圆柱形样品体积的测定

用游标尺分别在不同部位（A,B,C）和不同方位（相差120°）测量圆柱体外径D，内径d，外高H及孔深h各3次。

3. 称衡比重瓶和液体的质量

将蒸馏水注入比重瓶清洗后倒出，然后用吹风机吹干比重瓶，将其置于天平左盘，天平右盘放砝码，测定空瓶的质量（m_0）；再将待测液体注入比重瓶，用磨砂瓶塞塞好，并拭去所有溢出的待测液体，再称量其总质量m_1；两质量之差为待测液体的质量。

4. 测量固态小颗粒状物体的密度

(1)将样品置于天平左盘，称出其质量m；

(2)测定比重瓶空瓶质量m_0；

(3)样品装入比重瓶并注水（水满，拭干瓶外及瓶塞处的余液），置于天平左盘，称出其总质量，计算出样品的体积。

$$V = 50 - \frac{m}{\rho_0}, \quad \rho = \frac{m}{50 - \frac{m}{\rho_0}}$$

5. 测不规则物体的密度——液体静力称衡法

(1)将被测物体吹干，表面不应有浮尘及油污等杂质；

(2)校正物理天平至正常使用状态，水平及横梁平衡良好，杯架上已预置盛有自来水的烧杯；

(3)用细线（棉线、尼龙丝、金属丝自选，并说明之）将样品捆扎牢固，挂于吊框的下钩，称出其质量m；

(4)将样品完全浸入烧杯的水中，称出其质量m_2，查表记录自来水的密度ρ_0，用下式求出样品的密度。

$$\rho = \frac{m}{m - m_2}\rho_0$$

五、数据记录及处理

1. 天平，游标尺，千分尺的初读数，室温及水温。

2. 圆柱(空心)体的数据(见图 4-1-1)

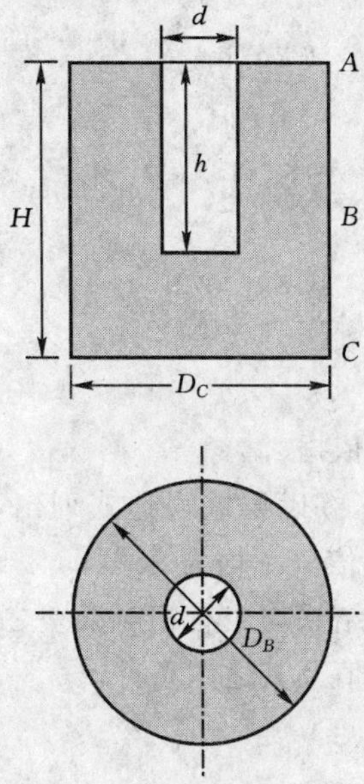

图 4-1-1　空心圆柱体

表 4-1-1　　单位：g，mm

次数	1	2	3	平均
m				
D_A				
D_B				
D_C				
d				
H				
h				

3. 测液体的密度

$m_0=$　　　(g)

$m_1=$　　　(g)

$V = 50\ \text{m} = 50 \times 10^{-6}\ \text{m}^3$

4. 测量固态小颗粒的密度

样品质量：$m=$　　　　　(g)

空瓶质量：$m_0=$　　　　　(g)

样品＋瓶＋水：$m^3=$ (g)

水的密度：$\rho_0=$　　　　　(kg/m^3)

5. 测不规则物体的密度

样品质量：$m=$　　　　　(kg)

样品在水中的质量：$m_2=$　(kg)

水的密度：$\rho_0=$　　　　　(kg/m^3)

六、报告要求

1. 简述测试项目的基本依据；

2. 报告各测量量的结果，并以误差表达式列出，在绝对误差表示中应考虑仪器误差，凡不特别说明的其置信概率均为95%；

3. 圆柱体的体积计算及结果均应有相对误差之表示式；

4. 报告所测样品的密度值及其适用条件。

七、思考题

1. 如何根据实验要求、仪器、样品这三者的关系确定被测量的测量次数。

2. 在你实际应用的测试方法和项目中，影响测量结果误差量值大小的主要因素是什么？应如何减少乃至消除。

3. 采用流体静力称衡法时，对液体和液体与样品的关系有什么要求，以保证测量的精度。

附注

1. 物理天平的调整

物理天平是称量物体质量较精密的仪器。物理天平依据的是力矩平衡原理。其灵敏度和精确度是由三个精密和高硬度的刀口与刀承的组合来实现的，仪器的水平和横梁的平衡与稳定是使用状态是否良好，并且保证仪器测量精度的重要条件。

仪器水平：整个天平的所有构件安放在有三点支撑的刚性底座上。使用时，先将天平放在平整稳定的台面上，反复调节左右两个水平调整螺丝，直到水平仪气泡处在内环线的中心。每次测量前均应首先核查状态是否变化。

横梁平衡:在底座中心有一个可以用手柄调节升降的立柱,立柱的顶端是用硬质材料精密加工成的主刀承。当天平处在存放状态时,主刀承要和横梁中心的主刀口分离,使用时需将立柱升起,使主刀承托起横梁中心的主刀口进行平衡测量。横梁由一金属框架构成,两端与中心对称地装置着两个副刀口,载物盘上的刀承就挂在这两个刀口上。当因承重而升起立柱时,这三个刀口和刀承构成了力矩平衡体系的三个支点,使天平成为有很高灵敏度的平衡系统。为使天平既保证其灵敏度,又有一定的稳定性,在横梁中心刀口环口的下部垂直地安装了一个指示平衡状态的指针,并且指针中部有一个可以上下移动的平衡(灵敏度)锤(如图4-1-2所示),从而构成了天平的称量、平衡及指示系统。

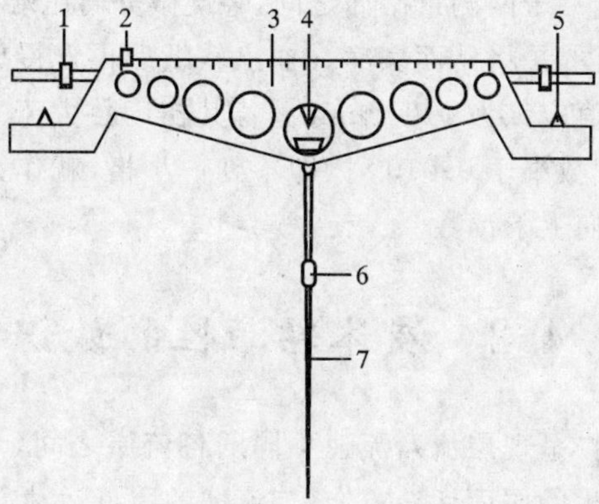

图4-1-2

1—平衡螺母(2个);2—游码;3—横梁;4—主刀口;
5—副刀口(2个);6—灵敏度锤;7—指针

当把两个载物盘上的副刀承挂好后,慢慢旋转手柄举起横梁,并调整横梁两端的平衡螺母,直到横梁平衡(其标志是指针指向标尺的中心,或在中心的左右等幅摆动)。

提示:上述调节均应在确认吊架及托盘的编号与横梁对应端编号一致,游码指示为"0",盘架清洁无杂物的条件下进行。

上述调节完成后,应将游码移动一个位置,其示值与天平标志灵敏度一致;再举盘,此时天平不再平衡,指针应向左偏离,其偏离大小应正好在标尺上一小格。若超过一小格,说明其灵敏度过大,将灵敏度锤向下移动,使指针达到正好偏转一小格;反之则应将灵敏度锤上移。

至此，天平已调节完毕，可以使用。

测量质量时，一般应将待测物置于左盘，砝码盒放在离右盘最近处，用镊子取出砝码，轻轻放入盘中。选用砝码应先大后小，用完的砝码应立即放回盒内，不能任意摆放，不允许直接用手取放砝码。

每次举盘落盘均应缓慢、平稳，落盘时横梁应正好被支架上两个定位螺钉支撑，保证主刀口与刀承分离。

使用完毕，应将两端的副刀承从刀口上移开，放至刀口内侧。

2. 螺旋测微计(千分尺)的调整

它用以测量长度，分内径、外径及深度等多种，本实验所用的为外径千分尺，最大量限为 25.000 mm，精度为一级，仪器标称误差为 $\Delta d=0.004$ mm。

使用前先用软纸夹于两测量砧面之间，轻旋微分筒尾端的摩擦帽，使两砧面闭合，轻轻抽动软纸，目的是将砧面擦净。抽出软纸后再慢慢旋转摩擦帽，使两砧面结合，此时微分筒示值应该为 0.000 mm。若其初读数大于 0.010 时，可用专用扳手校“0”，而一般初读数小于 0.010 时，即不到一小格，就作为初读数记录，只不过注意都以 0 线为准，向上下读数。

4.2　液体粘滞性的认识

流体稳定流动时(呈现层流)，流速不同的各流层之间(只有相对滑动，而无粒子的相对掺混)所产生的层面切线方向(与流体的质点运动方向相同)的作用力(运动快的流层对运动慢的流层施以拉力，运动慢的流层对运动快的流层施以阻力，这一对力)叫粘滞力，这种流层之间的作用力与固体接触面间的摩擦力相似，所以也称内摩擦力，其大小与流层的面积 A 成正比，和垂直与流速方向的速度梯度$\frac{\mathrm{d}v}{\mathrm{d}x}$成正比，即

$$f=\eta A\frac{\mathrm{d}v}{\mathrm{d}x}$$

式中比例系数 η 称为该液体的粘滞系数，也称动力粘度或绝对粘度。

动力粘度(绝对粘度)的物理意义是：流体在单位速度梯度下流动时单位面积上产生的内摩擦力。它是流体粘滞性大小的量度。在国际单位制中，动力粘度的单位为 Pa · s(帕 · 秒)。粘滞系数 η 值的大小取决于流体本身的性质，与温度和压强有关。液体随着温度升高粘度降低，气体随着温度升高粘度增大；高压下，液体、气体粘度都将增大。

粘度一般有多种表示方式，本实验所说的粘度指的是动力粘度。

流体具有粘滞性的本质原因:气体是气体分子定向动量的输运,液体是分子间的作用力。

对流体粘滞性的研究在流体力学、化工、生物工程、医疗、航空航天、水利、机械润滑和液压传动等领域有广泛的应用。

测量流体粘度的常用方法有:落球法,毛细管法,转筒法等。

落球法:是根据斯托克斯定理,通过测量光滑均匀的小球在静止液体中匀速下落一段距离的时间来求粘滞系数,适用于测量粘度较大的透明或半透明的流体,如蓖麻油、机油、甘油等。

毛细管法:是根据泊肃叶定理,通过测定在恒定压强差作用下,流经一段毛细管的液体流量来求粘滞系数;适用于测量粘度较小的流体,如水、乙醇、四氯化碳等。

转筒法:是根据粘滞力矩公式,在两个同轴圆筒间充以待测液体,内筒作匀速转动,测外筒受到的粘滞力矩,它适宜测量粘度更大一些的液体。

本实验介绍用落球法测定液体的粘滞系数。

一、实验目的

1. 观察小球在液体中的运动状况,认识液体对运动物体的阻力;
2. 学习用外延法实现理想条件的物理思想及方法;
3. 学习时间的测量方法,计时起止点的选择;
4. 学习光学仪器(测量显微镜)的使用;
5. 用多管落球法测定待测液体的粘滞系数。

二、实验仪器

多管(单管)粘度计、测量显微镜、小钢球、镊子、磁铁、电子秒表、温度计等。

三、实验原理

1. 落球法

落球法是依据斯托克斯定律进行测量的。其原理是,光滑均匀的小球在无限广延的液体中下落时,当液体的粘滞性较大,小球的半径很小,且在运动中不产生涡旋,那么小球所受到的粘滞阻力 f 为

$$f = 3\pi\eta v d \tag{4.1}$$

式中 η 是液体的(动力)粘度,v 是小球下落时的速度,d 是小球的直径。

设小球的密度为 ρ,体积为 V,待测液体的密度为 ρ_0,重力加速度为 g。当小球在液体中下落时,受到三个力的作用,即重力、浮力和运动的阻力(粘滞力),这阻力

是由液体内摩擦引起的。应当指出，这里起作用的不是小球与液体间的摩擦而是液体各层彼此的摩擦，靠近小球表面的液体层，以小球的速度运动，其余各层的速度逐渐减小，管壁处的流层速度接近零。

重力为 ρVg 方向铅直向下，浮力 $\rho_0 Vg$ 和粘滞力 f 铅直向上，如图 4-2-1 所示，由式(4.1)可知 f 随小球速度的增加而增大。分析可知，小球开始下落时，$\rho Vg > \rho_0 Vg + f$，小球作加速运动。当小球速度增加到某一值 v_0 时，小球所受合外力为零，于是小球就以 v_0 匀速下落，这时

图 4-2-1　小球受力分析

$$V(\rho - \rho_0)g = 3\pi\eta v_0 d$$

即

$$\frac{1}{6}\pi d^3(\rho - \rho_0)g = 3\pi\eta v_0 d$$

从而可得(动力)粘度 η 为：

$$\eta = \frac{(\rho - \rho_0)gd^2}{18v_0} \tag{4.2}$$

式中 v_0 是小球在无限广延的连续液体中匀速下落时的速度，称为收尾速度(也叫终极速度)。

已知上式右边各值后，就可以求出液体的粘滞系数。

式(4.2)是根据斯托克斯定律导出的，而斯托克斯定律导出的条件是液体均匀、静止且无限广延。在实验室条件下，小球不是在无限广延的流体中下落而是在尺寸有限的圆筒中沿其轴线下落的，故应考虑器壁对小球下落的影响，受筒壁的影响，小球在不同内径的圆筒中下落的收尾速度不同，实验表明，小球在圆筒中下落的收尾速度 v 与在无限广延的液体中的收尾速度 v_0 有如下关系

$$v_0 = v(1 + K\frac{d}{D}) \tag{4.3}$$

式中 D 为圆筒的内径，K 为修正系数。从上式可知，当 $D \to \infty$ 时，$K\frac{d}{D} \to 0$，则 $v \to v_0$；且 v 要比在无限广延的液体中为小。所以在实验室条件下，可由式(4.3)对实验结果进行修正，修正系数 K 的值，一般由各个实验室结合实验装置条件具体给定。

注意：在上面的修正公式中，对容器底及液体上表面的存在所引起的误差，仍未记入。

2. 实验条件的满足

如何实现理论要求的无限广延？如何保证液体均匀且静止？如何保证液体温

度的恒定？这些将直接决定本实验的操作方法，是本实验需要解决的重要问题。

(1)无限广延条件的获得

通过实验装置来实现理论要求的无限广延——多管落球法，如图 4－2－2 所示。

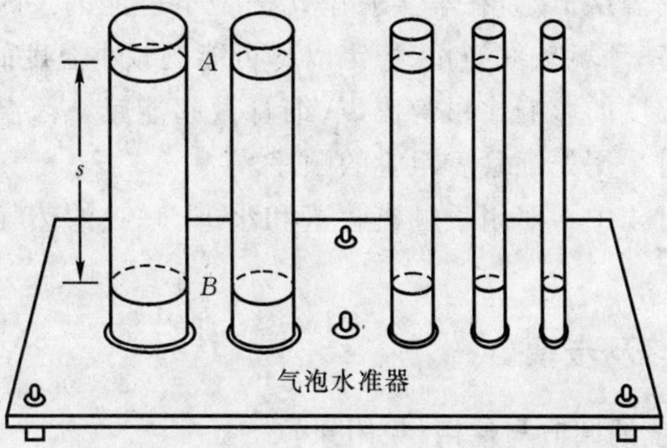

图 4－2－2　多管落球法测液体粘度装置

让小球在一组不同直径 D 的圆筒中下落，测出小球通过各圆筒相同距离 s 所需的时间 t，从理论和实验数据分析可知，t 与 d/D 成线性关系，故以 t 为纵轴，d/D为横轴，将测得的各实验数据在直角坐标纸上作图连成直线，用外推法把直线延长到与纵轴相交，其截距为 t_0，此时横坐标 d/D 为 0，而小球直径 d 不等于 0。所以 t_0 就是当 $D\to\infty$时，即在无限广延的液体中，小球匀速下落通过距离 s 所需的时间，故

$$v_0 = \frac{s}{t_0} \tag{4.4}$$

这样就可以求出收尾速度，从而可得到 η。

(2)液体均匀、静止的获得

实验时，要使液体中无气泡；小钢球要圆，表面洁净光滑，避免沾有杂物或附有气泡。为保证液体静止，同一圆管中两次落球的时间间隔应该是足够长，一般应不小于一小时。实验过程中，应避免摇动底座，并且和人体保持一定的距离。

测量粘滞系数使用多管(或单管)粘度计，多管粘度计是由一组管径不同的圆管组成的，圆管上面有 3 个刻线，底板上有 3 个螺钉。多管(或单管)粘度计在使用前，一定要调节底板水平；这样就可以保证圆筒中心轴线处于铅直状态。

要求小球从圆筒轴线中心液体表面静止下落。且在整个实验中，小球在每个圆管中只下落一次。

① 若小球不是沿中心轴线下落，则 d/D 的比值就没有什么意义了。同时由

于管壁对小球的影响，使得小球的运动处于非匀速运动状态，将使测量误差加大。

② 若在一个管内连续多次落球，液体已不处于良好的静止状态，对粘滞系数的测定也有影响。

(3)温度恒定的获得

要使实验室的温度恒定，在本实验中几乎是不可能的。因此只能尽量缩短测量时间，保持实验室环境条件静止、稳定以尽可能的减小温度的变化。

由于细管受温度的影响比粗管快，从细管做起能减小因温度变化而产生的误差。因此在测量时采用先细管后粗管的顺序。

在整个实验过程中不要用手触摸管壁和小球，呼吸的热气不要正对液体的管壁。

四、实验内容及步骤

1. 测量显微镜的调节与使用(见附录)

(1)熟悉测量显微镜的调节；

(2)测量小球的直径，要求变换不同方位测 6 次。

2. 调节多管(单管)粘度计底板水平

调节安装圆筒底板上的螺钉，用气泡水准器观察，调节相应的螺钉，直至气泡居中为止，以保证圆管中心轴线处于铅直状态。

3. 用单管落球法测定液体的粘滞系数

(1)测小球直径，并给出结果的完整表达式。

(2)测时间：使用电子秒表，用牙签尖部沾住小球，使小球从圆筒轴线液体表面静止下落；测量小球从最上刻线下落至最下刻线的时间。

(3)测油温(在粗略情况下可用室温代替)。

(4)计算 η 值，并进行误差分析，给出结果的完整表达式。

4. 用多管落球法测定液体的粘滞系数

(1)测小球直径，并给出结果的完整表达式。

(2)测时间：使用电子秒表，用牙签尖部沾住小球，使小球从圆筒轴线中心液体表面静止下落；依次测量小球在各管中下落从最上刻线到最下刻线的时间；

(3)求时间 t_0：以 t 为纵轴，d/D 为横轴，将测得的各实验数据在直角坐标纸上作图连成直线，把直线延长到与纵轴相交，其截距为 t_0，即是无限广延条件下的 t_0；

(4)测油温(在粗略情况下可用室温代替)；

(5)计算 η 值，并进行误差分析，给出结果的完整表达式。

五、数据处理

1. 用单管落球法测量液体的粘滞系数

(1)用测量显微镜测量小球直径数据表格

(2)计算出 v_0 和待测液体的粘滞系数 η。

2. 用多管落球法测量液体的粘滞系数

(1)用测量显微镜测量小球直径数据，表格可参照表一。

表一

次数	小球直径 /mm			下落时间 t/s	下落距离 s/mm	管径 D/mm
	初读数	末读数	直径			
1						
2						
3						
4						
5						
6						

$\overline{d}=$　　$\overline{\Delta d}=$　　待测液体的温度 $t=$　　℃　　$\rho_0=$　　$\rho=$

$\overline{s}=$

(2)计算 $\overline{d}/D_1$，$\overline{d}/D_2$，…，$\overline{d}/D_6$，用直角坐标纸作出 $t\sim\dfrac{\overline{d}}{D}$ 图线，从图中求出 t_0，再计算出 v_0。

(3)用相应的公式求出待测液体的粘滞系数 η。

六、思考题

1. 选其中任一管子(最好用最粗管子)，算出 v 和 v_0 代入式(4.3)中，求其修正系数 K；

2. 如何证明小球在上刻线处已进入匀速运动状态？

附录　测量显微镜

1. 用途

测量显微镜是一种光学测量仪器，它是把待测物体放大后通过观察来测量长度或角度的。测量显微镜的结构简单、操作方便，适用范围广，主要用途如下：

(1)在直角坐标系中测量长度，例如测定孔距、基面距离、刻线距离、狭缝宽度等；

(2)转动盘测量角度，例如对刻度盘、样板、钻孔模板以及几何形状复杂的零件进行角度测量。

(3)用作观察显微镜，例如检查印刷照相版、检验纺织纤维，用比较法检测工件表面的光洁度等。

2. 仪器结构

外界光线通过工件平台下面的反光镜，垂直向上反射到载物台上与被测工件相遇，被照亮的工件由物镜放大，再经过转向棱镜成像在分划板上，经过目镜进入观察者眼中。

物体经过物镜和目镜两次放大，总的放大倍数是目镜和物镜放大倍数的乘积。

在 $X-Y$ 直角测量坐标系中：

X 测微器：螺杆的螺距是 1 mm，测微鼓轮边上刻线为 100 格，故鼓轮每转过 1 格相当于移动 0.01 mm 距离。

Y 测微器：螺杆的螺距是 0.5 mm，测微鼓轮边上刻线为 50 格，故鼓轮每转过 1 格相当于移动 0.01 mm 距离。

3. 规格

(1)载物台读数装置主要规格

X 轴移动测量范围(量程)：50 mm

Y 轴移动测量范围(量程)：15 mm

测微器分度值：0.01 mm

(2)测量准确度

仪器的示值误差：$\pm(5+\frac{L}{15})\mu\text{m}$，$L$ 为被测件的长度(mm)。

(3)读数须知：

用 X 测微器，以 mm 为单位，先从标尺上读出测量值的整数部分，再从测微鼓轮上读出小数部分，再估读一位，即得到测量值，可估读到 0.001 mm。Y 测量坐标读数与螺旋测微计相同。

4. 使用方法

(1)调节反光镜：旋转载物台下的反光镜，从目镜中看到明亮的视场。

(2)调节目镜：从目镜中观察分划板上的十字叉丝是否清晰。如不清晰，微微转动目镜调焦手轮调节目镜和分划板之间的距离，使分划板位于透镜的焦平面上，此时可以清楚地看到叉丝。

(3)(粗调)叉丝：松开目镜筒止动螺钉，转动目镜筒，从目镜中观察，目测粗调叉丝方位，使十字叉丝 X 线、Y 线分别与 X、Y 轴平行，然后将目镜固紧。

(4)调焦：把被测物置于载物台上，并位于显微镜的物镜下方。先从侧面观察，旋转调焦手轮使显微镜下移接近被测物，但不要触及。然后从目镜中观察，并旋转调焦手轮，使显微镜缓慢上移(千万不得向下移动，以防止物镜镜头与被测物相碰而损坏)，直至看到被测物的清晰图像为止。

(5)测量与读数：经生产厂校准，载物台的 X 轴与 Y 轴严格垂直，叉丝 X 线与 Y 线严格垂直。测量时，要进行精细调节，使得叉丝 X 线(或 Y 线)与载物台 X 轴(或 Y 轴)严格平行，否则，测量结果会偏大。

为了避免螺距空程差，在测量某一长度的过程中，应使载物台单方向移动，即在读数之间不得改变载物台的移动方向，以避免由于螺纹间隙而产生误差。若在测量过程中一旦出现倒向，则该次测量作废。

4.3　三线悬摆的研究

和质点动力学中牛顿第二定律所描述的 $F=ma$ 一样，一个有一定形状的固体，它的 A 点受到一个没有通过质心的外力 $\boldsymbol{F}$ 作用时，它将产生转动，这个转动的轴就是通过质心 m 且在空间上与作用力正交的直线 OO'，其作用半径 Am 与作用力 $\boldsymbol{F}$ 的乘积，就是促使物体转动的力矩 $\boldsymbol{M}$，如图 4-3-1所示。

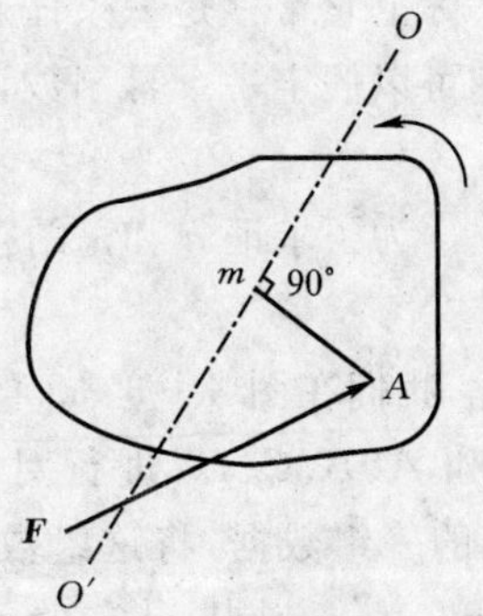

图 4-3-1　物体转动的力矩

$$\boldsymbol{M}=\boldsymbol{F}\times \boldsymbol{Am}$$

根据右手螺旋定则，这个力矩 $\boldsymbol{M}$ 的矢量方向是由 O' 指向 O，即 $O'O$，在力矩的作用下，该物体将以角加速度 β 以 $O'O$ 为轴加速旋转，它的形式和质点力学中的 $\boldsymbol{F}=m\boldsymbol{a}$ 相似，故有

$$\boldsymbol{M} = J\boldsymbol{\beta}$$

显然，和 m 一样，比例常数 J 就成了表征阻碍物体转动能力的一个物理量，叫做转动惯量，在国际单位制中

$$\mathrm{N\cdot m = J rad/s^2}$$

$$\mathrm{(kg\cdot m/s^2)\cdot m = J\ rad/s^2}$$

$$\mathrm{J = kg\cdot m^2} \tag{4.5}$$

从刚体力学知识来看，表征一个物体阻碍转动的转动惯量，不仅和该物体的质量有关，还和转动力矩 M 的作用点及方向有关，对于非均布质量的物体，还和它的

质量分布有关。在实际的工程应用中要决定这一非常重要的参数常常是很困难的，需要用实测的方法，实现对它定量的测量。

三线悬摆是专门用来研究物体转动惯量的实验装置，如图 4-3-2 所示。当上盘做小角度的旋转时，下盘亦随之做扭转摆动，在摆长和整个装置一定的条件下，摆动的周期和转动惯量有严格的函数关系，即

$$T=f(J) \tag{4.6}$$

只要把系统调整好，用一组已知转动惯量的样品，分别测定它的周期，就可以得到一组 $T=f(J)$ 的数据，把这组数据以 J 为 x 轴，以 T 为 y 轴画出它的图线（用曲线板光滑联线），分析这条曲线。若是直线可以直接建立方程为

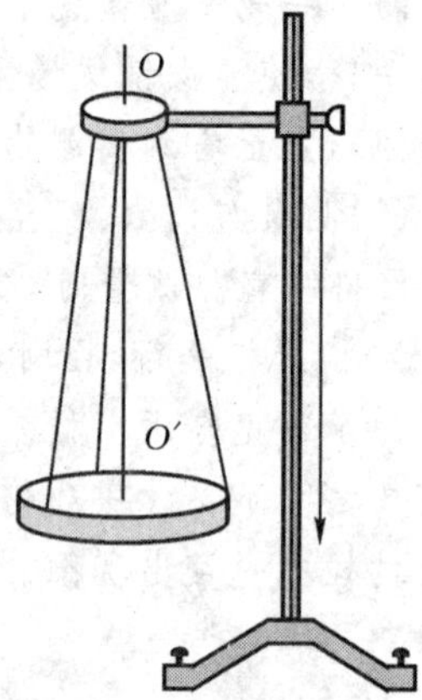

图 4-3-2　三线摆装置图

$$T=kx+b$$

但实际上它常常是一条任意曲线如图 4-3-3 所示，我们可以假定一个幂函数，即

$$T = kJ^{\alpha} \tag{4.7}$$

成立。为了求证 k 和 α 的存在，可以对式(4.7)双方对数处理，即

$$\lg T = \lg k + \alpha \lg J \tag{4.8}$$

据此，我们在图 4-3-3 的图线上取若干个点（例如 A、B、C、D）进行对数处理，再得 $\lg J$ 和 $\lg T$ 的一组数据，将这组数据再以 $\lg J$ 为 x 轴，以 $\lg T$ 为 y 轴描出它的函数曲线，若假定式(4.7)正确，则这个图线应为一条直线，再通过该线上选取两点，可以计算出它的斜率为 α，截距为 k，这样就建立了用来测量转动惯量的方程式

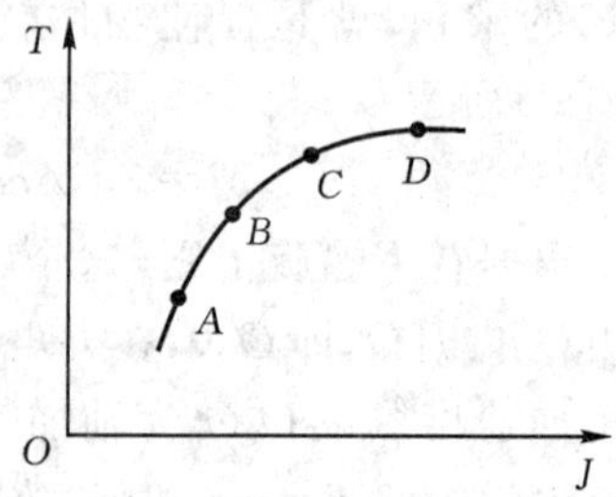

图 4-3-3　曲线图

$$J = \left(\frac{T}{k}\right)^{\frac{1}{\alpha}} \tag{4.9}$$

测量时，只要把被测物体按预定的转轴与三线摆装置的空间轴重合，测定出它的转动周期，代入式(4.9)中就可以算出它的转动惯量。

我们把这种通过实验的方法寻找和建立函数关系式的方法叫做逆性实验，在于区别常规的以已知函数测定某一参数的实验，这种方法其实正是大量物理定律初建的过程，学习和掌握这种思路和方法，对探索和研究物质运动规律是很有意义的。

一、实验目的

1. 了解三线摆装置的结构和特征；
2. 学习用实验的方法研究物质运动规律，并建立函数方程的方法；
3. 学习仪器装置的水平与竖直调整；
4. 计时点的选择与计时。

二、实验仪器

三线悬摆装置、水平仪、秒表、钢板尺、样品 6 块、游标卡尺等。

三、实验原理

将已知转动惯量的物体置于三线摆盘上，轻微转动上盘，使下摆盘做微小摆动（φ 角小于 5°），测定其摆动周期，列表记录 J 与 t_{50} 做 $T=f(J)$ 曲线。

在 $T=f(J)$ 图线上选四个点，分别以 J、T 列表，并进行对数处理，做 $\lg T=f(\lg J)$ 曲线。

在 $\lg T=f(\lg J)$ 图线上选取两点，求该直线的斜率（α）和截距（k），根据其反函数列出函数 $T=f(J)$ 的方程。

用该方程测定一未知物体的转动惯量，并与计算值比较，估算其误差并判定所求的函数式的有效性；

注：圆环状固体当转轴圆为中心轴时的转动惯量计算式

$$J=\frac{1}{8}m(D^2+d^2) \tag{4.10}$$

m：该物体的质量；D：圆环外径；d：圆环内径。

四、实验步骤

1. 调节三线悬摆装置竖直　将水平仪置于下平台，调节底脚螺丝至气泡在水准仪中心，对于单柱的装置，则应从两个方向观察垂线和立柱平行。

2. 调节摆盘水平　将水平仪置于下摆盘，调节三根弦线的长度至下盘水平，然后紧固弦线螺丝不使其松动。

3. 依次将样品按 1，2，3…的顺序置于摆盘中心，轻轻转动上盘，使下盘平稳摆动，其摆角小于 5°，记录 50 个周期的总时间。

4. 用天平称量各个样品的质量，并记录数据（含摆盘的直径 D_0 和质量 m_0）。

5. 用游标卡尺测量样品的几何尺寸。

6. 将待测物体置于下盘中心，测量其周期。

五、数据处理

1. 按式(4.10)算出各样品的转动惯量 J_x 和下盘的转动惯量 J_o、摆动时间和周期。

样品	M/kg	D/m	d/m	J/kg·m^2	J_{ox}/kg·m^2	$t_{(50)}$	T
M_0							
M_1							
M_2							
M_3							
M_4							
M_5							

2. 以 J_{ox} 为横坐标,T 为纵坐标,做 $T=f(J)$ 曲线

T/S					
J/kg·m^2					

3. 在曲线上取 3～4 个点(均匀分布)进行对数处理及 $\lg J$ 和 $\lg T$

T				
J				
$\lg T$				
$\lg J$				

4. 再以 $\lg T$ 为纵轴,以 $\lg J$ 为横轴,做 $\lg T=F(\lg J)$ 图线(应为直线)。

5. 在 $\lg T=F(\lg J)$ 图线上选两点(注意尽量不损失有效数字),求斜率和截距,再经过反对数运算求出 α 和 k,并建立 $T=kJ^{\alpha}$ 方程。

6. 将待测物体的测量周期代入上式,算出其转动惯量与其理论值进行比较。

T	J 测量	J 标准	ΔJ

7. 进行误差计算(相对误差和绝对误差)和误差分析。

六、思考题

1. 转盘摆动其摆角为什么要小于 5°?

2. 立柱不垂直或摆盘不水平,应如何发现?与摆盘的摆动有什么关系?会产生什么影响?

3. 样品若没有放置在中央(轴对称)会产生什么影响?

4. 在几个被测量(M、D、d、T)中,哪一个对结果的影响最大?

4.4 固体材料线膨胀系数的测定

一、实验目的

观察物体受热变形现象,测定固体材料的线膨胀系数。

二、理论依据

我们知道,一个稳定状态的物体是处在一种热平衡状态,它有确定的温度、形状等一系列物性学的表征。当环境温度升高或给它加热时,如果没有特定的约束(外力、形状、位置等),它的体积(形状)将会发生变化。一般的理论解释是,由于温度升高,使得固体分子的平均平动动能增加,同时分子运动的平均自由程加大,导致了固体分子之间的距离增加,从宏观上来看就是引起它的线度增大。在工程或生产实践中就是它的体积会增加。

在工程或生产实际中,由于温度变化引起固体材料形状的变化是必然的,那么这个变化有多大,它会产生怎么样的影响,也是人们所关注的。例如,铁路上的钢轨在环境温度变化时,它的形状会发生什么变化,会产生什么后果?

对于各向同性的物质,这种由于某种原因使温度变化而产生的体积变化的效应在各个方向上是相同的,可以用体膨胀系数来表征这个变化。而在实际应用中,对于细长形状的固体材料,如钢轨、构架的柱子等,由于它们的线度差异极大,因此膨胀现象在长度方向特别明显,而在横向上(截面)表现的很弱,所以主要研究和使用变形是线膨胀系数。

某一样品,在某一温度下它的长度是 L,若不考虑其它因素,影响材料伸缩变化仅由温度引起,显然可以列出如下函数式

$$L = f(T)$$

它的伸缩 $\Delta L = L_1 - L_0$ 和其温度变化相关。可以通过实验测试,在温度变化不大(例如常温 0~100 ℃)它的变化是近似线性的,有解析式

$$\Delta L = xL_0(T_1 - T_0)$$

就是样品长度愈长,温差愈大,其伸缩愈明显。这就是表征物体受热变化(线膨胀)程度的一个系数,我们定义它为线膨胀系数。

三、实验测量的思路

要测定材料的线膨胀系数有三个问题必须解决:①能够给样品均匀地加热升温;②可以准确地测定样品各点的温度;③可以随时和准确地测定样品的长度或伸长量。

加热升温有很多方法,例如可以用电加热,也可以用热水或蒸汽等。早期的实验装置多用蒸汽,相对比较简单。如果用热水加热,就要解决密封和漏水的问题,因此用蒸汽来加热,应该是最方便的。

温度的测量,最好用热电偶或电阻温度计,把测温头直接埋入固体内。如果用水银温度计,就要考虑应该怎样放置才能真实的反映其温度的变化,这是有一定的难度的。

L 和 ΔL 的测量,由于 L 值一般较大可以直接测量,而 ΔL 的量值很小,通常在 0.1～1 mm 量级,不便于直接测量。通常采用光放大的方法,光杠杆及其放大原理图如图 4-4-1 所示。(参阅弹性模量实验)

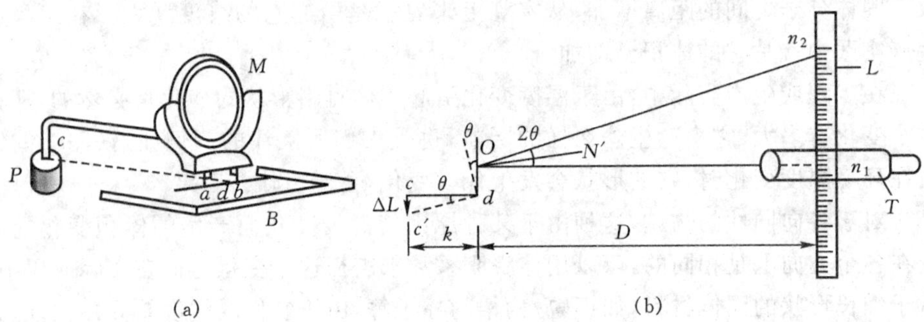

图 4-4-1　光杠杆及其放大原理图

四、实验装置与实验步骤

实验装置如图 4-4-2 所示,被测样品放入加热器内,从下部 A 处送入蒸汽,给被测样品加热,上部用温度计测量温度,用光杠杆测量它的伸长量 ΔL,其计算式从图 4-4-1 中导出。

样品下部被放置在一个支点 C 上,本次实验所用样品在室温下(20℃)为 500 mm。

1. 实验目的

测定金属材料的线膨胀系数,观察蒸汽对流及热循环的现象。

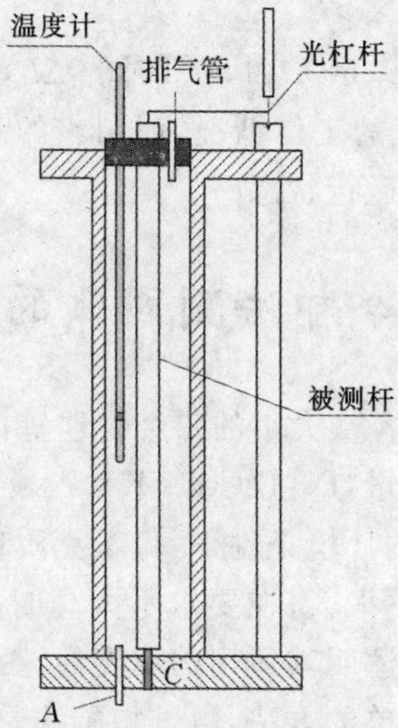

图 4-4-2　线膨胀系数测定

2. 实验仪器

线膨胀仪、加热器、光杠杆及标尺望远镜

3. 实验步骤

(1)检查、调整线膨胀仪器,加热器注水;

(2)调整光杠杆及标尺望远镜水平,保证初读数 $n_0=0$;

(3)测量室温和样品在管内的温度;

(4)给水加热产生蒸汽,在温度上升的同时,观察望远镜读数变化。

(5)当样品温度稳定时(96℃)读取 n_1

因为
$$\Delta L=xL_0(T_1-T_0)$$

可导出
$$x=\frac{\Delta L}{L_0(T_1-T_0)}$$

请自己设定参数,根据光杠杆放大的原理决定要测哪些基本量(已知 $L_0=500.0$ mm,20℃时),导出 x 的计算式(全部以毫米为单位),设计数据表格。

五、数据处理

1. 求出从室温到 96℃时样品的绝对伸长量。
2. 求出样品的线膨胀系数。

六、思考题

1. 从实验装置的结构及数据情况,分析判断一下样品的升温过程及是否达到温度均匀?

2. 如果想分别测出 30℃、60℃和 90℃时的 ΔL,应该怎样做。

3. 观察分析水循环热流的工作情况,说明它的优缺点;并以此来证明家用自循环暖气的工作原理和最佳运行状态。

4.5 冷却法测固体的比热容

比热容 c 是表征物质热容量大小的一个物理量,其定义是单位质量的物质,温度升高一摄氏度所需要的热量,即:J/(kg · K)

对于同一材料,在不同的环境条件下,每千克质量的物质升高一度所需要的热量是不同的,但是这个差异不太大,在要求不太高时,可以近似地认为它是一个恒量。但标注其量值时一定要注明其适用的温度值,否则其结果是无意义的。

用冷却法是一种比较简单的方法,由于物质的受热升温和放热降温是可逆的,所以它的测量结果是一致的。本实验的思路是将样品加热到一定温度,当然要高于环境温度,然后让它自然冷却,因为单位时间内散失的热量和它的温度下降的速率成正比,即

$$\frac{\Delta Q}{\Delta t} = cm\frac{\Delta \theta}{\Delta t} \tag{1}$$

式中:$\frac{\Delta Q}{\Delta t}$是单位时间散失的热量,$\frac{\Delta \theta}{\Delta t}$是单位时间降低的温度,$m$ 是试样的质量,c 是比热容。

物体冷却散热过程和其表面状况及表面积 S 有关,表达式为

$$\frac{\Delta Q}{\Delta t} = aS(\theta_2 - \theta_1)^K \tag{2}$$

式中:$\frac{\Delta Q}{\Delta t}$是物体由温度 θ_2 下降至 θ_1 通过表面积 S 所散失的热量,a 是一定条件下的热交换系数,K 是不同材料存在的指数。在一定条件下,有

$$cm\frac{\Delta \theta}{\Delta t} = aS(\theta_2 - \theta_1)^K$$

我们可以设计一个特定的容器,选择一些特定的样品,尽量满足等式右侧条件不变,例如选定的样品外形完全一样,即表面积相等,工作在相同的特定的环境下,让它们有相同的温差($\theta_2 - \theta_2$),使两个样品有完全一样的重复过程,即

样品 1: $$c_1 m_1 \frac{\Delta \theta_1}{\Delta t_1} = aS(\theta_2 - \theta_1)^K$$

样品 2: $$c_2 m_2 \frac{\Delta \theta_2}{\Delta t_2} = aS(\theta_2 - \theta_1)^K$$

两式相除得

$$c_2 = c_1 \frac{m_1}{m_2} \frac{\Delta\theta_1 / \Delta t_1}{\Delta\theta_2 / \Delta t_2}$$

若其中 c_1 已知，用这种比较法就可以求得待测样品的比热容。

这是一种比较法测量，被测量的是金属，比较的标准量也是金属，它们的热容量有相同的定义，测量其变化的温度 $\theta_2 \sim \theta_1$ 相近，而且两次的量值完全一样，散热环境和条件也完全一致，即比较的条件是等效的，影响它们只有质量和属性的不同。

一、实验目的

1. 研究热学实验的物理过程，了解满足比较法测量的条件有哪些；
2. 学习热电偶测温和计时器的用法；
3. 测定两个样品的比热容；
4. 分析研究热传导条件下的误差分析。

二、实验仪器

比热容测量仪一套、热电偶及测温仪、计时器、加热元件、均温防风系统、天平。

三、实验内容

1. 测定三个样品的质量；
2. 将热电偶(铜-康铜)放入样品孔内，热端接电压表正极；
3. 将电烙铁头套在样品上，通电加热，当样品温度升高至150℃时，移开热源，让样品自然冷却；
4. 待温度降至102℃时，开始计时，降至98℃时，停止计时，求出 $\Delta\theta=4.0$℃时对应的时间 Δt；
5. 如此重复 5 次，求其平均时间；
6. 换另一样品，重复 3～5 次测试；
7. 依次做完三个样品的结果，分别记录三个样品的 m 和 Δt；

四、数据处理

1. 分别求出不同样品的平均值 $\overline{m_i}$ 和 $\overline{\Delta t_i}$；
2. 按实验室给定样品的比热容 c，计算另外两个样品的比热容 c 的值；
3. 用附表中的标准值，计算各项误差；
4. 分析并报告结果。

五、思考题

1. 试说明所测得的比热容值在什么条件下有效？

2. 解释一下降温区间为什么在102℃～98℃之间？改变这个区间是否可以？对测量结果有什么影响？

3. 热电偶测温对冷端温度有什么要求？如何满足？如果以室温为冷端，测量结果会产生什么效果？

4.6　弦振动研究

一般来说，某一物体（质点）在其平衡点做往复运动的现象，都可以叫做振动现象，而承载这种振动的媒体又是连续弹性体（例如一根金属丝、金属棒），如果质点往复的运动的方向与波的传播方向正交，叫做横波。在连续均匀的媒质中，一旦产生了这种振动和波，它们就可能会出现一些特殊的运动状态，并满足一些特定的数学方程，从而可以进一步认识物质的一些属性和其特征。

如图4-6-1所示，一根线密度为ρ的均匀的金属丝x被固定在O点，并经过O_1后在其下方挂一砝码盘，从而使金属丝受到张力T的作用而被张紧，如果在O和O_1两点施以一定频率f的交变电压，则在金属丝上就有交变电流流过。若将一永久磁铁置于导线下端，由于安培力的存在，N极点附近的电流载体——导线将会出现往复运动的现象，只要磁场和交变电流稳定存在，那么这个振动也一定存在，并且向两侧传播形成稳定的振动——驻波。

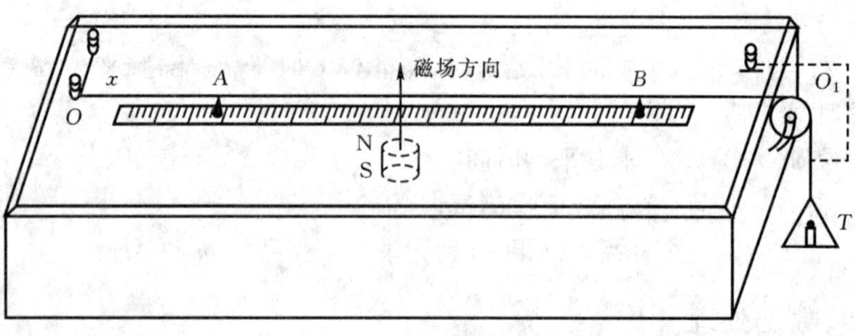

图4-6-1　弦振动装置外形图

根据振动与波动的相关理论，我们知道，由振源N所产生的振动在向两侧传播时到达A、B两个支点，因为A、B分别为两个可移动的支点，则在该点产生反射，再反向传播，这样行波和反射波相遇时就会互相影响，就会产生波的干涉现象。由于是同一波源所产生的振动，因此它们具有相同的参数，即振幅、频率和振动方向是一致的，入射波 y_1 和反射波 y_2 的波动方程分别为

$$y_1 = A\cos 2\pi\left(ft - \frac{x}{\lambda}\right)$$

$$y_2 = A\cos 2\pi\left(ft + \frac{x}{\lambda}\right)$$

式中：A 为振幅，f 为振动的频率，λ 为波长，x 为从 A 到 B 各点的横坐标值。两个波压某点会合而合成，两者相加，根据三角关系有

$$y = y_1 + y_2 = 2A\cos 2\pi\left(\frac{x}{\lambda}\right)\cos 2\pi ft \tag{4.11}$$

可见，合成的结果是弦线上的各点还是在作谐振动，只是在不同的位置 x 其振幅不同，为

$$A' = 2A\cos 2\pi \frac{x}{\lambda}$$

可见是位置 x 的函数，但仍按余弦规律变化，而在同一点的不同时间它又按照 $\cos 2\pi ft$ 变化，则(4.11)式变为

$$y = A'\cos 2\pi ft$$

在满足一些特定条件后(如张力 T 和弦长 L_{AB})它会形成驻波这一特殊状态。这时 A、B 两点仍稳定不动，是为波节，而在 L_{AB} 的全长内会以 $\lambda/2$ 为单位形成若干的以正弦分布的稳定的驻波，振幅最大处叫波腹，实现驻波的条件是

$$L = n\frac{\lambda}{2} \quad n = 1,2,3$$

此时波在弦线中的传播速度满足

$$v = \sqrt{\frac{T}{\rho}}$$

根据波动的常识我们知道，波长 λ、频率 f 和波速 v 有下列关系

$$v = f \cdot \lambda$$

综合上列各式，可知当弦线上形成稳定的驻波时

$$f = \frac{n}{2L}\sqrt{\frac{T}{\rho}} \tag{4.12}$$

$$\lambda = \frac{2L}{n}$$

本实验是在一个内装日光灯的具有毛玻璃面的箱子上，安装一根细的金属丝，并给它通以适当频率的电流，在毛玻璃上放置一块可以自由移动的永久磁铁N(S)极向上，这样在它上面的载流导线就会受力而振动，在右侧经过滑轮导向下面的砝

码盘放置一定的砝码，用以产生相应的张力 T，再左右移动 A 或 B，以改变 L，使其产生驻波，这时通过毛玻璃可以看到清晰的驻波波形，下面的标尺用以测量 L 值。

一、实验目的

1. 观察驻波现象，认识形成驻波的过程及条件，了解破坏驻波的手段和方法。

2. 测算驻波条件下，λ、T、f、L、ρ 之间的关系，并且通过一定条件计算其中某个量。

λ 波长(相邻三个波节之间距)　　T 弦线所受的力(N)

f 频率　　L 弦线有效长度(L_{AB})　　ρ 弦线的线密度(kg/m)

3. 测量横波在金属弦线上的传播速度。

二、实验仪器

弦振动装置(含弦线、砝码、磁铁)，交流信号发生器。

三、实验内容

1. 在右侧砝码盘中放入 20 g 砝码，给弦线接入 50 Hz 交变电流，将磁铁放在 AB 中段，分别调节 A 或 B 的位置，观察驻波(共振)现象。能否在日光灯下看到一根呈正弦状，但又稳定不动的弦线，能听到什么?

2. 测定金属丝的线密度。

输入频率为 100 Hz 交变电流，挂上 40 g 的砝码，调节 AB 之距离，分别得出 1、2、3 个波腹的驻波，测量 λ，利用式(4.12)计算线密度。

3. 保持张力 T，改变频率再形成驻波，测量 L，n，f。计算行波传播速度。

4. 保持频率 f，改变张力，从 20 g 起每增加 5 g 测一次，调节 L 使之出现 1，2，3，…，n 个波腹，计算行波传播速度。

四、数据表格及数据处理

1. 线密度

n \ L	L_A	L_B	L_{AB}	ρ/kg · m^{-1}
1				
2				
3				
f =	Hz　T=	N	$\bar{\rho}$=	kg/m

2. 波速与张力的关系

砝码 g	张力 N	$n=1$			$n=2$			$\bar{\lambda}$	$v=f\cdot\lambda$ /m·s^{-1}	$v=\sqrt{T/\rho}$ /m·s^{-1}	Δv	$E_v\%$
		L_A	L_B	L_{AB}	L_A	L_B	L_{AB}					

3. 波速与频率的关系

频率 f	$n=1$			$n=2$			波长 $\bar{\lambda}$	$v_T=f\cdot\bar{\lambda}$ /m·s^{-1}	$v=\sqrt{T/\rho}$ /m·s^{-1}	$\Delta v=v-v_T$	$E\%$
	L_A	L_B	L	L_A	L_A	L					
$T=$			N				$\rho=$		kg/m		

五、调整及实验注意事项

1. 弦线为金属细线,有的可能表面涂有漆膜,接线时应检查一下是否导电良好。

2. 图 4-6-1 为示意图,面板上有两个接线柱,将音频信号发生器之功率输出分别接在接线柱上,调节输出电压为 5~10 V,频率大致选取在 25 Hz~150 Hz 范围。

3. 导线中有交变电流,在 AB 中点放入磁铁,导线一定受力,则弦线也一定会振动。如果看不清楚,可分别以三种方式调节出驻波:①改变张力 T;②改变频率 f;③改变 L_{AB}。这时弦线会出现一个稳定不变的共振状且有嗡嗡的共振声,若其共振频率正好是 50 的倍数,(1,2 或 1/2)就可以看到一根不动的呈正弦曲线状的线。

4. 无论是调节 L 还是 T、f 都要均匀、缓慢,否则共振现象会一闪而过,不容易看见。

4.7　金属材料的弹性模量

固体材料在外力作用下都要或多或少地发生形变。当形变不超过某一限度时,撤销外力之后，形变能随之消失，这种形变称为弹性形变，即物体可以恢复其原来的形状和体积。如果只从上述弹性形变的定义来看，则弹性形变可以看作是可逆过程，它服从胡克定律（由胡克定律所确定的弹性形变是整个弹性理论的基础）。当形变超过某一限度时，产生的形变在外力消失后不再恢复原状，即产生永久形变，这种形变叫塑性形变。发生形变时，物体内部产生的企图恢复原状的力叫内应力，也称内力。

胡克定律的一种表述为：在弹性限度内物体所受的应力 σ（单位面积上的力）和由此而产生的应变 ε（单位长度上的变形量）成正比，即 $\sigma = Y\varepsilon$，式中 Y 为比例常数，称为弹性模量。单位是 N/m^2，与应力 σ 的单位相同。弹性模量是反映材料形变与内应力关系的物理量，表征材料受力后形变大小的一个参数，是工程技术中构件选材时的重要依据。

对固体来讲，弹性形变可分为四种基本形式：①拉伸和压缩形变；②剪切形变；③扭转形变；④弯曲形变。实际上许多复杂的形变都可以化为上述基本形式。这四种基本形变也不是完全孤立的。例如，在弯曲形变时物体中同时发生拉伸和压缩形变，在扭转时发生切变等等。

固体沿轴向拉伸和压缩形变在生产实际中经常遇到，条形物体（如钢丝）沿轴向形变的弹性模量也叫杨氏模量。本实验只对这种形变进行研究，即金属丝沿轴线方向受外力作用后的伸长形变。

测量固体弹性模量的典型方法是静态拉伸法。静态拉伸法测量弹性模量的特点是从本身的定义出发，实验原理简单、直观，易于理解。“动力学法测杨氏模量”是用国家标准（GB/T 2105－91）推荐的测量杨氏模量的方法，即将棒状样品用细线（或刀口）悬挂（或支撑）起来，用声学的方法测出其振动时的共振频率，从而得到其弹性模量。

本实验采用静态拉伸法来测量金属丝的弹性模量（杨氏模量）。

一、实验目的

1. 掌握静态拉伸法测量钢丝弹性模量的原理和方法；
2. 掌握用光杠杆测量长度微小变化量的原理和方法；
3. 学习光学仪器（光杠杆、标尺望远镜）的调节和使用；
4. 研究误差传递在误差分析和仪器配置中的意义；
5. 测定金属丝的弹性模量；
6. 学习用逐差法或作图法处理数据。

二、实验仪器

弹性模量仪、光杠杆和标尺望远镜、螺旋测微计、游标卡尺、米尺、钢卷尺、砝码等。

三、实验原理

取一长度为 l，横截面积为 S 的均匀金属丝，沿长度方向对它施以拉力 $\boldsymbol{F}$，这时，金属丝将伸长 Δl，如图4-7-1所示。由于材料内各点轴向应力 σ 与轴向应变 ε 为均匀分布，所以轴向应力为 F/S，轴向应变为 $\Delta l/l$。因此胡克定律的另一种描述为：物体在弹性限度内，材料的伸长 Δl 与拉力 F 和材料的原长度 l 成正比，与横截面积 S 成反比，其数学表达式为

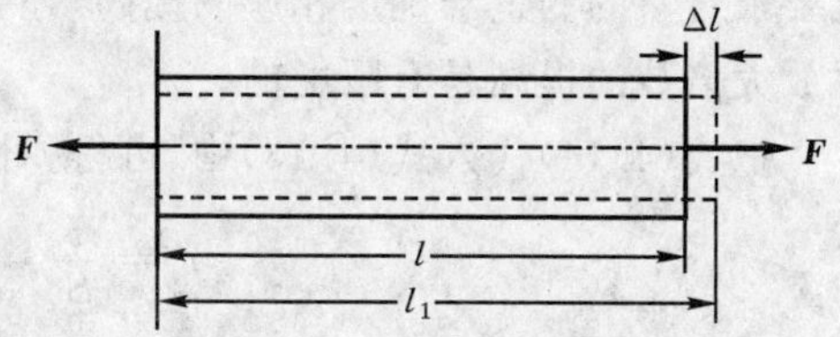

图 4-7-1　轴向形变

$$\frac{F}{S}=Y\frac{\Delta l}{l} \tag{4.13}$$

式中的比例系数 Y 为弹性模量(杨氏模量)。它与固体材料的几何尺寸无关，与外力的大小无关，它只决定于固体材料本身的性质，是表征固体材料力学性质的重要物理量。

由式(4.13)可知，只要测出外力 F、金属丝原长 l 和截面积 S 以及在外力 F 作用下金属丝的伸长量 Δl，就可以测得金属材料的弹性模量 Y。关键是如何测量微小的长度变化量 Δl？由于此变化量非常小，难于直接测量，所以本实验采用光杠杆和标尺望远镜进行放大测量。

光杠杆是用来测量微小长度变化量或角度微小偏转的光学仪器，如图4-4-1(a)所示。它由固定在三足架上的可绕轴转动的平面镜 M 构成。三足尖 abc 成一等腰三角形，c 到前两足的连线 ab 的垂直距离为 $k=cd$，长短可以调节，ab 和镜面 M 的转轴平行，且都在垂直于 cd 的同一平面内。图 4-4-1(b)为光杠杆放大原理图。标尺望远镜由一个与被测长度变化方向平行的标尺 L 和望远镜 T 组成。望远镜水平地对准平面镜 M，标尺到平面镜的距离为 D。如果这时平面镜铅直且与望远镜光轴正交，在望远镜中可看到标尺 n_1 标度的像与目镜的叉丝水平线重合。那么在长度变化 Δl 后，c 足将随被测长度变化而升降，平面镜则对应转过一角度 θ，这时镜面法线也转过 θ 角变到 N' 处，在望远镜中则看到 n_2 标度的像与叉丝水平线重合。令 $\Delta n=n_2-n_1$，根据光的反射定律，可知

$$\tan\theta=\frac{\Delta l}{k},\qquad \tan2\theta=\frac{\Delta n}{D}$$

当 θ 角很小时，$\tan\theta\approx=\theta$，$\tan2\theta=2\theta$，于是可得

$$\Delta l=\frac{k}{2D}\Delta n \tag{4.14}$$

由(4.14)式可知，长度微小变化量 Δl 可以通过测量 k、D 和 Δn 这些易测的量间接

的测量出来。光杠杆的作用是将 Δl 放大为标尺上相应的读数 Δn，Δl 被放大了 $2D/k$ 倍，$2D/k$ 为光杠杆的放大倍数，增加 D 或减小 k 值在一定范围内可提高光杠杆的灵敏度。过分地增大 D 值会受到望远镜放大倍率和场地的限制，减小 k 值就要求对 k 的测量准确度相应的提高，还要保证 θ 角很小，满足 $k \gg \Delta l$ 的条件，所以放大倍数的提高是有限度的。

把式(4.14)代入式(4.13)中，可得弹性模量的测量公式为

$$Y = \frac{l}{S} \cdot \frac{2D}{k} \cdot \frac{F}{\Delta n}$$

式中，$S = \frac{1}{4}\pi d^2$，d 为金属丝的直径。

四、实验装置

图 4-7-2 所示为弹性模量仪、光杠杆及标尺望远镜。弹性模量仪的底座上有调节螺钉，用来调节立柱铅直。两立柱上端有横梁 A，A 的中间装有夹头 P'，用

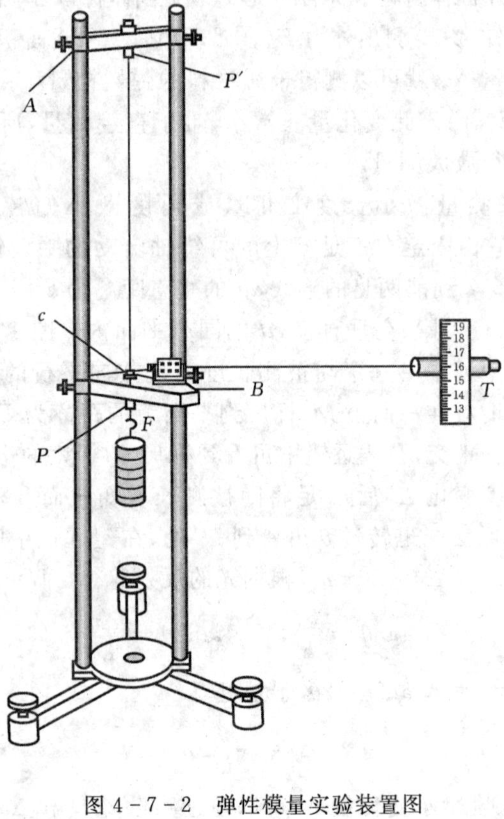

图 4-7-2　弹性模量实验装置图

以固定钢丝的上端。平台 **B** 上有沟槽，用来承托光杠杆的两前足尖。平台上的圆孔中有滑动夹头 P，用以夹紧钢丝的下端，它可以在圆孔中上下自由滑动。平台后侧有一螺钉可以紧固滑动夹头 P，P 抬高后再紧固，就可以使金属丝不受负载作用。因此，当金属丝的负载作任何改变时，应该预先升高滑动夹头 P 的位置并紧固。光杠杆的后足 c 支在滑动夹头 P 上，随着滑动夹头的移动 c 也跟着移动。滑动夹头的下方装有砝码钩，用来加挂砝码。标尺望远镜的使用参看本实验的附录。

五、实验内容及步骤

1. 调节弹性模量仪的底座螺钉，使立柱铅直。

2. 检查夹头 P' 和滑动夹头 P 是否已夹紧钢丝，然后松开平台 B 后侧的紧固螺钉，查看下夹头 P 能否在平台圆孔中自如滑动。

3. 在滑动夹头 P 的下端挂上 1 kg 的砝码使钢丝伸直，并使其稳定。将光杠杆置于平台支架上，使它的后足尖放在滑动夹头 P 上，后足尖与钢丝几乎接触，它的前两足尖置于平台的沟槽中，并调整光杠杆镜面的法线呈水平状态。

4. 在距离光杠杆镜面前方约 2 m 处放置标尺望远镜，并调节望远镜筒处于水平位置，使它与光杠杆镜面的中心部位等高。调节望远镜仰角微调螺钉，使视线沿着镜筒外 V 字形缺口与准星的连线看去，可以在光杠杆平面镜中看到标尺的像（具体操作参看附录）。

5. 调节标尺望远镜目镜使十字叉丝清晰，然后缓慢旋转调焦手轮使物镜在镜筒内伸缩，直到清晰的看到标尺在望远镜中的像，且当眼睛上下移动时无视差为止。记录十字叉丝横线所对的标尺读数 n'_1。

6. 逐个增加砝码，每加一个砝码就记录一个标尺读数 $n'_i(i=1,2,\cdots,6)$。当记录到 n'_6 时，再逐次减去一个砝码，记录相应的标尺读数 n''_i。

7. 在保持各仪器位置不动的条件下测量光杠杆镜面到望远镜标尺间的垂直距离 D 及下面各量：

(1)测量钢丝的直径：在挂上 1 kg 和 6 kg 砝码时，分别测出钢丝上、中、下三个部位的直径，并取其平均值作为钢丝的直径；

(2)测量钢丝的原长 l（为了使钢丝伸直，可在下挂一个砝码时测量）；

(3)将光杠杆放在一张平放的纸上，压出三个足痕后，测量后足尖到两前足尖连线的垂直距离 k。

六、数据处理

1. 增、减砝码时的标尺读数表格

<table>
<tr><td rowspan="2">砝码数
/kg</td><td rowspan="2">F/N</td><td colspan="4">标尺读数 n/mm</td></tr>
<tr><td colspan="2">$F_{增}$</td><td colspan="2">$F_{减}$</td></tr>
<tr><td>1</td><td>1×9.80</td><td>n'_1</td><td></td><td>n''_1</td><td></td></tr>
<tr><td>2</td><td>2×9.80</td><td>n'_2</td><td></td><td>n''_2</td><td></td></tr>
<tr><td>3</td><td>3×9.80</td><td>n'_3</td><td></td><td>n''_3</td><td></td></tr>
<tr><td>4</td><td>4×9.80</td><td>n'_4</td><td></td><td>n''_4</td><td></td></tr>
<tr><td>5</td><td>5×9.80</td><td>n'_5</td><td></td><td>n''_5</td><td></td></tr>
<tr><td>6</td><td>6×9.80</td><td>n'_6</td><td></td><td>n''_6</td><td></td></tr>
</table>

2. 钢丝直径的测量表格　　单位:mm

<table>
<tr><td rowspan="2">钢丝
砝码</td><td colspan="3">$d_{上}$</td><td colspan="3">$d_{中}$</td><td colspan="3">$d_{下}$</td></tr>
<tr><td>1</td><td>2</td><td>3</td><td>1</td><td>2</td><td>3</td><td>1</td><td>2</td><td>3</td></tr>
<tr><td>1 kg</td><td></td><td></td><td></td><td></td><td></td><td></td><td></td><td></td><td></td></tr>
<tr><td>6 kg</td><td></td><td></td><td></td><td></td><td></td><td></td><td></td><td></td><td></td></tr>
</table>

螺旋测微计零点读数________mm;

$l=$________mm,$D=$________mm,$k=$________mm。

$E_k=$________;$E_L=$________;$E_D=$________。

3. 用逐差法求标尺读数的改变量表格　　单位:mm

$\Delta n_1=\|n_4-n_1\|$	$\Delta n_2=\|n_5-n_2\|$	$\Delta n_3=\|n_6-n_3\|$	平均值$\overline{\Delta n}$

平均绝对偏差$\overline{\Delta(\Delta n)}=\dfrac{|\Delta n_1-\overline{\Delta n}|+|\Delta n_2-\overline{\Delta n}|+|\Delta n_3-\overline{\Delta n}|}{3}$,$E_{\Delta n}=$　　　。

4. 用表格1的数据作$F=f(n)$图线,即以n为横坐标,以F为纵坐标作图,再从图线上求出$\Delta F/\Delta n$。

5. 根据误差传递关系计算弹性模量的相对误差E_Y和绝对误差Δe。

$$E_e=E_L+E_K+E_D+E_{\Delta n}+2E_d$$

七、思考题

1. 晾衣服的绳子为什么不能绷的太紧?

2. 测量弹性模量的实验中,各长度量用不同的仪器来测量,这是根据什么考虑的?

3. 如何用光杠杆测量纸张厚度?

4. 从误差分析来看,影响本实验的误差量大小的是哪个因素?哪个量具,若要将实验相对误差减小一半,应该如何实现?

附录　标尺(尺读)望远镜(JCW—1 型)

1. 用途

JCW—1 型标尺望远镜是观测远处目的物的一种光学仪器,它常与光杠杆配套使用。

2. 结构

仪器外形如图 4-7-3 所示。仪器由底座 9、内调焦望远镜 5、可调毫米尺 7 等部分组成。内调焦望远镜结构如图 4-7-4 所示。望远镜由物镜和目镜组成,为便于调节和测量,在物镜和目镜之间有准线分划板和内调焦透镜。分划板固定在 B 筒上,内调焦透镜由微调手轮带动齿条,使其在镜筒 A 中沿轴线前后移动。目镜则装在 B 筒内,可沿筒前后移动以改变目镜与分划板间的距离。

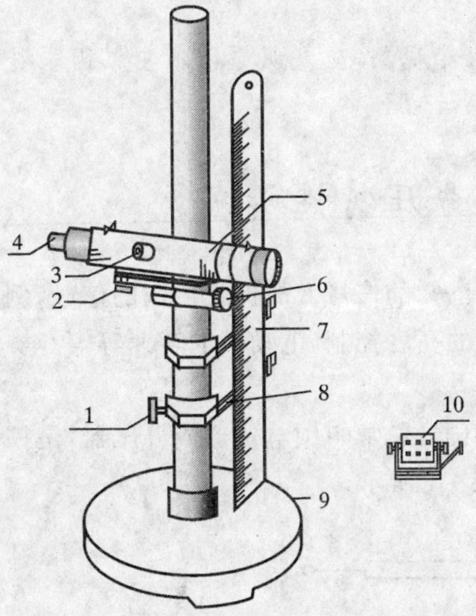

图 4-7-3　JCW—1 型标尺望远镜

1—标尺支架锁紧旋钮;2—仰角微调螺钉;
3—内调焦手轮;4—目镜旋钮;
5—望远镜;6—望远镜锁紧螺钉;
7—钢板尺;8—标尺支架;
9—底座;10—光杠杆反射镜

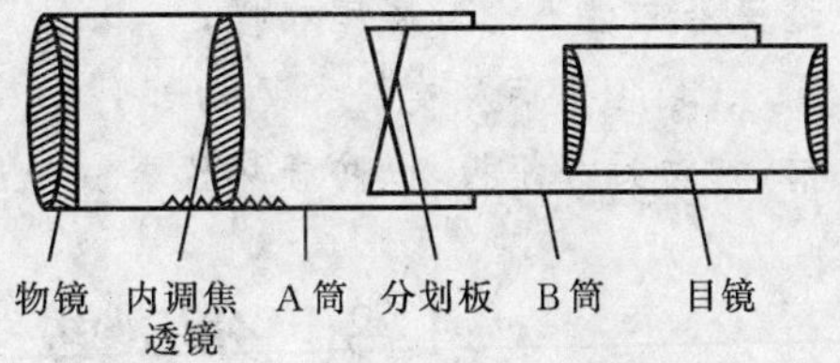

图 4-7-4　内调焦望远镜结构图

3. 主要参数

放大倍数	30 倍
物镜有效孔径	42 mm
视场角	1°26′
最短视距	2 m
视距常数	100

4. 使用方法

(1) 将光杠杆反射镜的法线调到大致水平,用照明灯照亮标尺 7,在望远镜旁观察,寻找反射镜中标尺的像。由于人眼对目标捕获能力强,所以可用手在标尺前上下移动,观察手及标尺在镜中的像。若寻找不到或手的位置偏高或偏低，则调节反射镜面的方位，左右移动标尺望远镜底座，使观察到手的位置处于标尺中部，刻度约“0”处。松开锁紧手柄 6，上下移动望远镜使望远镜筒与光杠杆镜面的中心部位等高，左右转动望远镜和调节仰角微调螺钉 2，使沿镜筒外的 V 形缺口和准星的视线在反射镜中能看到标尺的像，固定锁紧螺钉。

(2) 调节目镜旋钮 4 使分划板准线清晰，且处于水平垂直状态，转动调焦手轮 3 进行调焦。若从望远镜中只看到杨氏模量仪的平台、或立柱、或钢丝等部分，则要细调望远镜的上下、左右位置，使望远镜筒轴线对准反射镜。若调焦时能看到反射镜的玻璃面，继续旋转内调焦手轮却找不到标尺的像，则要细心微调反射镜法线的方位，直到从望远镜中观察，可从反射镜中清晰看到标尺上约“0”处的像与水平准线平行为止。若标尺像上下有一部分不清晰，则微调仰角螺钉；若左右有一部分不清晰，则微微左右转动望远镜。

5. 注意事项

(1)注意保护物镜和目镜，与测量显微镜的要求相同；

(2)上下移动望远镜时，切记要用手托住望远镜，然后再旋松锁紧螺钉，以免望远镜沿立柱下滑与底座相撞；

(3)各手柄及旋钮和可动部件如发生阻滞现象，应查明原因。在原因未查清前，切勿过分扭扳，以防损坏仪器。

4.8　分压电路及分压特性研究

在实际工作的设备中，常常需要把一个已知的信号变成连续可调的信号，例如收音机、电视机的音量控制，电视机、示波器的亮度控制，电动机的转速等等。实现这一功能最常用的电路是分压电路。

在分压电路中最常用的元件是滑动变阻器，通常叫做电位器或分压器，是一个三个端子组成的可变电阻，其电路图如 4-8-1 所示，

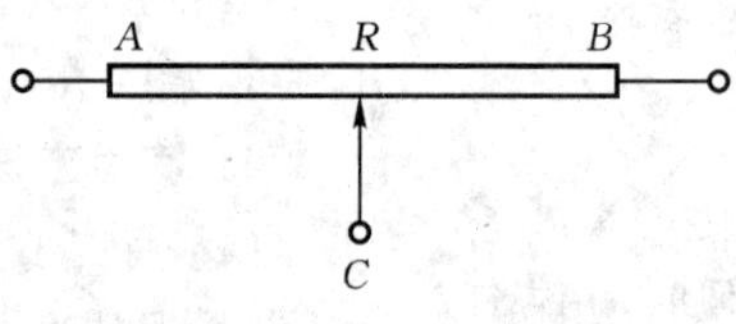

图 4-8-1

固定电阻 AB 通常由一段均匀的电阻丝密绕制成，并在两端 A、B 处引出引线端子。而滑线变阻器的 C 点可以在 AB 间任意滑动，从而改变 AC(也可以是 BC)

之间的电阻。例如开始时 C 点与 A 点接触，$R_{AC}=0$，以后 C 点逐渐滑向 B 点，则 R_{AC} 就会逐渐增加(同样 R_{BC} 将减小)，直到 C 点滑向 B 点并与 B 点接触，此时 $R_{AC}=R_{AB}$，而 $R_{BC}=0$。

如果将这一电阻 R_{AB} 接入一个固定电源的电路中，如图 4-8-2 所示，当闭合 K 接通电源时，电阻 R_{AB} 回路将有电流流过，则一定在电阻 R_{AB} 上产生电压降 $U_{AB}=IR_{AB}$，由于电流一定，那么在不同的电阻段上，就会产生不同的电压降，$U_{AC}=IR_{AC}$，显然，U_{AC} 将随着 C 点的移动而改变。由于 R_{AC} 可以从 0 到 R_{AB}，所以 U_{AC} 也就可以从 0 到 U_{AB}。在这段描述中有两点是特别重要的：一，电阻 R_{AB} 中流过的电流不变；二，U_{AC} 只是 U_{AB} 一部分，它最小可以是 0，最大也只能是 U_{AB}，也就是说它只能从总量中分到一部分，而不能像变压器那样还有可能提升电压。

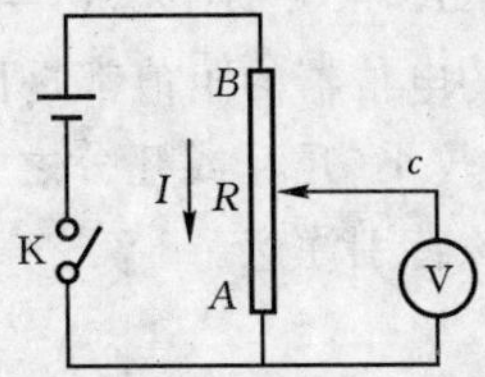

图 4-8-2

显然，应用电路不会只接一只电压表，一旦进入实际电路，如图 4-8-3 所示，真正的负载电阻 R_{fz} 就会和 R_{AC} 并联，改变工作状态并分走一部分电流，理想的分压状态将不复存在，分析和研究 R_{AB} 和 R_{fz} 之间的关系，将决定我们如何正确的使用这种元件和电路。

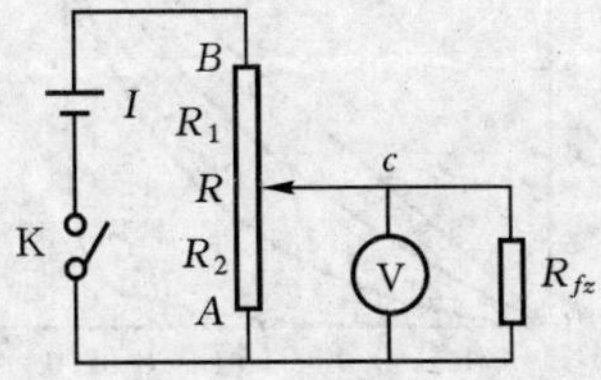

图 4-8-3

一、实验目的

1. 了解滑线变阻器的参数及特征。
2. 定性研究分压电阻与负载电阻对分压特性的影响。

二、实验仪器

12 V 蓄电池，直流电压表，滑线变阻器(10 kΩ、1 kΩ、300 Ω、33 Ω 各一个)，

300 Ω负载电阻一个。

三、实验原理

滑线变阻器，它有阻值和额定功率两个参数。这是由于任何一个电阻元件，当它流过电流时都不可避免地消耗电功率，即 $P=I^2R$，这部分能量主要以热能耗散，若不加以控制将可能烧毁元件。例如 50 Ω、5 W，说明它的最大耗散功率为 5 W，即 $I^2R=5$ W，显然它允许通过的最大电流不能超过

$$I=\sqrt{\frac{P}{R}}=\sqrt{\frac{5}{50}}=0.316\ \text{A}$$

同样，它所能承受的最大电压 $U_{\max}$ 为

$$U_{\max}=IR=0.316\times 50=15.8\ \text{V}$$

在电子线路中，通常所用的电位器的阻值都是比较大的（以 kΩ 来计量且多不是线绕式），而它的功率一般比较小（几瓦或几分之一瓦），所以它实际流过的电流都是很小的，这点在使用时应该特别注意。

1. 分压特性

当 $R_{fz}>>R_{AB}$ 时（例如 $R_{fz}=100R_{AB}$），此时负载回路的存在对 R_{AB} 支路影响甚少，可以忽略不计，当 R_{AC} 由 A 向 B 滑动时，U_{AC} 均匀的增加，呈线性变化，如图 4-8-4中 A 线所示。

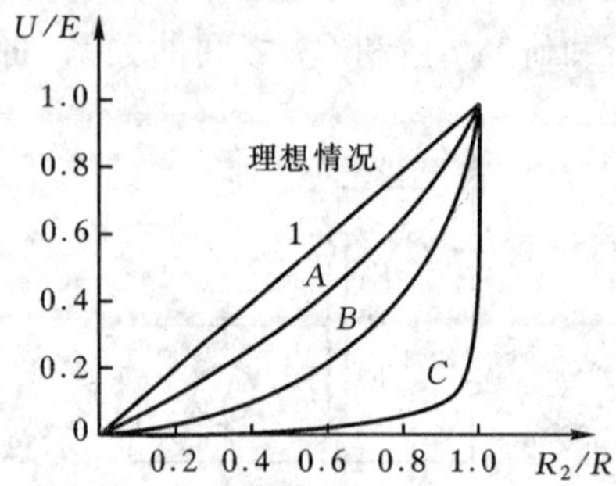

图 4-8-4

$U_{AC}=I\cdot R_{AC}$

当 $R_{fz}\approx R_{AB}$，根据电路定律则有

$$I=\frac{E}{R}=\frac{E}{R_1+\dfrac{R_{fz}\cdot R_2}{R_{fz}+R_2}}$$

设 C 在 A 点 $$I\approx\frac{E}{R_{AB}}$$

设 C 在接近 B 点　$I=\dfrac{E}{R}=\dfrac{E}{R_1+\dfrac{R_{fz}\cdot R_{AB}}{R_{fz}+R_{AB}}}\approx 2\,\dfrac{E}{R_{AB}}$

即电流可能增加一倍，显然无法保证其线性，其图线如图 4-8-4 中 B 线所示。

当 $R_{fz}\ll R_{AB}$ 时，R_{fz} 与 R_2 的并联在 AB 的很大区间其总电阻取决于 R_{fz}，并且远小于 R_1，因此 C 点在向 B 点移动的过程中，所获的分压总是很小，而 R_{fz} 的向 B 移动，使总电阻减小，电流迅速增加，更加速了它的非线性，只是当 C 非常靠近 B 点时，$R_{AB}=R_1$，已经非常小，与 R_{fz} 可比时，才能使 U_{CA} 迅速增加，其变化关系如图 4-8-4 中 C 线所示。

令纵坐标为 U_{AC}/E，横坐标 $x=R_2/R_{AB}$，$k=R_{fz}/R_{AB}$，

当 $k\gg 1$ 时，理想状态，U_{AC} 随 x 的增加呈线性增加(图线 1)；

当 $k>1$ 时，线性良好状态，U_{AC} 随 x 的增加近似线性增加(图线 A)；

当 $k=1$ 时，非线性状态，U_{AC} 随 x 的增加呈正变状态但非线性(图线 B)；

当 $k<1$ 时，严重非线性，UC 在 x 从 0 到 0.8 的范围内变化很小，而到达接近 1 的区间，变化突然加速，并迅速达到最大值(图线 C)，它在一些特殊调节(调速、调温及校正电路)电路中非常重要。

四、实验步骤

将 $R=33\ \Omega$ 的滑线变阻器与 12 V 蓄电池按图 4-8-3 接线，记录 C 点从 A 到 B 时的对应电压值。

将 300 Ω 和 1 kΩ 的滑线变阻器置换 33 Ω 的电位器，重复上述过程并记录数据。

五、数据记录及处理

1. 数据记录表格

$$U_{AC}=f\left(\frac{R_{AC}}{R_{AB}}\right)$$

R_{AC}/R_{AB}	0.0	0.1	0.2	0.3	0.4	0.5	0.6	0.7	0.8	0.9	1.0
300 Ω/33 Ω											
300 Ω/300 Ω											
300 Ω/1 kΩ											

2. 作图

以 R_{AC}/R_{AB} 为 x 轴，以输出电压 U_{AC} 为纵坐标分别画出三条图线

分析数据和图线作出相应的结论

六、思考题

1. 欲测一个冷态电阻约 500 Ω 的小灯泡的伏安特性，应选用多大阻值的分压器可以得到近似线性的分压函数。

2. 设计一个测定普通二极管伏安特性曲线的电路及分压器的参数(二极管型号参数见实验室实物)。

七、注意事项

本实验最容易出现的失误并导致烧坏元件的事故，就是把滑线变阻器的可动端与电源连接。这样在使用时，滑动端无论滑向哪一侧都有可能导致短路，将分压器烧坏，所以滑动端不得和电源连接。

4.9 电表的改装和校准

磁电系电流计(俗称表头)由于构造的原因，指针在满偏时只允许通过微安级或毫安级的电流，所以一般只能测量很小的电流和电压。若要测量较大的电流或电压，就必须进行改装，以扩大量程。经过改装后的电流计可以用来测量较大的电流、电压。改装后的电表要进行准确度等级的校验，以确定改装表读数的可靠程度。磁电系多量程表都是用这种方法实现的。

本实验属于直流电路的综合设计性实验，掌握本节内容，有利于培养学生综合思考问题的能力。

一、实验目的

1. 熟悉表头的结构和工作原理；

2. 掌握表头改装成电流表或电压表的原理和方法；

3. 用不同方法测量表头的内阻 R_g；

4. 将 1.5 级 50 μA 的表头改装成 2.5 级 100 mA 毫安表和 2.5 级 10 V 的电压表；

5. 作出改装表的校正曲线，定出改装的毫安表或电压表的准确度等级。

二、实验仪器

磁电系微安表头(1.5 级 50 μA,内阻约为 4.6 kΩ)、标准电流表、标准电压表、滑线变阻器、电阻箱、直流单臂电桥、电池、直流稳压电源、开关(单刀单掷和双掷)和导线等。

三、实验原理

常见的磁电系电流计,主要由放在永久磁场中的、由细漆包线绕制的、可以转动的线圈,用来产生机械反力矩的游丝,指示用的指针和永久磁铁组成。

当电流通过线圈时,通电线圈在磁场中受安培力作用产生的磁力矩 $M_{磁}$ 而偏转,当它转动时又产生感应电流,因此线圈又受到制动作用(有悬丝的反抗力矩,电磁阻尼力矩,以及空气阻尼力矩等),在磁力矩 $M_{磁}$ 和制动力矩 $M_{制}$ 的作用下使线圈平衡在某个位置上。线圈偏转角度的大小与通过的电流大小成正比(也与加在电流计两端的电势差成正比),而线圈偏转的角度,通过指针的偏转可以直接指示出来,所以上述电流或电势差的大小均可由指针的偏转直接指示出来。

电流计允许通过的最大电流称为电流计的量程,用 I_g 表示,这个电流越小,表头灵敏度越高。电流计的线圈有一定的内阻,用 R_g 表示。I_g、R_g 是表征电流计特性的两个重要参数。

1. 测量微安表内阻 R_g

要将微安表改装成电流表或电压表,就必须知道微安表的内阻 R_g,测量微安表内阻的方法很多,如替代法、中值(半偏)法、伏安法、电桥法等,下面介绍几种常用的方法。

(1)替代法

将待测电流计接在电路中,用标准表测出电流值,然后用十进制电阻箱代替电流计,调节电阻值,使标准表的示值保持不变,则电阻箱的电阻值即为被测电流计的内阻。电路图如图 4-9-1 所示:

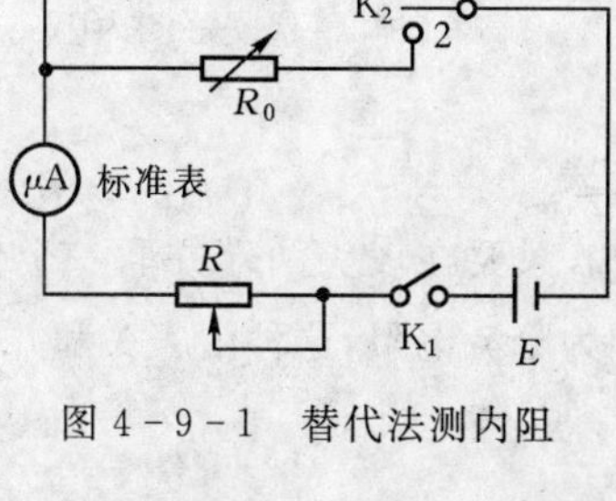

图 4-9-1　替代法测内阻

(2)中值(半偏)法

将待测电流计接在电路中,使电流计满偏,再用电阻箱与电流计并联作为分流电阻,改变电阻箱的阻值,当电流计指针指示到中间值时,且维持总电流强度不变,这时电阻箱的示值就是电流计的阻值,如图 4-9-2 所示。

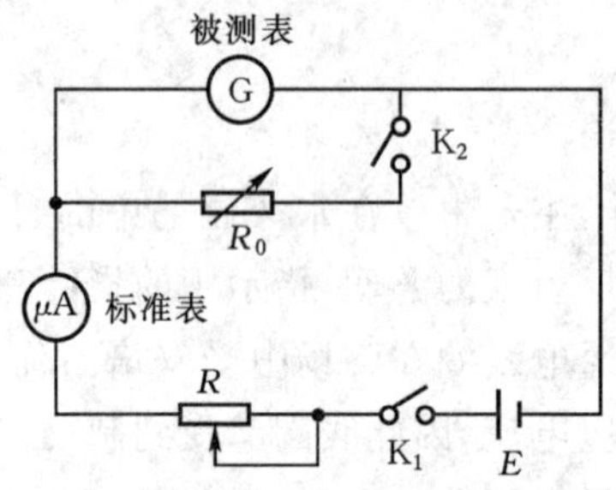

图 4-9-2　中值(半偏)法测内阻

(3)伏安法

用伏安法测电流计内阻,常用电压表和电流表来进行测量,测出流过电阻的电流和电阻两端的电压,就可以计算出内阻来。电路有两种接法,如图 4-9-3 所示,电流表内接和电流表外接,由于电流表和电压表都有一定的内阻,所以不管那种接法,都会引入一定的系统误差(方法误差),采用电流表外接是电压较准,电流不准;采用电流表内接,电流较准,电压不准。分析可知:当 $R_x \ll R_V$ 时,用外接法好;当 $R_x \gg R_A$ 时用内接法好。所以应根据实际情况,选择合适的线路。

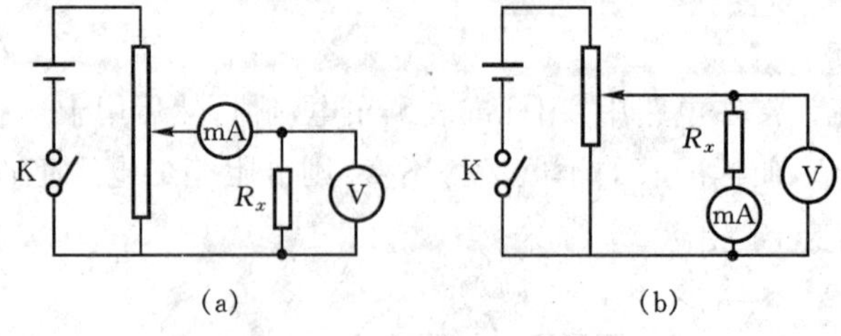

图 4-9-3　伏安法测内阻

2. 改装微安表为电流表

根据电阻并联规律可知,只要在表头两端并联一个低电阻 R_f,使超过表头量程的电流从 R_f 上流过。R_f 称为分流电阻,这种由表头和并联电阻 R_f 组成的整体(如图

4-9-4 中虚线框住的部分)就是改装后的电流表。选用大小不同的 R_f,就可以得到不同量程的电流表。如果要把量程扩大 n 倍,那么,所需并联的低电阻 R_f 为

$$R_f = \frac{R_g}{n-1} = \frac{I_g}{nI_g - I_g} R_g \tag{4.15}$$

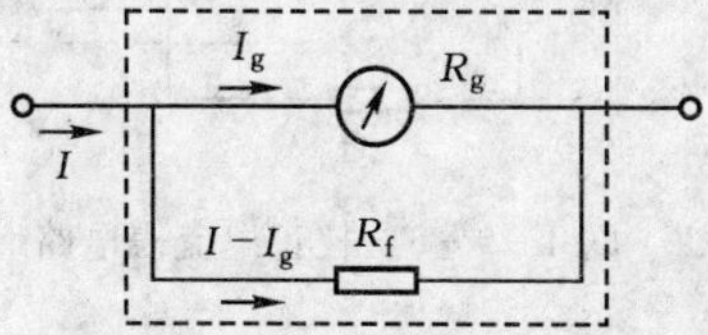

图 4-9-4　并联分流电阻改装成电流表

3. 改装微安表为电压表

根据电阻串联规律可知,只要在表头上串联一个适当大小的电阻 R_V,使超过表头所承受的电压降落在电阻 R_V 上。串联电阻 R_V 称为倍压电阻,这种由表头和串联电阻 R_V 的整体(如图 4-9-5 中用虚线框住的部分)就是改装后的电压表。选用大小不同的 R_V,就可以得到不同量程的电压表。如果要改装成量程为 U 的电压表,且 U 是表头指针达满刻度 I_g 时,内阻 R_g 两端电压的 n 倍,则所需串联的电阻 R_V 为

$$R_V = (n-1)R_g = \frac{U}{I} - R_g \tag{4.16}$$

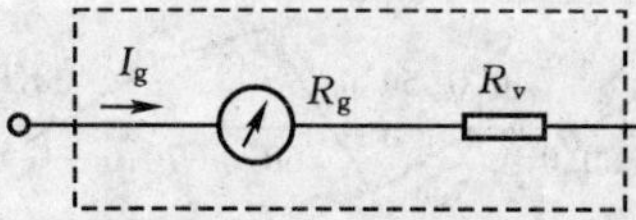

图 4-9-5　串联倍压电阻改装成电压表

4. 校准电表,确定电表的准确度等级

改装好的电表需要用量程相同的标准表进行校验,一般采用比较法。对电流表可将待校验表与标准表串联在一个电路中,如图 4-9-6 所示;对于电压表,可将待校验表与标准表并联在一个电路中,如图 4-9-7 所示。

在整个量程范围内,逐点(量程中的各个刻度)比较:第一次使被测量由小逐渐增大(上升),第二次由大到逐渐变小(下降),得出两表差值(平均值)。以待校表的读数为横坐标,以差值为纵坐标,将相邻两点用直线连接,整个图形呈折线状,即可

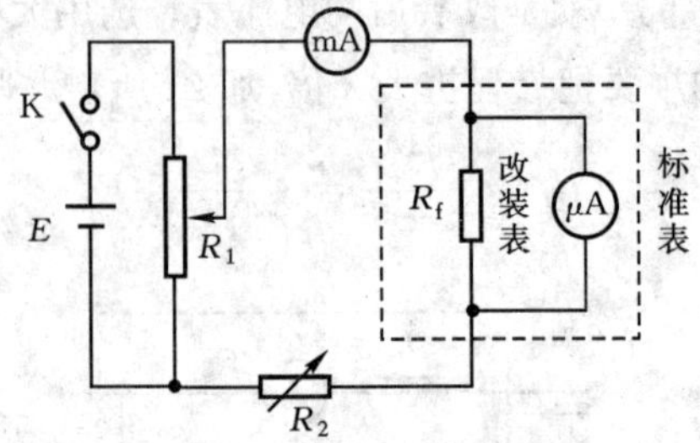

图 4-9-6　校正电流表电路

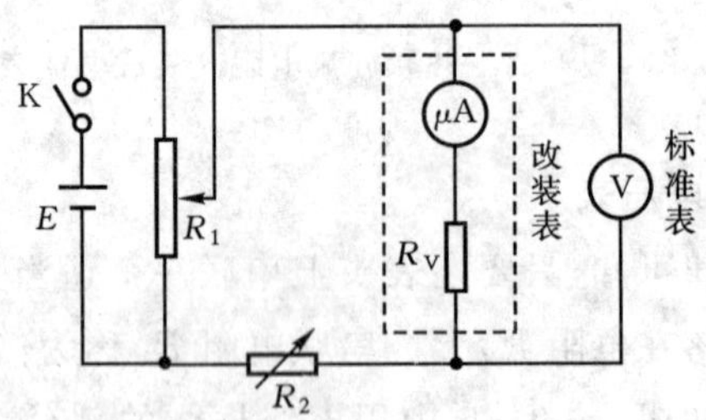

图 4-9-7　校正电压表电路

作出校正曲线(如图 4-9-8 是电流表校正曲线)。以后使用该电表时,就可以根据校准曲线对各读数值进行校准,从而获得较高的准确度了。

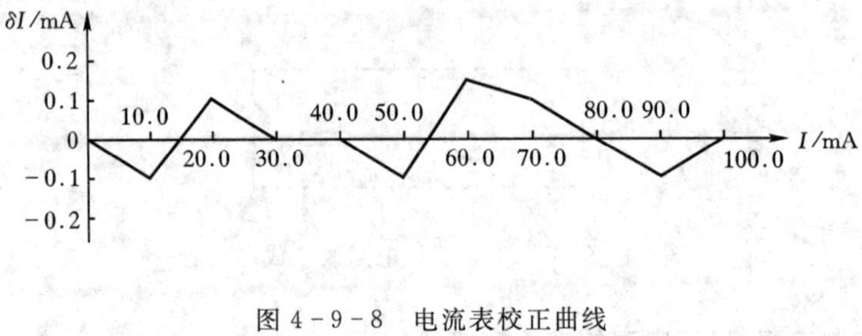

图 4-9-8　电流表校正曲线

选取图中最大的绝对误差除以量程,可以计算改装表的最大相对误差,即可定出该表的准确度等级 a。

$$\text{最大相对误差}=\frac{\text{最大绝对误差}}{\text{量程}}\times 100\%=a\%$$

一般情况下，选用的标准表和表头相差 2 个级别，改装表的级别和表头相同，改装表的级别在此范围内，则为合格。比如：标准表级别 a 为 0.5 级，表头级别为 1.5 级，改装表的准确度等级 $a<1.5$，此时改装表的级别 a 应定为 1.5 级，该表是合格的。根据国家标准中电气检定规格的条文，要得出电表合格与否的结论，对求最大基本误差的步骤还有一些更复杂的程序要求，还要对其他一些指标进行严格的检测。作为教学实验，只作初步训练，就不严格按校准程序进行了。

四、实验内容

1. 测量 1.5 级、50 μA、内阻约为 4.6 kΩ 表头的内阻

(1)用替代法测量表头内阻。

电路图如图 4-9-1 所示。测量时先合上 K_1，再将开关 K_2 扳向“1”端，调节 R，使标准表示值对准某一整数值 I_0（如 40 μA），然后将 K_2 扳向“2”端（以 R_0 代替 R_g）。这时只调节 R_0，使标准电流表示值仍为 I_0（如 40 μA）。这时，表头内阻正好就等于电阻箱 R_0 的读数。实验中要求按下面表格测量 5 次。

注意：实验过程中标准表和被测表两表示值不同步并不影响 R_g 的测量，但标准表的电流不能超过其量限。

表 4-1　测量表头内阻数据表

$I_g/\mu A$	30.0	35.0	40.0	45.0	50.0
R_g/Ω					
$\overline{R}/\Omega$					

(2)用中值（半偏）法测表头的内阻

电路图如图 4-9-2 所示，实验步骤和表格请自行设计。

2. 将 1.5 级、50 μA 表头改装成 2.5 级 100 mA 的毫安表

(1)根据式(4.15)计算出分流电阻值，并按图 4-9-6 接线；

(2)调节滑动变阻器 R_1、R_2 使改装表指到满量程，这时记录标准表读数。注意：R_2 作为限流电阻，阻值不要调至最小值。然后每隔 10 mA 逐步减小读数直至零点，再按原间隔逐步增大到满量程，每次记下标准表相应的读数于表 4-3。

表 4-3　改装电流表数据表

改装表读数/mA	标准表读数/mA			示值误差 ΔI
	减小时	增大时	平均值	
0				
10.0				
20.0				
30.0				
40.0				
50.0				
60.0				
70.0				
80.0				
90.0				
100.0				

(3)以改装表读数为横坐标,改装表与标准表读数之差 ΔI 值为纵坐标,在坐标纸上作出电流表的校正曲线,并根据两表最大误差的数值定出改装表的准确度级别。

3. 将1.5级、50 μA表头改装成2.5级10 V的电压表

(1)根据式(4.16)计算出倍压电阻值,并按图4-9-7接线;

(2)调节滑动变阻器 R_1、R_2 使改装表指到满量程,这时记录标准表读数。然后每隔1 V逐步减小读数直至零点,再按原间隔逐步增大到满量程,每次记下标准表相应的读数于表4-4。

表 4-4　改装电压表数据表

改装表读数/V	标准表读数/V			示值误差 ΔU
	减小时	增大时	平均值	
0.00				
1.00				
2.00				
3.00				
4.00				

续表 4－4

改装表读数/V	标准表读数/V			示值误差 ΔU
	减小时	增大时	平均值	
5.00				
6.00				
7.00				
8.00				
9.00				
10.00				

(3)以改装表读数为横坐标，改装表与标准表平均值之差 ΔU 值为纵坐标，在坐标纸上作出电压表的校正曲线，并根据两表最大误差的数值定出改装表的准确度级别。

五、思考题

1. 校准电表时，为什么需要将电流(电压)从小到大测一遍，又从大到小测一遍？两者完全一致或不一致，分别说明什么？

2. 校准电流(电压)表时，发现改装表的读数相对于标准表的读数总是偏大或偏小，试问要达到标准表的读数，改装表的分流电阻(倍压电阻)应调大还是调小？

4.10　非线性电阻伏安特性的研究

研究电路元件的电流随外加电压变化的关系称为该元件的伏安特性。电路中有各种电路元件，如各种电阻、电容、二极管和三极管，以及光敏和热敏元件等，人们常需要了解它们的伏安特性，以便正确地选用它们。伏安特性表达式为 $i=f(u)$，电路元件的伏安特性有线性和非线性之分。

(1)流过元件的电流随着两端电压的增加呈线性增加，两者的比值为一常量，其伏安特性是一条直线，这种元件为线性元件，如各种冷电阻。

(2)若元件两端的电压与流过元件的电流值之比不是一个常量，它的伏安特性就不是一条直线，则这种元件称为非线性元件，如白炽灯、热敏电阻、光敏电阻，二极管、三极管等。

分别测量电路元件两端的电压和流过元件的电流来研究电学元件特性的方法

称为伏安法。

伏安法的优点是仪器简单,操作方便。缺点是所用的电压表、电流表都取用测量系统的电流,造成改变电路的工作状态而产生系统误差,所以必要时应加以修正。

用伏安法研究电路器件的伏安特性,是电学实验中的基础实验。它能训练学生正确使用电学基本仪器,正确联接线路,进行电路分析和选择电学仪器。

伏安特性曲线一般以电压 U 为横坐标,电流 I 为纵坐标。对于一定的电路元件,只要流过一定的电流,就有与之对应的电压降,在伏安特性曲线上就是某点的坐标值,这个电压与电流之比是一个电阻量,这个阻值称为等效电阻或静态电阻。在元件伏安特性曲线上的某点,给电压一个微小变化量,即可引起相应电流的变化量,其比值称为动态电阻或特性电阻,当增量趋于无限小时,则与曲线在该点切线的斜率相对应,即

$$R = \lim_{\Delta i \to 0} \frac{\Delta U}{\Delta I} = \frac{\mathrm{d}U}{\mathrm{d}I}$$

通过本节实验可以使学生掌握基本电学仪器的使用及仪器误差的估算、电学实验规程、掌握回路接线法则、测量条件的选择及系统误差的修正,测量并作出非线性电阻的伏安特性曲线。

一、实验目的

1. 掌握电学仪器的使用、电学实验规程、电路接线方法;
2. 掌握电表的正确读数;
3. 掌握测量伏安特性的基本方法和伏安法测电阻的误差估算及修正方法;
4. 测绘小灯泡的伏安特性曲线。

二、实验仪器

6 V 蓄电池,电流表,电压表,可变电阻三只,小灯泡一个、万用电表等。

三、实验原理

欧姆定律是分析和计算直流电路各个参数的最基本关系的,它的最简单的形式就是“一段电路的欧姆定律”,即

$$I = \frac{U}{R} \tag{4.17}$$

不管电源如何,也不管别的任何支路,只表征一段电路的电流、电压和电阻的关系,如图 4-10-1 所示。从加在导体上的电压 U 和所流过它的电流 I,可以直接求出该元件的电阻。

为了测量电阻，可以采用图 4 - 10 - 2 所示两电路中的任何一个。

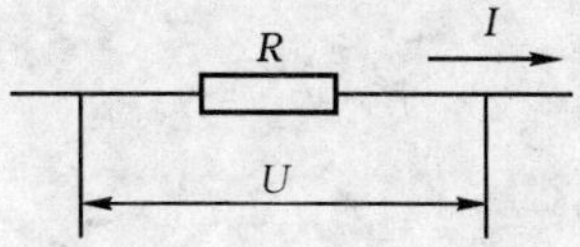

图 4 - 10 - 1　一段电路

在图 4 - 10 - 2(a)所示的电路中，电流表不仅量出了通过电阻 R 的电流 $I_r = U/R$，而且还包含了通过电压表的电流 $I_V = U/R_V$（R_V 为电压表的内阻），因而它电流表的实际电流为

$$I = I_R + I_V = u\left(\frac{1}{R} + \frac{1}{R_V}\right)$$

或者

$$I = \frac{U}{R}\left(1 + \frac{R}{R_V}\right) \tag{4.18}$$

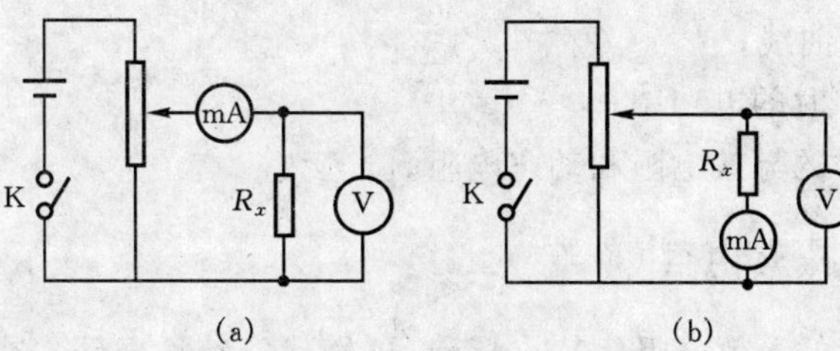

图 4 - 10 - 2　伏安法测电阻

而图 4 - 10 - 2(b)所示的电路中，电压表不仅量出加在电阻 R 上的电压 $U_R = I_R$，而且还包含在电流表上的电压 $U_A = IR_A$（R_A 为电流表的内阻），因而电压表的电压实际为

$$U = I(R + R_A) = IR\left(1 + \frac{R_A}{R}\right) \tag{4.19}$$

所以在第一种情况下，从 U/I 得出的电阻 R 数值偏小，而在第二种情况 R 数值偏大。准确的数值，必须根据(4.18)或(4.19)来计算。但是，如果在第一种情况中（即电流表外接时）$R_V \gg R$，而在第二种情况中（电流表内接时）$R_A \ll R$，那么可以不必这样来计算，可直接按 $R = U/I$ 来计算电阻值。在电压 U 和电流 I 并不太小的情况下，即当 $R_V \gg R \gg R_A$ 时，上述两个条件大多数能够满足，不论选用哪种电路都可以。

四、实验内容与步骤

1. 按图 4 - 10 - 3 接线（自选 R）；
2. 测小灯泡的伏安特性曲线；

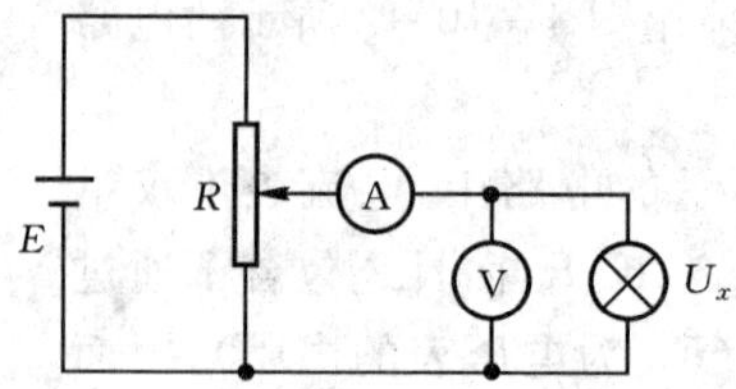

图 4-10-3　电流表外接

3. 分别用电流表内接和外接，分析两组数据差异和结果；

4. 若电路不通或有其它故障，请自己用万用表检查。

五、数据处理

1. 作 $V \sim A$ 曲线；

2. 计算 3 V 时的电功率；

3. 求 2 V 时的等效电阻和动态电阻。

六、思考及补充内容

1. 以大功率的等效电阻代替小灯泡，再做伏安特性曲线，比较两个特征曲线的差异及原因；

2. 分析冷阻和热阻的伏安特性曲线，试描述二者的区别及用途；

3. 等效电阻和动态电阻在数学和物理两种概念中有何异同。

提示

1. 本实验所配备的导线可能会有故障，所以电路若有问题，可以用万用表检查，以排除故障；

2. 配备的三个可变电阻，它们都可以做为分压器使用，但效果不同，甚至差异很大，如何选用请自己决定。

4.11　桥式电路及金属材料的电阻温度系数

金属材料由于具有良好的导电性（良导体），又有较好的机械强度和其它性能（如热稳定、化学稳定性能等），因而在电气工程（强电）和微电子工程（弱电）以及各种各类的电器中得到了广泛的应用。任何金属材料都有一定的电阻，因此无论从主动使用（利用电阻产生电热）还是积极防止（减少电阻产生的损耗）都需要对金属材料的电阻特性加以研究。

因为导体有一定的电阻存在，那么当流过电流时，有两个宏观效应是必须发生的：即所谓的电阻的热效应和电压损失。

电阻的热效应是由大量电子流在运动中的相互碰撞所消耗的能量，它以发热的形式释放出来，在数值上，它与电流的平方成正比，还和时间成正比，特别是在大电流、远距离、长时间的传输中，这一部分能量的消耗是相当大的。

所谓电压损失，是指由于导体电阻的存在，当流过电流时，该电流在线路电阻上产生的电压损失（电压降落 $\Delta U=IR$），也是不可忽略的。例如，集体宿舍的配电线路一般只考虑照明和少量小功率电器（如计算机），配电线路的截面积不会很大。若导线截面积为 10 mm^2，它们的电阻值为 1.724 Ω/km，若电线长 1 km（单相）供电电流 50 安，则电路每千米上的电压降落是 $\Delta U=IR=1.724\ \Omega\cdot 50\ \text{A}=86\ \text{V}$，若配电室出线按国家标准为 230 V，则到达宿舍只剩下 144 V，日光灯是不会亮了，计算机也无法工作（其实只要有 10 个 2 kW 的电炉同时工作，就足以造成这样的后果。至于由此引起的导线发热乃致失火，后果就更不堪设想）。可见研究和测算导线的电阻是绝对不可忽视的。

一般来说，导体的电阻率都是比较小的，例如，纯铜的电阻率只有 $1.724\times 10^{-8}\ \Omega\cdot\text{m}$，要对这样的金属材料进行电阻的测量是要用专门的仪器的。

单臂电桥可以测量电阻。如图 4-11-1 所示的电路，就是通常所说的惠斯通电桥。它是由 R_1、R_2、R_3 和 R_x 四个电阻支路与电源 E 和检流计 G 组成的一个测量电路，R 是可变电阻，用以调节电桥的灵敏度和保护电路不过载用的。适当的调节 R_1、R_2 和 R_3，可以使电桥达到一个特定状态，即 c、d 两点等电位，那么用以检测 c、d 两点电位差的检流计会出现示值为“0”。即满足

$$\left.\begin{aligned} i_1R_1 &= i_2R_2 \\ i_3R_3 &= i_xR_x \end{aligned}\right\} \tag{4.20}$$

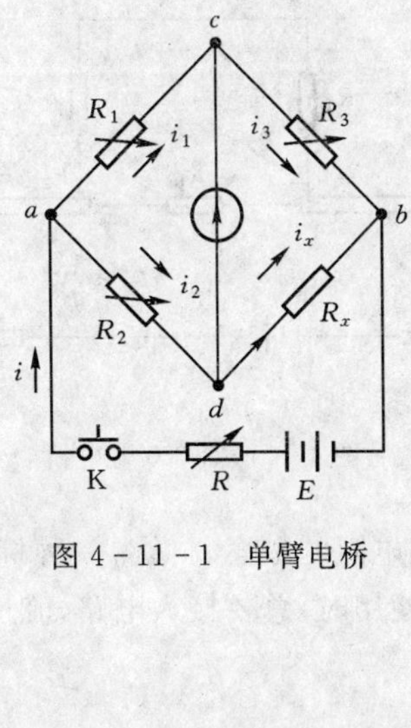

图 4-11-1 单臂电桥

由于检流计中无电流流过，所以有 $i_1=i_3, i_2=i_x$，显然有下式成立，即

$$\frac{R_1}{R_3}=\frac{R_2}{R_x}$$

未知电阻 R_x 的表达式为

$$R_x=\frac{R_3}{R_1}R_2 \tag{4.21}$$

为了使用方便，通常都把 R_3 和 R_1 的比值做成简单的倍率值，例如令 R_3/R_1 分别为 1000,100,10,1,0.1,0.01,…。而把 R_2 做成一个可以在很大范围(例如四位或五位)变化的标准电阻箱。使用时，只要把被测电阻放到 R_x 位置，以 R_x 估计位数的大小选定 R_3 与 R_1 的比值，那么调节 R_2 就可以使电桥平衡，以式(4.21)的计算式就可以很方便的求出未知电阻 R_x 的数值来。

根据需要电桥的精度可以做成不同的等级。如 0.1 级或 0.01、0.02 级等。若 R_2 是由四位十进制电阻箱组成，它就很容易得到四位有效数字。它的测量范围一般从几十欧姆到几兆欧，可以跨越 $10^1\sim10^6\,\Omega$ 约五个数量级。所以在常规测量中，它的使用非常广泛。

对于电阻很小的金属材料或导体来说，它们的阻值往往小于 10 欧姆，在这种情况下，联结仪器和被测元件本身的接线电阻，已经和被测电阻在同一数量级，再用这种电桥显然不能达到要求。为此，专门设计了一种双臂电桥(也叫开尔文电桥)，如图 4-11-2 所示。

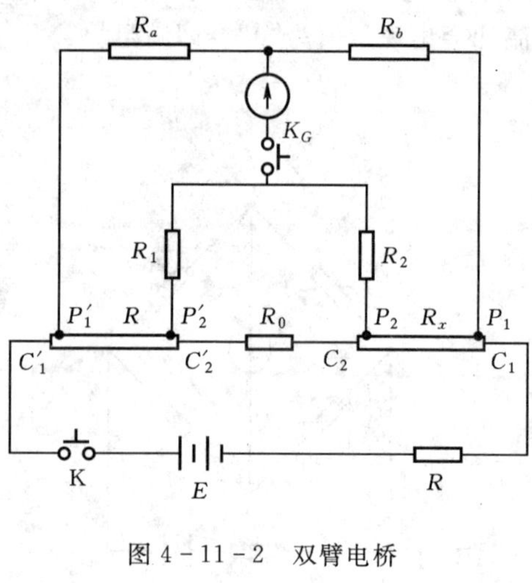

图 4-11-2　双臂电桥

这里要先引入一个四端电阻的概念。做为一种标准电阻，它的阻值必须严格控制在某个精度之内，但在使用时，总要接入电路，流过电流，这时由于接入电阻以

及电流接点接触电阻的影响，使得电阻值不够准确，为此引入一种新的结构电阻，它由四个节点组成（如图 4-11-3 所示），即 C_1、C_2、P_1、P_2。其中 C_1 和 C_2 直接和外电路相联，并且输入电流，叫做电流端。P_1 和 P_2 是根据阻值精确定位的两个点，它只能引出电位信号（电压端），不允许通过大电流，也就是标准电阻的引出端。

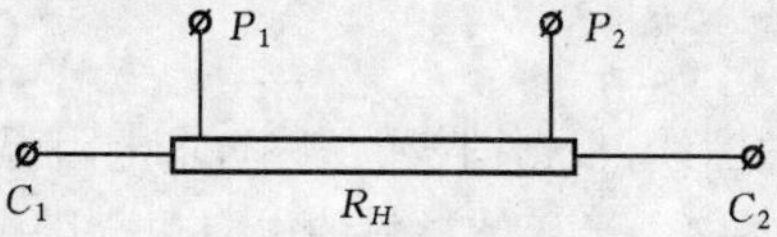

图 4-11-3　四端电阻

在图 4-11-2 中，比例臂 R_a 和 R_b 跟惠斯通电桥一样，而且阻值也比较大，从 P_1、P_2 和 P'_1、P'_2 引出线的导线电阻及 P 点的接触电阻被包含在 R_a 和 R_b 中，以及 R_1 和 R_2 中，而 C_1、C_2 和 C'_1、C'_2 的阻值都包含在电源和 R_0 的阻值之中，从而可以不考虑导线电阻和接触电阻，其电桥的平衡条件一样，而同样满足

$$\frac{R_b}{R_a}=\frac{R_x}{R} \tag{4.22}$$

所以有

$$R=\frac{R_b}{R_a}R \tag{4.23}$$

其推导过程从略。

一、实验目的

1. 学习用惠斯通电桥测量电阻的阻值；
2. 测定金属材料（或指定物质）的电阻温度系数；
3. 了解平衡指示在测量方法中的影响。

二、实验仪器

加热器（电磁炉）、惠斯通电桥、温控装置、待测样品、水银温度计、万用电表。

三、实验原理

1. 金属材料的电阻值 R_t 随温度的升高而升高，在常温条件下它们近似满足如下方程

$$R_t=R_0(1+\alpha t)$$

R_t 是某温度时的阻值。R_0 是该物体在 0℃ 时的阻值，α 是该材料的电阻温度系数（在常温和 Δt 不大的范围内，它近似是个常数）。t 是测量时的温度。

将材料（样品）置于加热器中，缓慢加热，并在某些特定温度下稳定一段时间，测定不同温度下的阻值，根据

$$\left(\frac{R_t}{R_0}-1\right)=\alpha t$$

做图线，根据图线的斜率，求电阻温度系数。

2. 半导体材料的电阻也会随温度变化，只不过多数材料的电阻温度系数是负的。就是说，随着环境温度的升高，试样的电阻值会降低。而且它们的关系不是线性的，即

$$R_t = R_0 e^{\frac{\beta}{T}}$$

一般可以对应做出 $R=f(T)$ 的图线，并据此做出电阻温度计。

3. 桥式电路之所以精确度高，有两个特点是重要的：其一，当电桥平衡时，其结果和电源稳定性无关，就是说，电桥平衡否以及测量结果与电源无关。其二，影响测量精度的因素主要取决于指示仪表的灵敏度。事实上，检流计（cd 支路）中电流为 0 是理想状态，而在实际测试中，只要 I_G 小于某一个值，检流计就测不出来，显然，检流计的灵敏度的高低直接影响电桥平衡的精确度。

四、实验内容

1. 用 QJ24 单臂电桥测量几个固定电阻，以熟悉它的使用。

2. 测绘金属丝的电阻温度曲线。将金属丝置于测温杯中，然后开启加热器，观测水温或油温变化，待温度升高 5℃左右，停止加热，使温升减慢，直到稳定不变（至少 3 分钟内温度计示值不变），立即用电桥测出与之对应的电阻值。如此记录不同温度下的电阻值，直到温度升至 90℃。（注意：测温间隔大约 10℃左右）

3. 测绘半导体热敏电阻的电阻温度特性曲线，方法同二。

五、数据记录及数据处理

1. 记录 3 个固定电阻的测量值；

比率值　　　　；电阻盘示值　　　　；$R=$　　　　。

2. 记录金属电阻的电阻温度变化；（$\Delta t \approx 10$℃）

t/℃								
R/Ω								

3. 记录半导体热敏电阻的 $R=f(T)$ 数据；

t/℃								
R/Ω								

4. 分别作出金属材料的 $R=f(T)$ 图线和热敏电阻的 $R=f(T)$ 图线。注意图线大小和比例。

5. 对曲线进行数据处理(若有必要应变换成直线),从图线上求出 α 和 β。

六、报告要求

1. 计算所测量样品的电阻温度系数;
2. 确定 R_0 并写出 $R=f(T)$ 的表达式;
3. 估算误差,分析误差产生的原因;
4. 设计一个电阻温度计,并列出它的可行性和优缺点。

七、思考题

1. 桥式电路的优缺点;
2. 影响桥式测量精度的因素,提高精度的方法。

4.12　金属材料的电阻率的测定

一、实验目的

1. 学习低电阻的测量方法;
2. 测定金属材料的电阻率。

二、实验仪器

QJ44 双臂电桥、样品、专用测试架及专用导线、千分尺、米尺。

三、实验原理

根据欧姆定律,导体的电阻与长度成正比,与截面积成反比,即

$$R=\rho\frac{L}{S}$$

按照国家标准,电阻的长度 L 用 m 计量,截面积用 mm^2 计量,电阻率的单位是 $\Omega\cdot mm^2/m$(欧姆毫米平方每米)。

在有些手册中,也有用 m^2 来计量截面积,在这种条件下,电阻率的单位变成 $\Omega\cdot m$(欧姆米)

由于这项测量对接线要求较高,所以做为一个标准测量,应该使用一个专用的测量支架,如图 4-12-1 所示,将试样 A 穿入支架中,保证其平直无弯曲,将 C_1、P_1、P_2、C_2 紧固并引出专用的导线与双桥对应端连接,C_1C_2 导线应当粗一些,其接触面也应是够大且紧固可靠,而 P_1P_2 则要准确定位以正确测定 L 的量值。

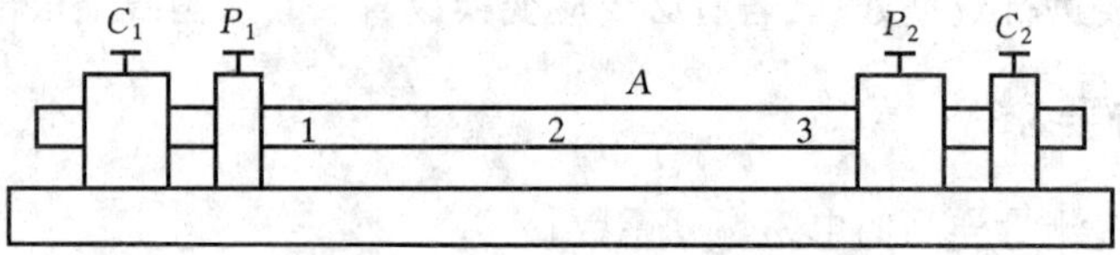

图 4-12-1　电阻测量支架

用千分尺在样品 A 的不同部位(A_1、A_2、A_3)和同一部位的不同方位测量其直径(以准确判定其截面状况)。

每个四端电阻(小阻值的标准电阻器)的电流端(C)和电压端(P)不可接错,否则该电阻器的示值无效。

四、实验内容

1. 将样品固定在支架上,并联结导线(不可用错);
2. 将电路接通,调节电桥示零调节和灵敏度调节(初学者灵敏度可低一些);
3. 调节 QJ44 示值(由比率盘和 0.01 盘、0.001 盘)直到电桥平衡,并记录电桥示值;
4. 关闭电桥内部之电源;
5. 测量样品各部位的几何尺寸。

五、数据记录及处理

1. 实验开始时的室温和结束时的室温;
2. 样品的电阻值及外形尺寸;

$R_1=$　　　;$R_2=$　　　;$R_3=$　　　。

位置 / 直径	A_1	A_2	A_3
d_1			
d_2			
d_3			

$L=$　　　　　。

3. 电阻 R 值在不同接线条件下分别测 3 次,并求平均值;
4. 计算和比较 d_{A1} 及 Δd_{A1}。(其余 $d_{A2}=\overline{d_{A2}}\pm\Delta d_{A2}$,…)以评价样品的椭圆度;计算和比较 A_1、A_2、A_3 及 $\overline{A}\pm\Delta A_n$,以判断该样品的直径在拉制过程中的均匀性。
5. 计算出测试环境条件下的电阻率;
6. 根据 ρ 的计算值,判断它是什么材料。

六、报告要求

1. 材料外观的评价(表面及几何形状);
2. 误差计算

d_i 及$\overline{d_i}$　　$\sigma_d=$　　,多次测量 $n=9$

L　　$\Delta L=$　　,单次测量 $n=1$

R　　$\Delta R=$　　,多次测量 $n=3$

3. 报告电阻率检测结果:$\rho=\bar{\rho}\pm\Delta\rho$

七、思考题

1. 比较两种电桥及两种测量方法的特点;
2. 四端电阻适用于什么阻值范围的器件?为什么?

4.13　直流电位差计的应用

直流电位差计是应用补偿原理对电路参数进行精确测量的常用的仪器,它的高精度测量表现在以下三个方面:

(1)采用了补偿原理,实现了不改变原电路工作状态的测量,消除了普通电表接入被测电路时的接入误差;

(2)采用了高精度的电阻所产生的电压降来进行测量;

(3)采用了高精度的标准电池在每次测量前进行标定,所以就是在电源精度不高的条件下,也可以做到高精度测量。

直流电位差计直接标出的是电位差,它的结构有伏特级的普通型和毫伏级的低电势型,还有交、直流之分。考虑到电学量及非电量的变换,它实际可以测量和标定的物理量可以扩展到电流、温度(高、低温)、压力、速度等各个领域。

UJ31 型是一种常用的低电势电位差计,它的量限可以从 0～160 mV。最大可以达到 6 位有效数字。UJ31 型电位差计的电路原理图如图 4-13-1 所示,它的结构可以分为电源、标准和测量三部分。

电源部分由总电源 E,主电路调节电阻 R_P(由可变电阻 R_1、R_2、R_3 串联组成),总电源开关 K 及标准电阻 R_s 和测量电阻 R_x 串联组成。R_s 和 R_x 要求高精度。而 R_1、R_2、R_3 要求有高稳定性。

校准部分由标准电池 E_s 经测量机构 K_2、检流计 G 及按钮开关(粗细两档)与标准电阻 R_s 联接。

测量电路由被测量 E_x 经测量机构 K_2,检流计 G 及按钮开关(粗细两档)与测

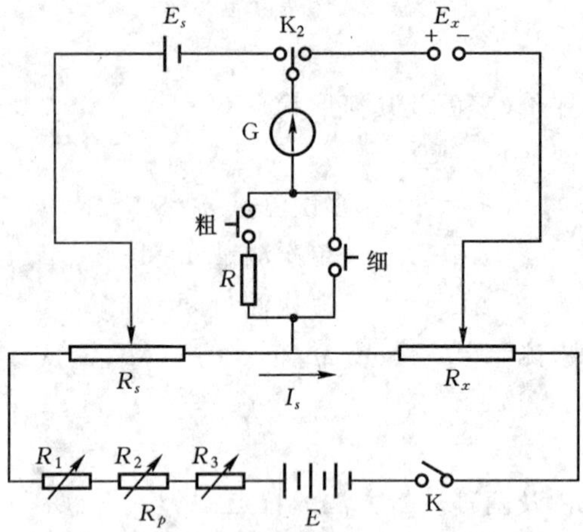

图 4-13-1　UJ31 型电位差计电路原理图

量电阻 R_x 联接。

电位差计的调整与测量过程如下：

电位差计的校准：先接通总电源开关 K，主回路中有电流通过，改变 R_1、R_2、R_3 三个电阻的阻值，可以分别以粗、中、细三种方式来改变电流。这样就使流过 R_s 和 R_x 的电流改变。

假定在设计时，按照 $I_s=1$ mA 规定，而 R_s 的阻值在 1010.00 Ω 到 1020.00 Ω 范围内连续均匀可调。R_x 的阻值为 170.000 Ω。如果能够把电流稳定地标定到 1.0000 mA，那么在 R_x 上可以产生 0～170 mV 的电压降，这样由于电阻值可以做到精确稳定，那么能否调节并保证稳定不变的 1.0000 mA 的电流就成了校准的关键。

标准电池 E_s 是一种精确的电压标准量具，常用的液态标准电池如图 4-13-2 所示，在 H 形的玻璃管内，分别从汞(正极)和汞齐(负极)引出电源线，再分别充入

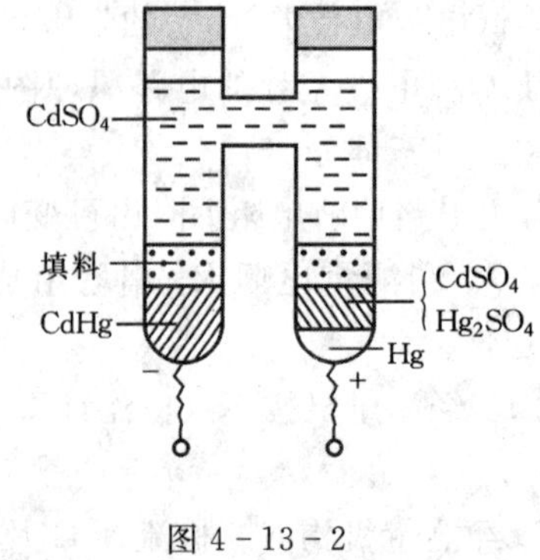

图 4-13-2

硫酸铬和硫酸汞的化合物，在 20℃时它可以提供电势为 1.01855～1.01868 V 的标准电势，这个电势受温度影响，它的方程为

$$E_s = E_{20} - 4 \times 10^{-5}(t-20) - 10^{-6}(t-20)^2$$

每一个标准电池出厂时都标有自己特定的 E_{20} 值，每次使用时都要根据该电池的 E_{20} 和当时的室温，计算出相应的 E_t 才能使用，

校准时，应先将 K_2 转向标准位(E_s)，调节 R_s 转盘至计算出的 E_s 值，这时可以轻轻点动粗调按钮，看电流计 G 的偏转，再调节相应的 R_p(先粗后细)直到检流计不动，再按下细调按钮，继续调节 R_p 的细调，直至检流计精确指"0"，此时主回路电流值已达到出厂标定的 I_s 值，与此相应的在 R_x 上所产生的电压标定值已准确无误，至此校准完毕，可以进行测量。

测量：将待测电压接到 E_x 端子，按粗调按钮并调节 R_x(一般 R_x 由粗、中、细三个电阻盘组成)，再细调直至检流计示"0"，在 R_x 刻度盘上就可以读出被测的电位差值。

应该注意的是，由于本仪器属精密测量，而本身又未对电源提出更高的要求，虽然本仪器耗电极少(毫安级)，但还是可能产生误差。为了防止由于电源不稳定产生的误差，可以采取校准→测量→再校准的测量程序，即先校准，再测量，测量完毕再复校，若平衡良好，说明仪器电源状态未变化，测量有效。

一、实验目的

1. 学习补偿原理，学习使用电位差计进行精确测量；
2. 了解温差电现象，并用热电偶测温度；
3. 测定锡的熔点。
4. 在 0℃～100℃范围内校验铜～康铜热电偶的温差电势。

二、实验仪器

UJ31 型电位差计，标准电池，灵敏电流计，电热锡锅，热电偶，6 V 蓄电池。

三、实验原理

1. 热电偶

根据物性学理论我们知道，当两种不同的金属焊接在一起并且组成一个闭合回路时，若两个焊节点的温度不同，回路中将产生电流。若将一个支路断开，在这个断开点将会有电势差出现，这种由于两种材料结合且因为温度差存在而产生的电势叫做温差电势。当材料一定时，这个电势的大小将只决定于温差大小，并且保持严格的函数关系。这种由两种金属组成的测温元件叫做热电偶，它已经成为一

种常用的测温元件，如图 4-13-3 所示。

由 AB 两种金属在 K_1、K_2 两点焊接，若 K_1 和 K_2 所处的温度不同，在 B_1 和 B_2 点就会出现温差电势。

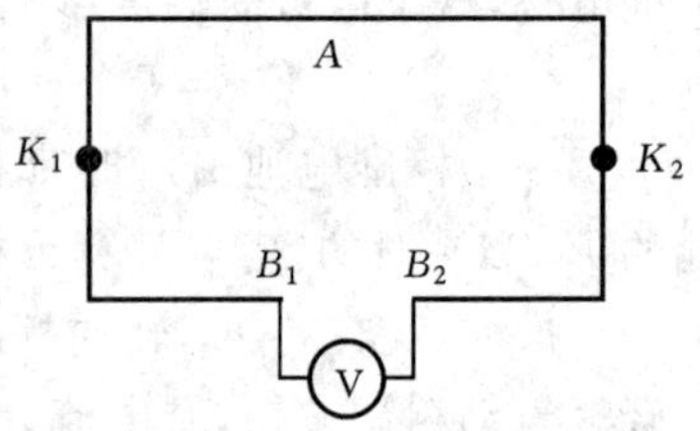

图 4-13-3

热电偶常用的材料有铂铑合金-铂(负极)，镍铬合金-镍铝(负极)，铜-康铜(负极)多种，铂铑-铂热电偶测温区较高，适用于大于 1000℃的范围，而铜-康铜多用在中间区，适用于 200～600℃，获 1000℃以下的范围。

2. 用热电偶测量金属锡的熔点

实验装置如图 4-13-4 所示。

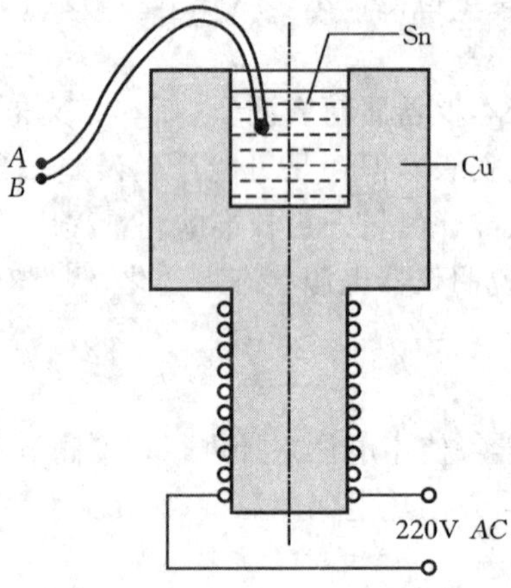

图 4-13-4

在铜制的加热器中放入锡，并将热电偶的高温端放入其中，将其低温端 AB 接入电位差计的待测电势 E_x 端，常温下 $U_{AB}=0$。给电热丝通电后，铜容器升温，U_{AB} 从 0 增加，当温度升高到锡的熔点时，由于锡是晶体，它有固定的熔点，所以它从开始熔化时会保持温度不变，直到全部熔化之后才会继续升温，U_{AB} 又会继续增加，而温差电势保持不变的这一数值所对应的温度，就是锡的熔点。

3. 检验铜～康铜热电偶的温差电势

利用温控器(见仪器卡)对不锈钢杯中的水加热，自室温到沸腾，每 10℃ 测一次温差电势，与理论值做图线(x-温度、Y-热电势)。计算其误差。

四、实验步骤

按照图 4-13-5 将 UJ31 型电位差计接入电路。

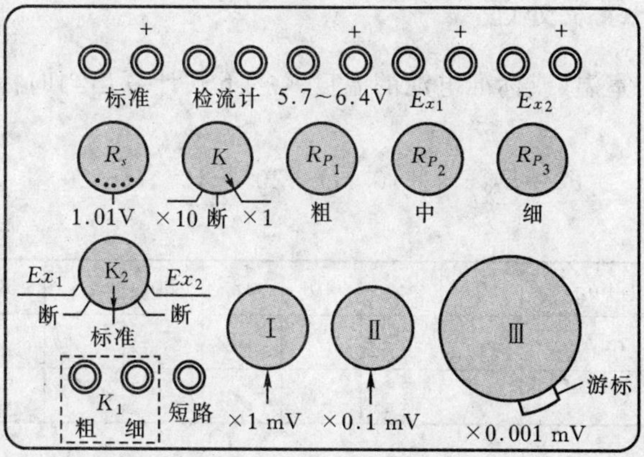

图 4-13-5

标准电池接入“标准”插口

检流计接入“检流计”插口

蓄电池接入“5.7～6.4 V”

U_{AB} 接入“E_{x1}”

将 K 指向 X_1，K_2 指向标准，按照 E_s 的修正公式算出室温下标准电动势的值且 K_s 指向该数值。

点动粗调按钮，检流计将偏转，先粗调 R_{p1} 使检流计偏转减小，并依次调节 R_{p2}，R_{p3} 直至检流计不动，此时可再按动细调按钮，直到检流计再次平衡，示值指“0“，说明电位差计已校正好可以测量。

将 K_2 扳向 E_{x1}（未知 1），迅速调节Ⅰ、Ⅱ、Ⅲ三个度盘，并依次按动粗调按钮，直至检流计不动。

再次校准电位差计，若检流计仍平衡，说明校准未变，记录Ⅰ、Ⅱ、Ⅲ三个度盘的示值，即所测得的未知电位差值(热电偶的电势差。从数据表（或 $t=f(U_{AB})$）之图线查出对应的温度值。至此一次测量完成。

给加热器加电压，使锡块升温到某一定值（例如加热 5 分钟）待其稳定几分钟（实验者自定）重复步骤 3、4、5，反复校准和测量，测量第二阶段的热电势，查出对应的温度。

如此每隔 5 分钟，加热测量一次，记录结果直至加热后 E_x 不变，此时锡块开始熔化，根据金属有固定熔点的理论，熔化继续而温升停止，并保持一个相对稳定的值，这就是该金属的熔点。若继续加热，直到固态的锡全部熔化之后才会继续升温。

五、数据记录及处理

测量当时的室温(或标准电池的温度)，按下式计算出当时标准电池的标准电动势 E_s。

$$E_s = E_{20} - 4\times10^{-5}(t-20) - 10^{-6}(t-20)^2$$

$E_x = f(t)$

时间/min	0	5	10	15	20	25	30	…
E_x/mV								
t(℃)								

以时间为横坐标，以温度为纵坐标，作锡的升温曲线，找到其开始熔化到全部熔化后再次升温的坪特性，即可确定锡的熔点。

六、思考题

1. 电位差计可以用来对电位差进行精密测量的依据是什么?
2. 如果只进行一次校准就连续测量，并不再进行复核校准会有什么弊端?
3. 比较电桥与电位差计都可以进行精密测量的异同点。
4. 试设计一个用电位差计测量电阻的方案。
5. 如果要用电位差计校准电压表，应如何设计电路及测试方案。

七、注意事项

1. 标准电池必须严格按规定使用；不准摇动，必须保持静止；只能接入电位差计的 E_s 电路，不允许用电压表测试其电压值；在任何情况下，不能独立作电源使用。

2. 电位差计在不使用状态，或一次完整的校准→测试→校准过程完成后，所有开关均应在“断”的状态下，只有开始使用时，才可以从“断”移到相应的位置。

3. UJ31 低电势电位差计所使用的电源应该在 5.7～6.4 伏之间，超出次范围不能正常工作。

4. 由双层玻璃杯中的水、冰共融状态构成的简易水的三相点装置，可以得到 0℃的温度，做为热电偶的冷端温度基准，在实验过程中，必须始终保持水冰共融。

4.14　用稳恒电流场模拟静电场

场是物质存在的一种特殊形式，它在无穷的连续空间中有相应的确定的客观存在。为了确定和表征场的量值，人们曾用多种方法对其进行测量和分析，但是，任何测量元件或机构的进入，都会使其产生一定的畸变而失去原始状态。所以，至今对各种场(电场、磁场、引力场等)也多只停留在理论分析和数学表征，真实的测量也多停留在一些近似的描述。

静电场是静止电荷产生的电场，是指不随时间变化的电场。在现代科研或生产中，常常需要确定带电体周围电场分布情况。场分布的确定可通过计算或测量得到。但由于带电体形状一般较为复杂，大多难于找到它的数学表达式，计算也很复杂。而直接测量电场分布又十分困难(由于静电场中无电流，对磁电系仪表不起作用。另外，电表或其它探测器的置入导致被测场畸变)。于是人们在测量中常采用模拟法，本实验是用恒定电流场模拟静电场。

根据模拟法的适用条件，我们可以用稳恒电流场来替代静电场:均匀导电媒质中稳恒电流的电流场与均匀电介质中(或真空中)的静电场具有相似性。因为电流场与静电场虽然是两种不同性质的场，但根据麦克斯韦电磁场理论可知，在均匀连续的媒质中，只要它的基本参数(μ,ε)已知且不变，那么下列关系式成立

$$\overline{j} = v\overline{E},\quad \overline{B} = \mu\overline{H},\quad \overline{D} = \varepsilon\overline{E}$$

也就是说，电流密度矢量和电位移矢量与电场强度矢量可以通过一定的数学形式把它们联系起来。而且，在相似的场源分布和相似的边界条件下，它们的解也具有相同的数学形式。所以电位移矢量、电流密度矢量、磁感应强度矢量及场强矢量、磁场强度矢量都存在着模似测量的可能性。因此我们可以用稳恒电流场来模拟静电场，即用稳恒电流场中的电势分布模拟静电场中的电势分布。

在实验室中，电流场很容易建立，模拟法的适用条件也较容易满足。因此，用电流场来模拟静电场是了解和研究静电场的最方便的方法之一。

一组带电电极产生的电场，其状态不论在空气(或真空)中或者在电解质中都相同，因为在这样一种介质中并不出现足以使电场发生畸变的空间电荷，也就是说，除电极外，没有场的源头和尾闾存在。因而这就成为探索电场分布情况时所常用的一种比较方便的方法，例如，电子管中和电子光学仪器(电透镜)中的电场。

在恒稳电流场中，只要引入的探测元件满足一定的条件，它对场的分布所产生的影响是可以忽略不计的。我们设想用一个连续均匀的媒体所建立一个稳定的电流场，在这个电流场中就存在着稳定的电位分布，我们可以用细小的探针找到它们所有电位相同的位置，并将它们连接成面叫等势面。通常情况下，电场分布是在三

维空间中，但应用水（或导电纸）进行模拟实验时，测出的场是在一个平面内的分布，因此等势面就成了等势线。再根据等势线与电力线处处垂直的关系，即可画出电力线，而这些电力线上每一个点的切线方向，就是该点的电场强度矢量 $\boldsymbol{E}$ 的方向。从静电场理论可知，电力线可以形象的描述电场强度分布，电力线密集的地方，电场强度大，而该点的电力线方向正好和场的方向一致。这样，通过稳恒电流场的等势线和电力线就能形象地表示静电场的分布情况。

为了正确的画出电力线，就要对等位线做出选择，等位线画的就要有规律。从场的知识我们知道，凡是等位线是直线分布的地方，它的场强就是均匀的；同时等位线的曲率半径愈小，场的变化愈大；而稳定不变的曲率半径，表征场强分布不变。

根据上述关系，我们做出如下约定：

(1)选用的介质一定要均匀连续，要有合适的电导率（不可太大），它可以产生一个稳定的电流场，只要电势源稳定不变，则电流场也稳定不变。

(2)用导电率较高且细小的探针置入电流场中不会引起电流场的明显改变，关键是找等电势点，而它本身无源，又不取用能源，所以没有能量传递，只要探针足够小这一点是容易做到的。

(3)等位线的选取要求电位梯度不变，规定相邻两等势面间的电势差都相同，为了连线方便，点子尽可能的密一点，电位差小一点，多画一些等位线，这样画电力线也就方便准确一些。

(4)对于不同电极形状，通过分析找出电力线的起点，以此起点（方向是由高电位指向低电位的方向）向下一个等势线引垂直正交的射线，找到等势线与电力线正交的点，最后将这些点用曲线板联成光滑的曲线，按照由高指向低电势的原则确定电力线的方向，就可以完全描绘出一个完整的电力线分布图，从而形象地描绘出静电场来。

一、实验目的

1. 了解模拟法实验及其适用条件；
2. 加深对电场强度和电势概念的理解；
3. 描绘静电场的分布，学会由等位线到用电力线描绘电场分布的认识过程；
4. 学习用图示法表达实验结果。

二、仪器用具

平底玻璃盘一个，不同形状的电极，探针 4 个，静电场描绘仪，检流计，气泡水准仪，毫米方格纸。

三、实验装置

图 4-14-1 是以自来水为电介质测绘电流场分布的实验装置图。图中 C、D 代表两个电极，电极最好用黄铜制成，因为通电时它不会受到显著腐蚀。A、B 是两只装有绝缘柄的金属尖针。

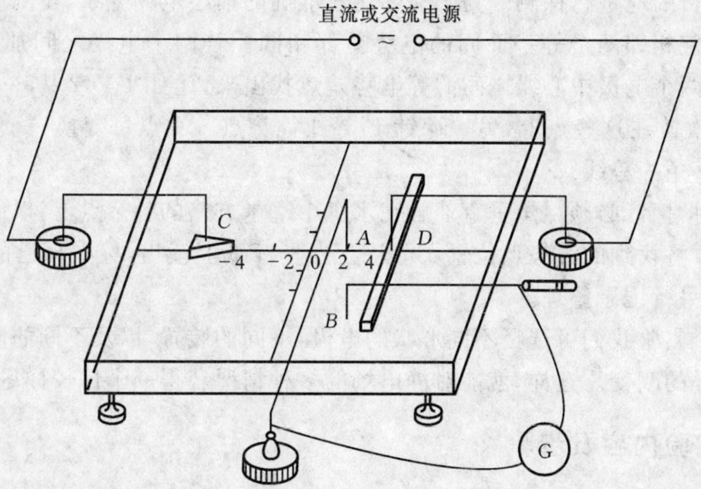

图 4-14-1　静电场模拟实验装置

供电电源，可以使用交流电，也可以使用直流电。用交流电有一个优点：交流电不会使电极上有任何物质被分解出来。电极与交流电压接通后，虽然电压将随时间而变化，但由于电极形状和周围介质不变，所以电场只有整体强弱的变化，而等势线、电力线的分布不会改变。

本实验中所用的电源为静电场描绘专用电源，如图 4-14-2 所示。电压置于“校正”档时，输出 9～15 V 的直流电压。

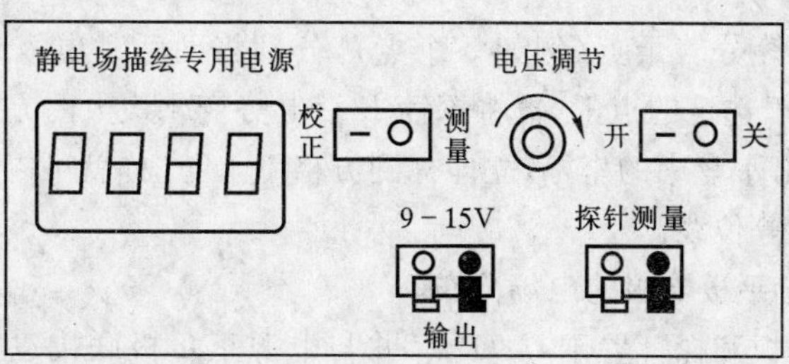

图 4-14-2　静电场描绘专用电源

首先,将水盘调节水平,最简单的方法是用水准仪在相互垂直的两个方向上进行观察。再将电极置于盘中相应位置,给盘中注入清水,深度约 5 mm,将电源与电极相连,电源提供一定电压的直流电,这样在两个电极间就建立了稳定的电流场,同时也就建立了一个稳定的电位分布。

测量前,先分析一下电极周围等势线可能具有的形状,对等势点的位置作一估计,然后有目的地进行探测。为了能够比较准确的描绘电场分布,在测量(描绘)等势面时,规定相邻两个等势面间的电势差都相同。若两个电极之间加上 10 V 电压,应先将两个电极中心线之间的等电势差点找出来,比如 1 V,2 V,…,9 V,然后探针 A 依次放在这些点上,另一探针 B 寻找等势点。A 点每变换一个位置,便可相应测出一条等势线。

测量时,探针必须尽量垂直地触在水盘中毫米方格的各个点上,以便获得正确的电势值。将找到的等势点位置立即从盘内坐标纸上读出,标在自己的毫米方格纸上,不必另行记录整理。

对这个实验我们可选择不同形状的电极,不同的装置,以及不同的电压关系来做各种各样的改变。这样,就能对静电场的多种情况获得一个比较详尽的认识。

四、实验内容及步骤

1. 测绘两个点电荷的电场分布

按图 4-14-1 将 C、D 两个探针电极置于水盘中+5、-5 两点,与电源正负相联,接上 10 V 的直流电压。

方法一

A、B 两探针分别与电源中的“探针测量”相接,测量时,电压应置于“测量”档。

A 探针置于 C、D 连线上的 1 V 处,探针 B 在盘中找 1 V 的等势点,从水盘中读出该点坐标,立即标在自己的坐标纸上(2∶1),依次找 2 V,3 V,…,9 V 各等势点,再用曲线板分别画出 1 V,2 V,3 V,…,9 V 的等位线。

方法二

在 CD 之间等分若干点(例如 5 个点),分别将两活动电极 A、B 与检流计连接,将 A 探针置于选定的点上,再将探针 B 沿电势变化最大的方向,多次往返移动找到等势点,读出水盘中的坐标,立即标到方格纸上,这样就可以测得一组等势点,再用曲线板联成等位线。

2. 描绘点与平板电极的电场分布

分别用金属板和探针置于 C、D 点,并与电源正负极联接建立稳定的电流场,再用上述方法找出等势点并连成等势线。

五、报告及数据处理

1. 根据电力线与等势线正交的概念，描绘电力线。

方法一

对于点电荷，我们知道，孤立的点电荷周围的等势面是一些同心圆，所以可以在 C(或 D)点周围做一个小圆，若 $r \ll L_{CD}$，则可以近似认为它是弧立电荷，其电力线是均匀对称的射线，可以均匀等分画出 n 条向外辐射找到交点，再从该点向下一个等势线做射线找到交点，依次做下去就会出现一系列只正交的点，将它们用曲线板光滑联接，直至每一个电荷 D(或 C)形成一根有头有尾的电力线。

方法二

对于条形电极来说，在静电平衡状态下，导体表面是等势面。所以，在条形电极附近等势线近似为直线，场强基本上是均匀的，电力线也是均匀的，此时可以在条形电极上均匀 10 等分，作为电力线的起点，画出电力线。

2. 说明画出等势线的依据。

3. 根据电力线的分布，说明电场分布的特征和规律。

4. 解释或分析，若盘不平会出现什么现象？

5. 比较两种方法的差异或优缺点。

六、注意事项

1. 不要将 C、D 两电极相碰或同时触及同一导体，以免电源短路；

2. 探针 A、B 必须垂直插入水中，移动时，也应保持和水面垂直；

3. 在导体的端点处(即等势线发生弯曲的地方)应多找几个等势点，即探测点应取密些。

4.15　霍尔效应与磁场测量

如图 4-15-1 所示，在一块较薄的金属板中沿 x 方向流过直流电流 I，又沿 z 的正方向施以均匀磁场，根据洛仑兹的理论，运动电荷在磁场中受力，这个力的大小 F 为

$$F_B = evB$$

它的方向与安培力一致，符合左手定则。显然在洛仑兹力的作用下，定向运动的电子会向 y 轴负方向移动并集中，导体上下也将分别出现过剩的正负电荷并产生一个电势差，电荷的积累又会形成一个自

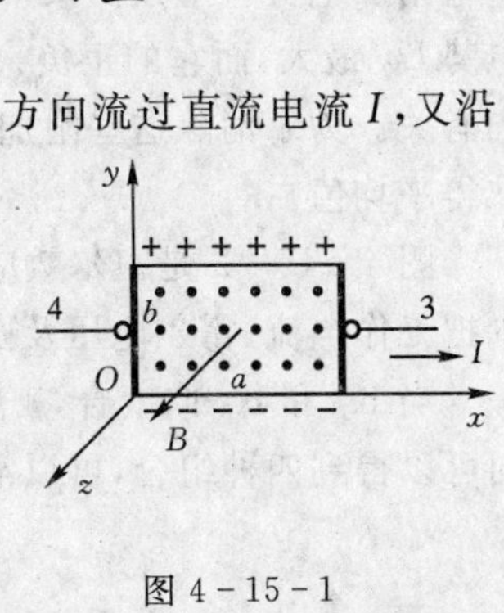

图 4-15-1

上而下的静电场，电场力正好与洛仑兹力相反。当电流和磁场一定时，形成的洛仑兹力是定值，但电场力最初为零，后来随电荷的增加而增加，当这两个方向相反的力相等时，电荷在 y 方向受的合力为零，形成了固定的电荷积累。

$$F_e = eE = e\frac{U}{b}$$

设导电板的长×宽×厚($x\times y\times z$)分别为 $a\times b\times d$。当 $F_e=F_B$ 时有

$$evB = e\frac{U}{b}$$

$$U = vB\cdot b \tag{4.24}$$

导体中流过的电流与电子速度有关系式

$$I = e\cdot n\cdot vbd$$

则

$$e=I/nbdv$$

代入(4.24)式得

$$U=\frac{IB}{ned}=KIB$$

这个现象是美国科学家霍尔于 1879 年发现的，所以这个电压就叫做霍尔电压，这种效应就叫做霍尔效应。霍尔效应在普通导体中不太明显，直到上世纪半导体器件大量出现，且又有可能做成载流子密度适当的很薄很小的半导体元件时，霍尔效应才得以推广和应用。

$$U_H = K_H IB \tag{4.25}$$

U_H 和 K_H 分别叫霍尔电压和霍尔系数。从式(4.25)中不难看出，霍尔电压和流过霍尔元件的电流及正交磁场成正比，其比例系数——霍尔系数表示单位磁感应强度和单位电流下的霍尔电压值，显然在同样 I、B 条件下，K_H 越大，产生的霍尔电压也就越大。它的单位是 mV/(mA·T)。

实用中的霍尔元件，由于材料的不均匀性，制作工艺及材料的不对称等因素，会引起整个霍尔片的温度不均匀，电极引线的不等电位的现象，这些现象都会产生一些附加电势。上述因素中以图 4-15-1 中电流端子 3，4 的不对称产生的附加电势 U_0 最大，而它的正负直接受电流 I 的控制，其余附加因素有些也和 I、B 的取向有关。为了消除这些附加电势的影响，通常以改变 I 和 B 的方向来多次测量，取得平均值。

图 4-15-2 是霍尔效应实验仪的原理接线图，由三个换向开关 K_1、K_2、K_3 分别把工作电流、霍尔电压及励磁电流与元器件联结起来。

当 K_1 和 K_3 向上合，工作电流由 3 到 4，磁场 B 从上向下，变换 K_1 和 K_3 的方向可以得到四种组合，可以消除不等位等各种附加电压，列表如下：

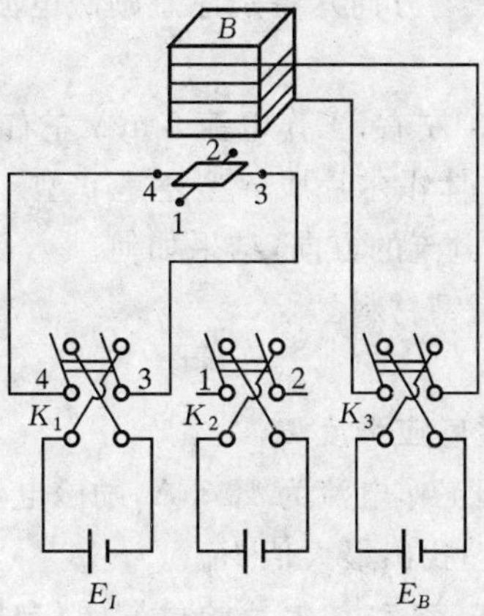

图 4－15－2　霍尔效应实验仪的原理接线图

	K_1	I 工作	K_3	B 方向	U
1	向上	3→4	向上	向下	$U_{21}=U_H+U_0$
2	向上	3→4	向下	向上	$U_{21}=-U_H+U_0$
3	向下	4→3	向下	向上	$U_{21}=U_H-U_0$
4	向下	4→3	向上	向下	$U_{21}=-U_H-U_0$

在数据处理时，只要按上列方法反复变换就可以消除各种附加电势。计算时，只要将 U_{21} 取绝对值并求算术平均，就可以得出相应的霍尔电压值，即

$$U_H=\frac{1}{4}\left(\sum |U_{21}|\right)$$

一、实验目的

1. 观察了解霍尔电压，认识磁电效应。
2. 了解并学习用霍尔元件测量磁场的方法。

二、实验仪器

霍尔效应测试仪。

三、实验内容

1. 判断霍尔元件的类型(p 型或 n 型)

按原理图接好电路，认清电路中各种开关及不同状态下的电流方向和它们的效应(指电荷运动方向和磁场方向),特别注意励磁电流不要接错,否则极可能烧坏元件。

调励磁电流约 300 mA 左右,工作电流 5 mA 左右,用毫伏表测定 U_H,根据 I、B 及 U_H 的方向,判断半导体霍尔片属 n 型还是 p 型。

变换工作电流和励磁电流的方向,结果如何。

结论:本霍尔片属　　型材料

因为:

2. 测定所建磁场的磁感应强度 B

接通 K_1 和 K_3 分别调工作电流为 10 mA,励磁电流 1 A,再接通 K_2 测量磁极中的 B 值,并上下左右移动找出最大值 B_{max}。

3. 沿磁极两个中轴线,移动霍尔片的位置。(自定位置参数)做出磁极表面(断面)磁感应强度的分布情况

可以用列表法,也可以用作图法。(自选)

建议参数:$I_{磁场}=1000$ mA,　　$I_{工作}=10.0$ mA

4. 观测霍尔电压 U_H 与工作电流的关系

令 $I_{磁场}=1000$ mA,霍尔片在磁极中心位置,工作电流以每次 1 mA 的值增加,直至 10 mA,测量相应的 U_H,以 $I_{工作}$ 为横坐标,U_H 为纵坐标,作 $U_H=f(I_{工作})$的图线。

并做适当的解释和说明。

5. 在 $I_{工作}=10.0$ mA 的条件下,调节励磁电流测出不同励磁电流条件下的 U_H 和磁感应强度 B 并做 $B=f(IB)$关系曲线

4.16-1　日光灯电路的研究

荧光灯俗称日光灯,其原理是气体放电发光。日光灯灯管用圆柱形玻璃管做成,两端装有加热用的灯丝(放电时作为电极),内壁涂以不同的荧光物质,可以发出不同颜色的光。制作时先把空气抽去,再充入一定量的水银蒸气,工作原理如图 4-16-1 所示,其工作过程是电路通电时,给灯丝加热,使管内气体升温,经过一段时间继电器 J 断开,在断开一瞬间由于自感 L 的存在,产生一个很高的自感电势,将管内气体击穿产生放电现象,水银蒸气在放电时会产生紫外线,激发荧光物质使它发出可见光。而灯管开始放电后,需要维持的电压很低,这时由于感抗的存在又使电流在电感 L 的电路中产生一个电压降落,正好维持日光灯

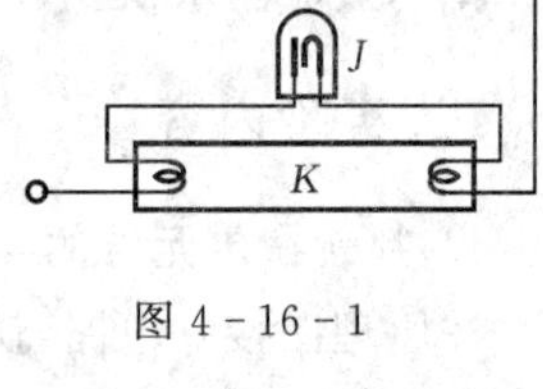

图 4-16-1

发光。

日光灯继电器(俗称启辉器、氖泡等),是在一个充有少量氖气的玻璃管内装有两个电极,电极由双金属片制成,当温度升高时,由于热膨胀它会因变形而使两个电极 J_1 和 J_2 接触,冷却后又会分离。如图4-16-2所示。

图4-16-2　日光灯继电器

日光灯电路接通瞬间,J_1 和 J_2 是断开的,所有电压加在 J_1 和 J_2 上,从而导致管内气体(氖气)放电,形成了放电回路,此时给灯管两端的灯丝加热;当 J_1、J_2 接触时,放电结束,氖管内温度降低,使 J_1 和 J_2 分离开,而使 L 产生反电势,使日光灯点燃,这就是日光灯的工作原理和起辉过程。

从上述介绍可见,日光灯电路除了灯管(放电管)之外,还有两个元件,启辉器和镇流器(即电感线圈),灯管放电发光是纯阻性负载,而电感线圈又几乎是纯感性负载,所以本质上是一个 RL 组成的感性振荡电路。分析这个电路的电流、电压降和位相差,并设法改进这个电路是有意义的。电感线圈或启辉器不能正常工作,是日光灯电路常见的故障,分析它们的作用和状态,对认识和分析电路故障是有益的。

一、实验目的

1. 了解荧光灯电路的结构和工作原理;
2. 了解荧光灯常见故障及维修方法;
3. 从 RL 电路的串联振荡过程的分析看它的能量分配和认识功率因数的物理意义。

二、实验仪器

20 W日光灯一套(灯管、灯座、继电器、镇流器、导线),常用电工工具(三件套),钳形电流表(4 A),500 V交流电压表,示波器(公用),电容器。

三、实验内容与步骤

1. 在电路板上安装日光灯电路使其正常工作；

2. 测量各段电压及回路的电流，计算有功功率；

3. 用示波器观察各段的电压波形，测定其位相差，并根据 $W=UI$—视在功率和有功功率的关系分析功率因数的概念和作用；

4. 换上各种故障元件，观察日光灯的工作状态，并设法排除故障；如日光灯继电器故障；镇流器故障；灯管故障（老化、灯丝断、气压不足、低温等）。

5. 接入电容器，再测试各元件的电压和功率，计算电路的总功率因数。

四、报告要求

1. 报告所测荧光灯电路灯管的压降、有功功率及工作电流。

2. 分析各种故障的现象，说明原因及解决方法。

3. 感性负载的特点，电容器对电路工作的影响。

4.16-2 日光灯起辉器的研究

一、实验目的

1. 观察日光灯继电器的结构及其特征。

2. 用数字万用表和示波器测绘它的工作过程。

3. 自组一个彩色灯板显示系统。

二、实验仪器

自耦变压器、日光灯继电器、数字万用表、彩色发光管（若干）、通用实验底板、常用电工工具及电烙铁。

三、实验内容及步骤

1. 按图 4-16-3 接线

将自耦变压器与 220 V 交流电源接通，输出端经日光灯继电器 J 与 n 个发光二极管电路板及白炽灯泡 x_D 串联，开关可以把二极管电路板短路。

2. 闭合开关 K，将 T 的手柄由 0 上升使输出电压增加，观察氖泡的变化，当管内发出红色辉光时，观察白炽灯的发光状况。

3. 自组（设计）发光管组成的图案并焊接完成，与开关 K 并联，接入电路，将 K

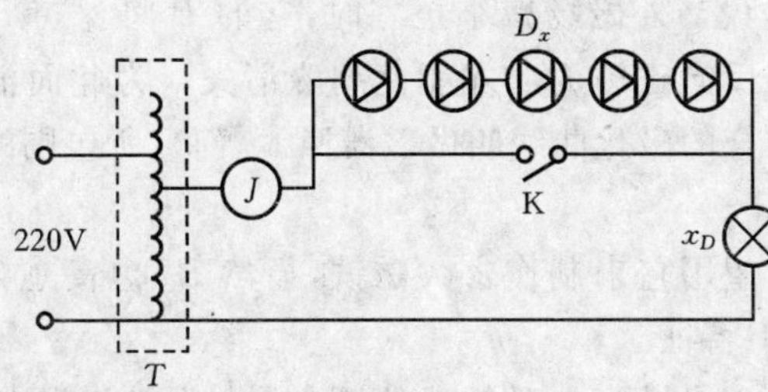

图 4-16-3

打开，再从头调节自耦变压器的电压，观察发光现象。

4. 用示波器和万用表分别观测各部位的图形及电压值。

四、报告要求

1. 报告两种状况下的现象，并解释其物理过程。
2. 说明继电器的工作频率和哪些参数有关。

4.17　居里点与温度控制电路

在研究磁性材料时，我们知道除了顺磁性和抗磁性两类材料外，还有一类铁磁性材料，铁磁性材料的特点是具有极高的磁化率，在一定的条件下，可以建立更强的磁场，为磁性材料的应用创造更好的条件。

铁磁性材料在元素周期系中列为铁族元素，即铁、钴、镍等，它们在磁性材料中，除了有很高的磁化率外，还有三个突出的特征，即磁滞现象、磁致伸缩和居里点。

磁滞现象是指这种物质，在外磁场的作用下，由于它有极高的磁化率，可以产生很强的磁感应强度 B，而且磁化过程可以反复进行，只是由于它和外磁场强度 H 及由此产生的磁感应强度 B 有一个滞后，且不同步，在反复磁化过程中形成了一个叫做磁滞回线的关系，如图 4-17-1 所示。

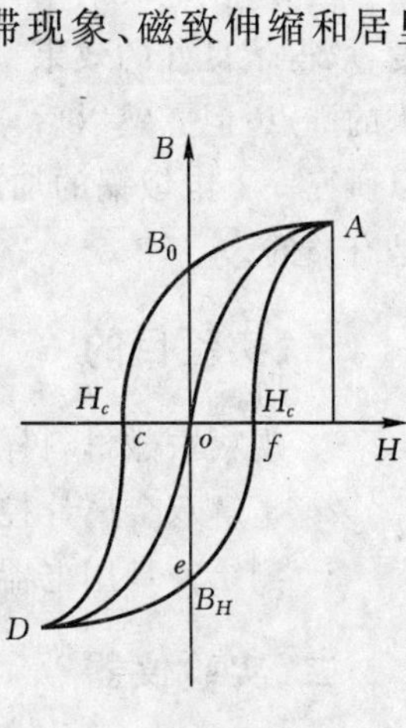

图 4-17-1

对于一个初始过程 $H=0$、$B=0$，从 O 点出发，随 H 的增加，B 非线性增加，到达 A 点时，该磁性材料已趋于饱和，H 再增加，B 将不再增加，曲线 OA 叫做基本磁化曲线。当 H 减小时，它不沿 OA 返回，而是沿

$ABCDef$ 循环，就是说当外磁场减小至零时，它的 B 将保持 B_0，叫做剩磁。要想使剩磁消失，必须加反向磁场 H_C，才能使剩磁消失。为此而消耗的外磁场 H_C 叫做矫顽磁力，这一闭合的磁化曲线叫做磁滞回线，而它所包围的面积表示这一过程中有功损耗的大小。

讨论一： 如果希望用它来制作永久磁铁，显然 B_0 愈高愈好，我们常用的永久磁铁正是利用了这一特征。

讨论二： 如果用它来做为电磁铁或线圈的铁心，则希望它的矫顽磁力愈小愈好，显然 H_c 愈小，H_c^+ 到 H_c^- 的距离愈短，直接效果是回线面积大大的减小，这正是我们所需要的。

磁致伸缩是指一个铁磁体，在外磁场 H 的作用下，它在 H 的方向上会有一些长度的变化，一般情况下，它会伸长，而磁场减弱或消失，它会恢复，这种因为 H 的变化而产生的长度 L 的变化，叫做磁致伸缩。

居里点（又叫居里温度）这是皮埃尔·居里在 1895 年研究磁学时发现的。铁磁材料在常温下，具有很强的铁磁性，但一达到某一温度，它的磁化率立即降低，变成顺磁性材料，而当温度低于该点时，它的铁磁性又立即恢复，就是说它是可逆的。对于铁族元素特有的温度，叫做居里温度，也叫居里点。对于一般铁磁材料的数值是 769℃（1042 K），虽然它发现了一百多年，但由于它是一个很高的特定温度，所以一直未引起应有的应用。

直到近几十年，铁氧体材料和磁性材料的迅速发展，人们在研究中发现了一些新的磁性材料亦具有这一温度特性，尤其是它的居里温度很低（接近常温）而且可以控制，因而在应用方面得到了较大的发展。

例如，在电饭锅中，应用了略高于水的沸点的居里点的磁性材料，用来控制温度，取得了良好的效果。煮饭的温度过高，容易烧焦，所以它的控制温度应略高于水的沸点；但煮熟以后，又要保温一个保温过程，这再用居里点控温又不合适。所以研究一下电饭锅的加热和控温过程，对我们了解和掌握一个物理现象的全过程是有益的。

一、实验目的

1. 观察铁磁材料样品的居里温度及现象；
2. 了解双金属片控温元件的作用及调节方法；
3. 测绘一日用电器的控温过程　温度—时间曲线

二、实验仪器

电饭锅、石英砂、数字温度计、秒表、试电笔、螺丝刀等电工工具等。

三、实验原理

1. 居里点温控电路(接线图见实验卡)

给样品(石英砂)加热后,温度升高,当温度升到居里点时,控温元件自动失去磁性,电路断开,停止加热;但由于热惯性存在,加热元件余温还会继续供热,使样品升温,经过一段时间会逐步降温,使样品温度逐渐降低。

2. 停止加热后,样品降温至规定的保持温度时,双金属片会自动接通,再次加热至保温的上限时,双金属片又断开,再次进入降温。

3. 若长时间工作,电路将在保持温度的上下限之间波动。

四、实验内容

1. 打开底板,观察居里点温控开关和双金属片温控开关,了解电路工作原理。注意各个温控开关与样品的传热过程及方式;

2. 盖好底板,将石英砂倒入锅内,并将数字温度计的探头埋入砂中,观察室温及石英砂的温度做好记录;

3. 插上电饭锅的插头,用试电笔检查电饭锅外部(可触及的所有部位)有无漏电现象,按下加热开关,同时开启秒表计时(随时检查有无漏电现象);

4. 每隔3～5分钟记录一次温度。当温度接近100℃时,注意听锅内可能会有一"哒"声,此时加热灯灭,记录此时的温度(这就是居里温度),同时保温灯亮;

5. 继续记录样品温度和时间,注意可能达到的最高温度及对应时间,同时观察保温灯亮的时间和温度关系;

6. 最好能持续测量90分钟,记录不同时间对应的温度;

7. 拔掉电源插头,取出数字温度计探头,让锅和样品自然冷却。

五、数据处理及结果分析

1. 用毫米方格纸做温度-时间曲线;

以1 min/mm或0.5 min/mm为横坐标,以℃/mm为纵坐标,用上列记录数字做图。

2. 在第一次听到继电器"哒"声时对应的温度,标出居里点;

3. 从温度-时间曲线上说明该电器控温范围及有效性;

4. 根据您的生活习惯,说明电饭锅的适用性。

六、思考题

1. 若居里点控温元件出现故障,可能出现哪些现象和后果;

2. 若保温控制元件出现故障，可能出现什么现象和后果；

3. 根据自己的生活习惯和要求，电饭锅哪些元件或功能可以不用；

4. 电饭锅用来烧开水，能否烧开？能否自动停止？

5. 若用电饭锅烧开水，可以烧热，但始终不会沸腾，可能是什么原因？如何处理？

6. 若你的电饭锅坏了，你会修理吗？

4.18 示波器的应用

电子示波器是一种常用的测量仪器，它可以观测一个物理过程的完整图像，即使是瞬时的过程，都可以用它来缓慢的显示并存储下来，所以得到广泛的运用。

常用的阴极射线示波器是由阴极射线管和电子线路组成，它的框图如图4-18-1所示。

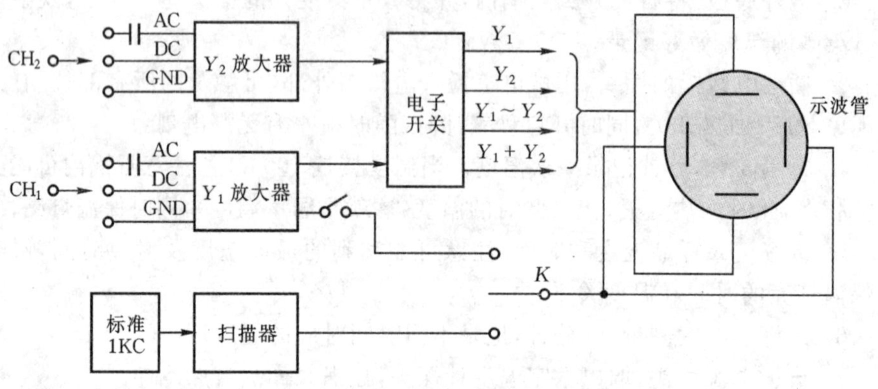

图 4-18-1 示波器工作原理框图

这就是目前常用的单枪双综示波器的原理方框图，它有两个输入通道 CH_1 和 CH_2，这两个通道先经过一个选择开关，判定输入信号的性质。若输入信号是交流的，则必须经过一个隔直流电容才能输入，若是直流信号就可以直接输入。在不需要观测或某些调试时，输入端也可以直接接地。另有一个扫描发生器可以发出不同频率（即不同扫描速度）的锯齿波，以建立各个被测信号与时间的关系。

将这些不同的信号通过电子开关分别送到示波管的 X 轴和 Y 轴偏转显示。

单双通道状态：用来观测一个或两个信号与时间的关系——即观测波形，此时 x 偏向板接扫描电路（产生 $x=f(t)$）的锯齿波）。若没有 Y 轴输入，低频时，可以看到一个光点自左向右匀速移动，且移动的速度可调。高频时，变成一条水平直线。把需要观测的信号经选择开关(以确定信号性质)分别送至 Y_1 和 Y_2 两个放大器,经过衰减、放大及补偿电路之后,再经过电子开关,按照需要在示波器的荧光屏上观测到 Y_1、Y_2 或其它相关的图像。

x、y 函数状态,用来观测 $y=f(x)$ 函数关系。这时应把被测信号的自变量送入 $x(Y_1)$ 通道,因变量送入 Y_2 通道,并且把扫描电路转移到 $x-y$ 号(中断扫描信号。)这时示波管屏上水平方向变成自变量,垂直方向变成因变量(函数),二者的关系 $y=f(x)$ 在屏上直接显示出来,而图像的大小和比例,则分别由 $x(Y_1)$、$y(Y_2)$ 两个放大器调节和控制。

1. 示波管的工作原理

电聚焦、电偏转示波管内部结构如图 4-18-2 所示。

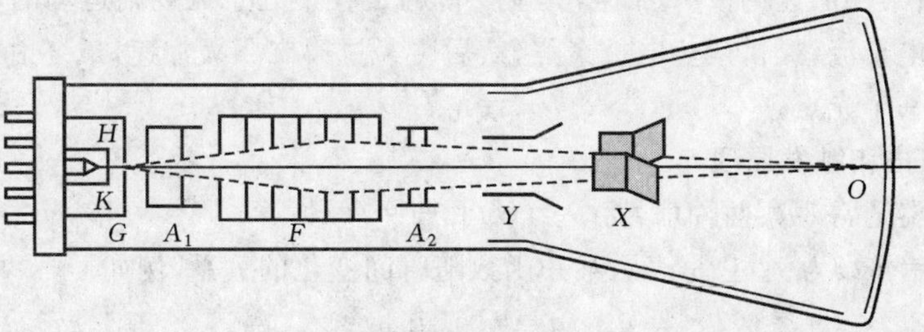

图 4-18-2　电聚焦、电偏转示波管内部结构示意图

给灯丝 H 供电,作为热源,使阴极 K 温度升高,发射电子(叫做热电子发射),在第一加速阳极 A_1 的作用下,沿轴线向光屏加速,但中间需要经过一个比阴极电位还低的一个栅极 G,改变 U_G 可以控制流向屏的电子数量,以此来控制光屏 O 上射线的亮度。由于从阴极 K 发射的热电子是无规则的热运动,并且大量的电子聚集本身就有一个排斥力。所以要经过一个特别的电极 F,它的电场力正好是让电子受到一个向心力,再经过第二阳极 A_2 的加速,最终使它们在光屏上聚焦成一个小的光点(轰击光屏上的荧光物质)。这一部分的全部作用就是可以控制电子速度、数量和方向(聚焦),这样的装置叫做电子枪。

这一束电子流再经过一对水平电极建立的电场,随着两极板上电位的高低正负变化,这一电子流就会在上下方向变化——控制 Y 方向信息。

若再经过一对竖直放置的加有不同电位的极板,它的电场变化将改变电子流的水平移动——X 方向控制。

在实际应用中,为了使电子流有足够的能量,从 K 到 O 的电位差是很大的,通常达到数千甚至上万伏,而荧光屏正对着观测者,这么高的电压对人体是不安全的。因此在实用的示波器中,都是把荧光屏的电位设计为 0,而灯丝和阴极 K 处在一个极低的负电位,其电位分布如图 4-18-3 所示

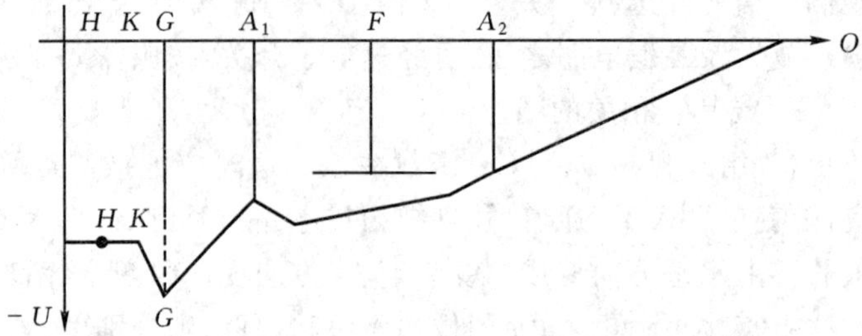

图 4-18-3　实际示波器的电位分布图

热电子从 H、K 出发(此时电位很低),经过栅极 G(它的电位更低),以控制电子流量,由第一加速阳极 A 加速,其主要目的是收集处于无规则运动的电子,以形成稳定的电子流,提供聚焦电极聚焦,然后再经过第二阳极加速,最终射向荧光屏,并聚焦成一个光点。

2. 扫描和触发原理

示波器通常观察两种信号:$y=f(t)$和 $y=f(x)$。

以 $y=f(t)$为例,它是表示某一函数随时间变化的关系,例如

$$u = U_m \sin\omega t$$

这是一个随时间呈周期变化的函数,如果把这一信号电压加到示波器的 Y 轴偏向板上,在光屏上就能看到一个按正弦变化的一个上下移动的光点,若 ω 值较大,就看到一条竖直的线。

如果在 x 轴加一个随时间呈线性变化的电压,那么在没有 Y 轴信号时,我们将看到一个水平移动的光点。为了重复出现,我们设计一个电路,可以产生一个象锯齿一样的电压波形,如图 4-18-4 所示,在 $t=0\sim a_1$、$a_1\sim a_2$、$a_2\sim a_3$,…区间,电压均匀线性的上升,到达 a 点时,瞬间电压立即降到 0,并且再开始均匀上升,如此周期性的反复下去。把这个信号加到 x 轴上,就可以看到一个匀速水平移动的光点,随着周期的减小和荧光屏的余晖时间,人的视觉暂留效应,我们就可以看到一条水平线。

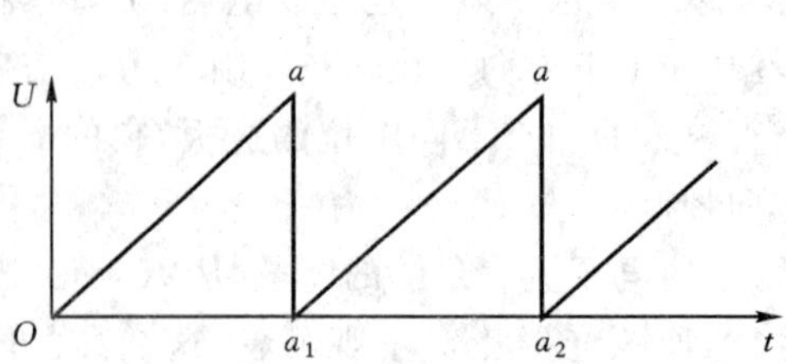

图 4-8-4　锯齿电压波形

当把 x、y 信号同时输入示波器时，它的合成信息就如图 4－18－5 所示，如果正弦电压的周期为 T，我们调节扫描电压的周期和正弦电压的周期相同。这样，当 Y 轴以正弦信号变化一个周期，x 轴的光点正好从左至右扫描一次，得到一个完整的波形。若回扫时间为 0，这样不断的重复，就可以得到一个稳定的波形。

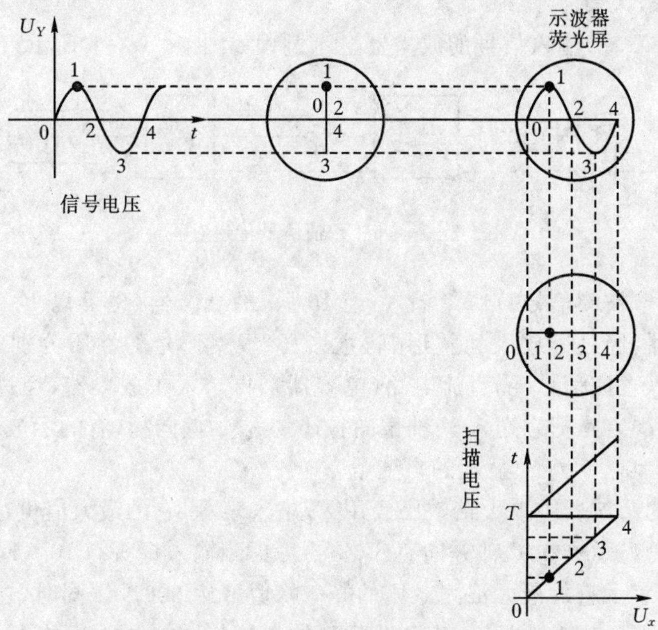

图 4－18－5　示波器显示波形原理

由于外来的检测信号 Y 是随机函数，它只能在它自身的条件下，相对稳定，而用以扫描的锯齿波发生器也不可能做到随时保持和 Y 轴信号一致，况且回扫时间也不可能为零，因此要保持波形稳定，并不是一个简单“相等”就可以了。那么实际应用是如何保证波形稳定的呢？由于它是一套较复杂的电子线路，在这里我们只能定性的加以介绍。

触发扫描电路。现代使用的示波器多采用这种方案，首先它有一个可以产生一定频率的回扫时间极短的锯齿波发生器，而它的频率分别可以粗调和细调，当细调处于某种特定值时，它的时间（周期）可以在粗调开关上精确的定量表示。另一个特点是这个扫描发生器采取触发扫描方式，就是说它每次扫描的开始时间有选择的控制。例如，它可以由 Y_1 或 Y_2 控制，还可以由外来的一个信号控制，以及其它可以控制它的信号。如果由 Y_1 控制，则分别由 Y_1 为正负“0”时触发，让它开始扫描。由于被测信号通常都是周期性的，所以它可能在一个周期内 n 次过“0”。就是说它可以从负到正(前半周期),也可以从正到负(后半周期)。这种情况下,无论它们频率是否相等,回扫是否为“0”,它们波形图的开始总是一样的,这样它的波形也就一定是稳定的,变化的全部都在一个扫描周期的最后时段,而这些变化和差异对开始的波形丝毫没有影响,所以波形是完整的和稳定的。

3. 信号放大器

Y 轴(或 X 轴)输入信号的放大器显示过程如图 4-18-6 所示。

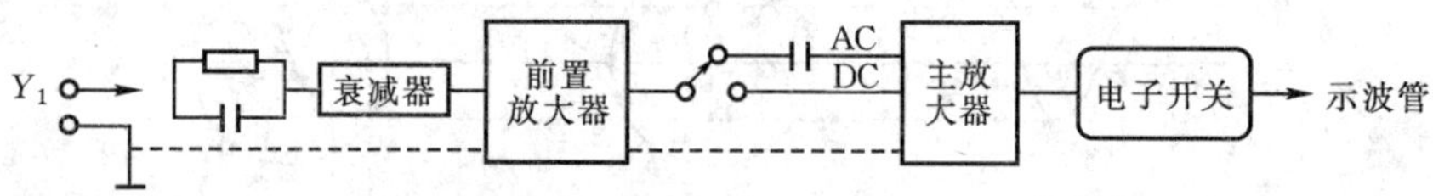

图 4-18-6 Y 轴信号传递过程

输入信号(被测信号)自 Y_1 输入,经 10∶1 的衰减器(也可以 1∶1 不衰减)送入前置放大器,经过予放大和整形(防止失真)根据信号的性质分别经过(交流信号)或不经过(直流信号)隔直流电路(电容器),再送入主放大器,经过放大后经过电子开关,以决定是把它送入 Y 轴偏向板还是 X 轴偏向板(有的示波器是 Y_2 可以送到 X 轴,作为 $y=f(x)$显示的自变量)。

在现行的示波器中放大倍数已经用 V/格来表示,它的最大值可达 10V/格,可以看到示波管显示屏在 Y 轴方向有 8 格,再考虑到输入探头有 10∶1 的衰减器,在这种条件下,表示它的最大被测电压的峰—峰值可达 800 V。同时,还可以看到的最小值为 5 mV/格,也就是说,小到几 mV 的电压信号它也可以测量。实际上它就是一个可以用图形显示的电压表,其测量范围可以从 5 mV 到 800 V,几乎跨了六个数量级,只是由于光迹比较粗(尤其是聚焦不太好时)显示屏的分格也比较大,所以它一般只能显示两位有效数字。应该特别指出的是,由于它除了分段分级的不同级别的放大倍数外,输入(放大器)信号可调,所以它还可以连续的任意放大和缩小,这时已经没有严格的比例存在,刻度盘上显示的 V/格 已经没有意义。如果要用它来定量测量时,一定要把放大器的微调连续右旋到底,开关上显示有“校正”位置或有开关特殊的声响,此时刻度盘上的数值标度才是正确有效的。

4. 示波器的使用(MDS—620 数字存储示波器)

如图 4-18-7 所示,MDS—620 示波器的面板布置图,它的开关和旋钮较多,大致可以分为四类。

第一类:控制和调节光迹(示波器光点)的亮度、聚焦和位置类

⑥ 电源:主电源开关,当此开关开启时发光二极管⑤发亮;⑤和⑥是各种示波器都必不可少的,而且都有特定的位置和符号也是开机时最先操作的。

②、③调节亮度和聚焦,不宜太亮,但要光迹尽量细小,无信号时是一个小圆

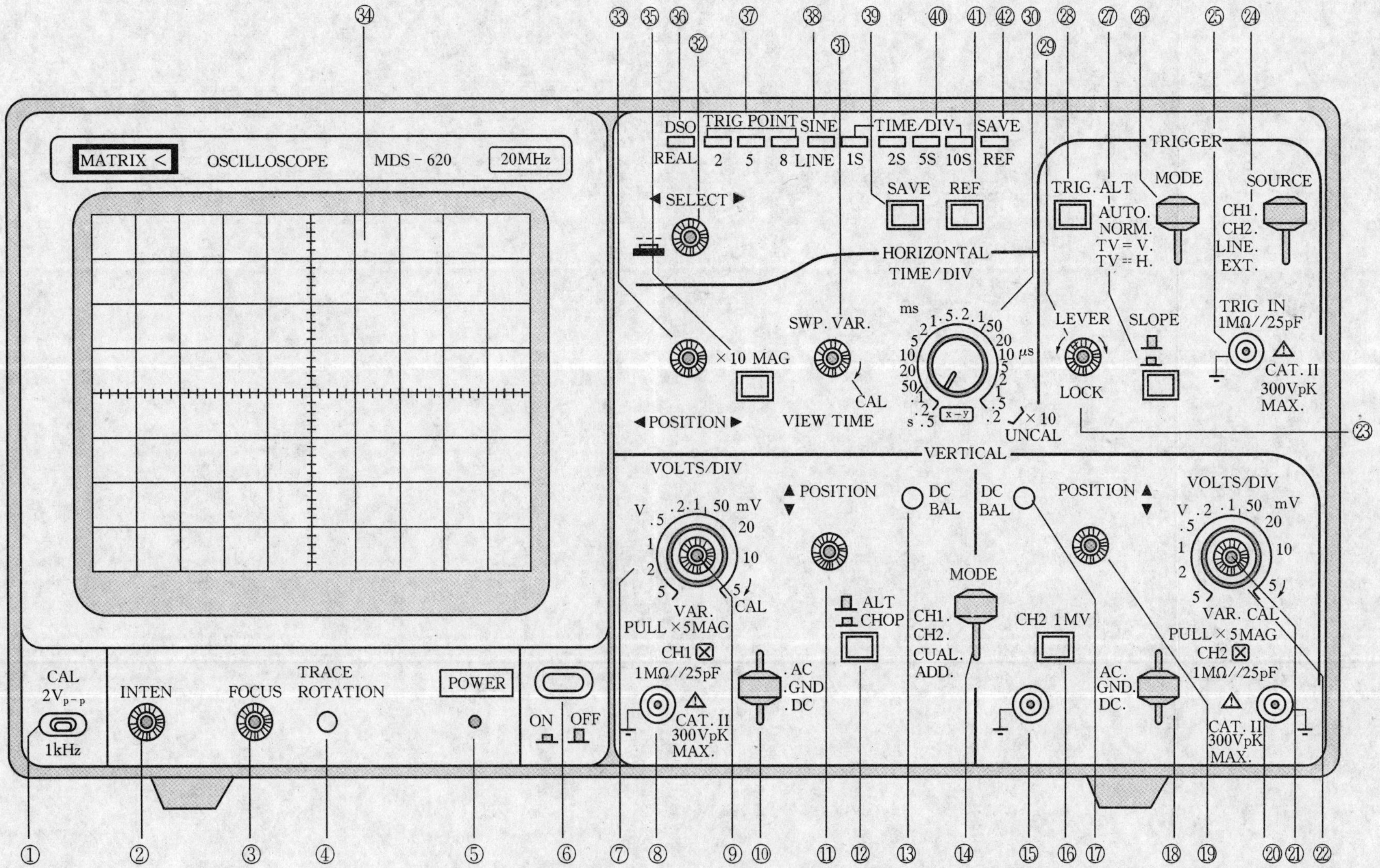

图4-18-7 MDS-620示波器的面板布置图

点。

⑩、⑱输入选择，最好将两个输入信号置于接地状态（中间 GND）。

⑪、⑲和㉝分别是光迹的垂直位移和水平位移。

打开电源开关，稍候 2～3 分钟，电子枪稳定地发射电子流，将⑩、⑱接好，免得输入信号干扰，调节⑲和㉝，就可以在屏上看到一个光迹，调节②、③使其亮度和聚焦良好。

这一组旋钮和开关是常用示波器必备的，而且是使用示波器必须进行的基本操作，应该熟练的掌握。

第二类：被观测信号的输入和控制类

⑧和⑳分别是两个信号输入端，接入探头，探头中心为信号线（小钩），外部由夹头和软线联结的是地线。使用时，先将夹头和被测信号的地线联结，用弹簧套内的小钩挂在被测信号线上，探测棒内有阻容耦合电路和 10∶1 的衰减器，视信号大小选择 10（衰减 10 倍）或 1（不衰减）。

在 $X-Y$ 状态使用时（即 $y=f(x)$），⑧$CH_1(x)$为 x 坐标输入端，⑳即$CH_2(Y)$为 Y 轴输入端。此时扫描开关应该反时针旋到底，即中断扫描进入 $X-Y$ 状态，适当调节有关旋钮（水平、垂直位移）使图像位于相应的象限，图 4-18-8 即为某二极管的伏安特性，第一象限为正向导通，当 U 增加，电流随 U 增加而增加，且满足 $I=KU^{a}$。第三象限为反向截止区，当电压在 $0>U>-Uj$ 区间，二极管反向截止，漏电流很小，只有 μA 级，当 $U=-Uj$ 时，二极管向反瞬间击穿。电流突然增加。

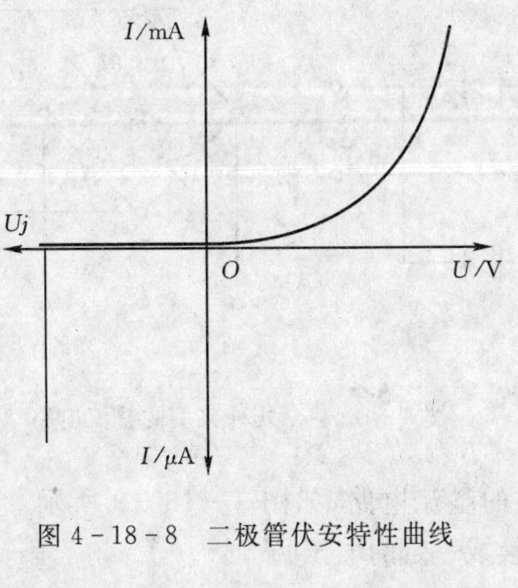

图 4-18-8　二极管伏安特性曲线

第三类：扫描和整步的控制类

在扫描状态使用时（即 $y=f(t)$），⑧$CH_1\ Y_1$ 和⑳都可以输入被测信号，若是直流信号，⑩和⑱置于 DC，若是交流信号。则应置于 AC，同时调节⑨和㉒，使屏上显示一条竖直直线。打开扫描开关㉚,就可以看到被扫开的对应的输入波形。本示波器扫描速度可以从 0.5 s/div～0.2 μs/div 共 20 档,配合旋钮㉛还可以微调。注意,当需要进行时间准确测量时,㉛必须右旋到底至特定位置,否则示值无效。

触发选择开关㉔有四个位置,它分别是 CH_1、CH_2、LINE 和 EXT,这四个位置分别表示为:CH_1 触发扫描;CH_2 触发扫描;交流电源触发扫描;外输入(从㉕信号插座输入)触发信号。一般情况用 CH_2。触发方式有四种状态,它们分别是 AUTO——自动进行,NORM——等待扫描,TV—V 电视信号场扫描,TV—H 电视信号的行扫描。

第四类:按键㉟～㊷系数字存储方式类,暂不介绍。

4.18-1 用示波器观察整流滤波电路

人们在日常生活和工作中,常常需要获得不同电压等级的直流电。通过一套具体的部件,把交流电变成直流电是最常用的方案,它的典型电路见图 4-8-11。下面介绍将交流电变成直流电的原理和过程。

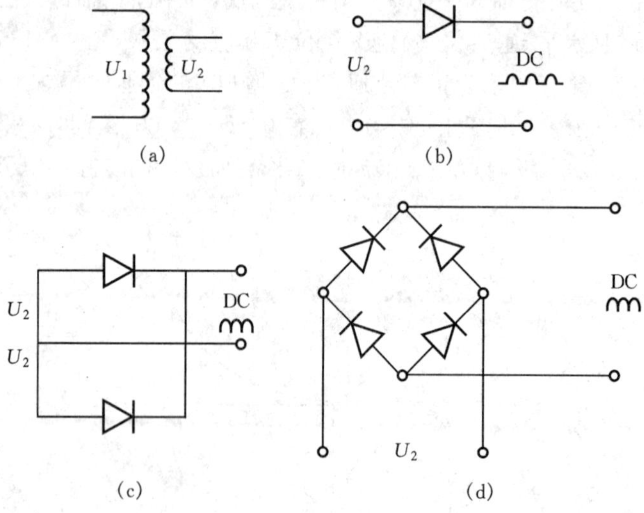

图 4-18-9 几种典型的整流电路

首先看几种典型的整流电路,如图 4-18-9 所示,它们可以把电源提供的 220 V正弦交流电转换成一定的电压(波形)。

(a)图是变压器,它可以把电源提供的 220 V 正弦交流改变成整流所需要的各种电压。(b)是最简单的二极管电路,它获得的只是半波电流。(c)是较老式的全波整流,它可以节省整流管,但对变压器要求特殊——必须有中间抽头。(d)是目前最常用的整流电路，由四个二极管组成，也有现成的组件。

这种电路提供的是脉动直流，为此还要增加一个滤波电路，如图 4－18－10 所示。

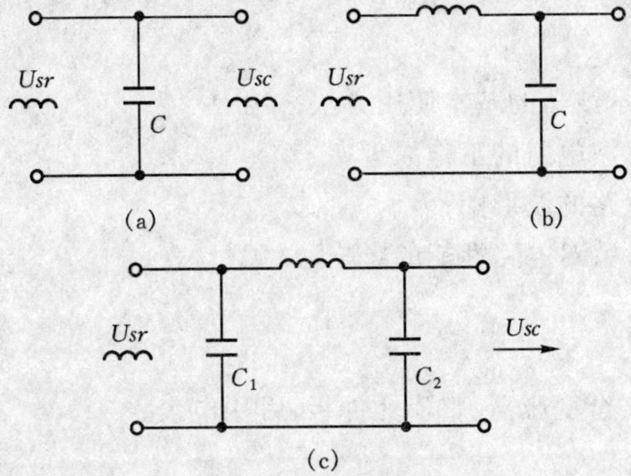

图 4－18－10　3 种滤波电路

(a)是最简单的单电容滤波电路，它的滤波效果不好，输出波形不是很平稳，有较大的纹波系数。(b)经过电感和电容两级，首先交流电中的高频部分在 L 元件中消耗掉，再经过电容时，又把剩下的高频部分短路，这样输出的直流就比较好了。(c)是两级电容、一级电感，即通常所说的 π 型滤波电路。这几种电路只能把整流以后的脉动直流中的高频部分去掉。并不能够改善由于电源或负载变化引起的电压不稳定，所以实际应用时还要经过一个稳压电路，图 4－18－11 就是一个完整的变压整流、滤波、稳压电路。

其完整的工作过程是：市电（通常是 220 伏正弦交流电）U_1 经过变压器变压得到所需的交变电压 U_2，送入整流电路，当交变电压 U_2 的 a 点为正时，电流经 D_1 和 D_4 导通形成回路，而 b 点为正时，电流经 D_3 和 D_2 形成回路。到达 N_1 时是未经

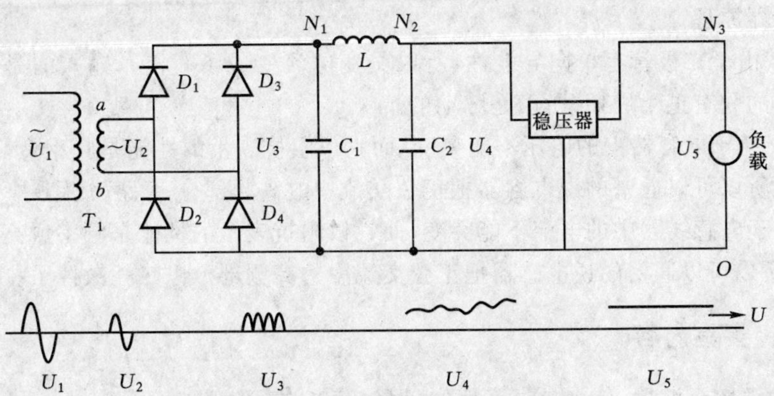

图 4－18－11　变压、整流、滤波、稳压电路

滤波的脉动直流，经 C_1、L 和 C_2 滤波，得到纹波系数很小的不稳定直流，再经过稳压器，就可以得到其大小可调波形稳定的直流电压。

一、实验目的

1. 学习、了解示波器的基本使用方法；
2. 认识整流滤波电路的工作原理；
3. 测绘整流电路的波形图；
4. 了解元件参数对电路性能的影响。

二、实验仪器

通用示波器、安全变压器、整流元件板、万用电表。

三、实验原理

1. 热电子发射。当给某一金属加热时，由于温度升高使其外层自由电子平均动能增加，就有可能大于其逸出功而离开金属表面成为自由电子，这就是热电子发射。

2. 电加速、电聚焦。从阴极逸出的热电子，处于无规则的热运动中，当第一阳极 A_1 为较高的正电位时，热电子将穿过控制电子数量即亮度的栅极 G 冲向 F，在聚焦阳极 F 特殊电场的作用下，所有的热电子在 A_2 的加速后向屏上 O 点会聚，这就是电聚焦原理。

3. 电子流在穿过水平和垂直偏转板时，就会受到电场力的作用而改变其轨迹，从而在屏上显示波形，这就是电偏转原理。

4. 两个匝数不同的线圈串置在同一交变磁路中，当磁路中的磁通量发生变化时，它们都会产生感应电势，显然这个感应电势的大小和线圈的圈数成正比，这就是变压器原理。

5. 由于二极管有单向导电性，所以交变电流变成了直流。输入的是正弦波，它输出的只有正半周期，所以是脉动的。

6. 由于电容器上的电压不能突变，而它以阻抗表示的性能是频率愈高则阻抗愈小。所以可以通俗的说电容器把正弦交流中的高频部分 旁路(短路)掉了。

由于电感线圈中的电流不能突变，而它以阻抗表示的性能是频率愈高，则阻抗愈大，所以可以通俗的说电感器把正弦交流中的高频部分以热耗散掉了。

四、实验内容

1. 调整示波器，使光点亮度适中，聚焦清晰，位置可自由调整。
2. 输入比较信号，扫出四个方波且波形稳定，测绘其周期、频率、振幅，并且能自由的调节脉冲波形的数量和振幅。

3. 接入整流滤波电路，测绘各点的波形图（记录交流、半波、全波、电容、Γ 型、π 型各种电路的波形）。按图 4－18－12 各电路接线。

注：关于稳压管的简介

它实际上是利用二极管反向击穿特性来实现稳压目的的。如图 4－18－8 所示，当二极管处于反向击穿时（$u=-Uj$），此时可能有较大的电流流过，而它的电压却始终不变（$u=Uj$），这时如在电路中串接一个电阻 R_K，如图 4－18－13 所示，

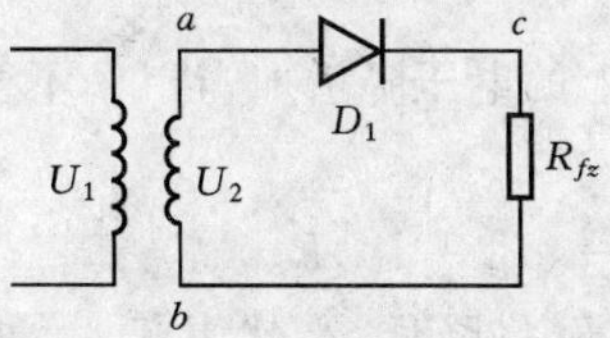

(a) 半波整流电路

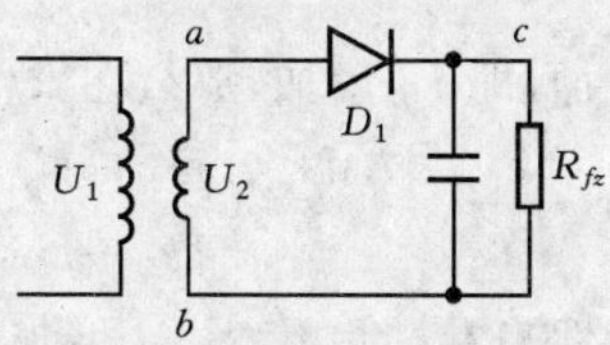

(b) 半波整流电容滤波电路

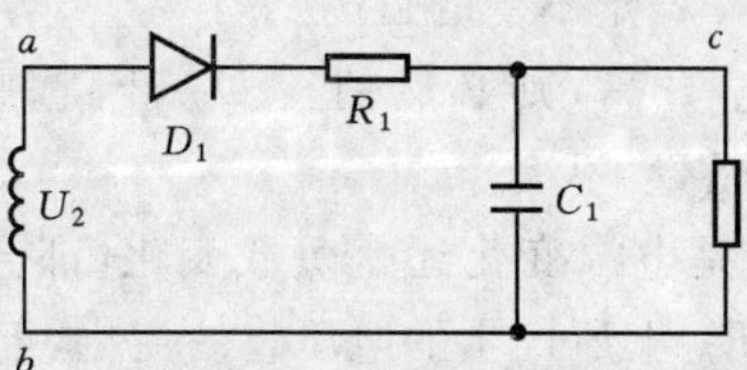

(c) 半波整流 Γ 型滤波电路

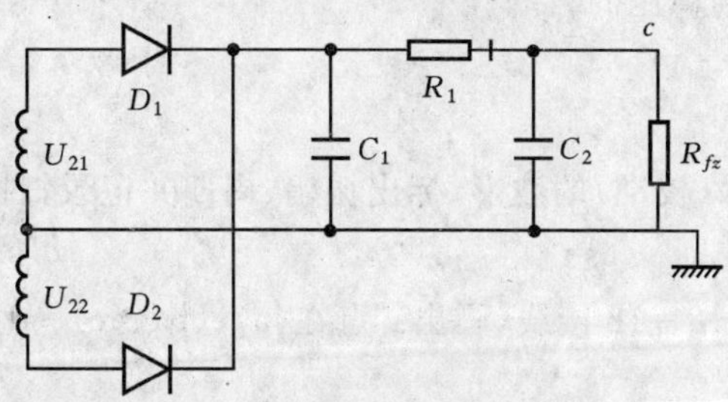

(d) 全波整流 π 型滤波电路

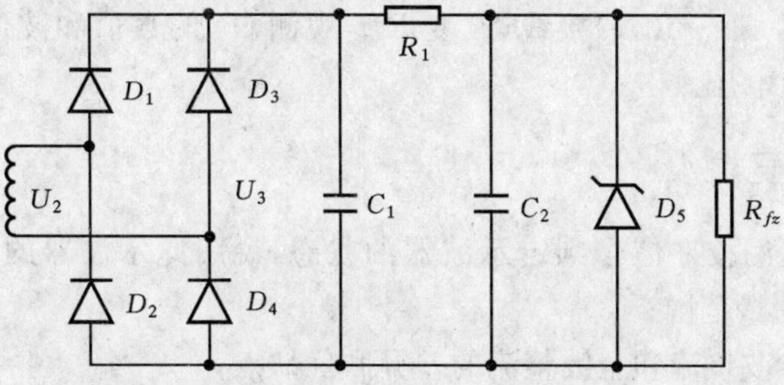

(e) 桥式整流、π 型滤波电路(带稳压管稳压)

图 4－18－12　整流滤波电器

无论是 R_{fz} 还是 U_2 变化，都会引起输出电压 U_0 的变化。

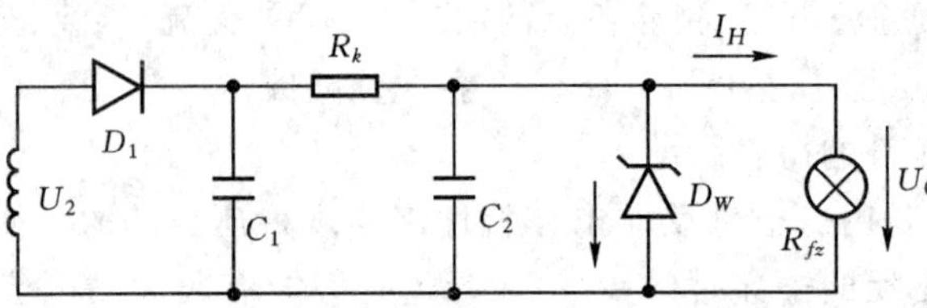

图 4－18－13　串联电阻对二极管反向特性的影响

设负载增加，即 I_H 增加，那么在 R_K 上的电压降增加，若 U_2 不变，则

$$\begin{aligned} U_0 &= U_2 - U_{D1} - U_{RK} \\ &= U_2 - U_{D1} - (I_H + I_W)R_K \end{aligned}$$

从稳压管的特性来看，R_K 不变，I_H 增加，U_0 将降低，必然引起 I_W 减少，从而使得 $(I_W + I_H)$ 保持不变，达到 U_0 稳定不变的目的。

设负载不变而电源 U_2 升高，则必然使得 U_0 升高，此时 I_W 将会增加使得 $(I_W + I_H)R_K$ 增加，从而保证 U_0 不变。

从上述分析看出，无论是电源变化还是负载变化，都会引起 I_W 的变化，而这个变化的电流在串联电阻 R_K 上所产生的电压将的变化，正好抵消了引起 U_0 变化的那一部分因素，达到稳压的目的。

五、数据记录

1. 画出比较信号(校准)的波形，标出振幅、周期并记录扫描开关和 Y_2 放大器的位置；

2. 分别按图 4－18－12 接线，画出 c 点在(a)、(b)、(c)、(d)四个图中的波形和它的量值；

3. 改变负载 R_{fz}[(图 4－18－12(d)]测绘 U_0 的数值和波形；

4. 按图 4－18－12(e)接线，改变 R_{fz}，观测 U_0 的数值和波形，可以同时观测 R_1 两端的对地电压。

六、报告要求

1. 通过检测校准信号判定示波器的状态，说明此示波器的性能，即频率(时间)和电压的测量范围；

2. 解释半波整流和全波整流的差异和优缺点；

3. 分析各种滤波电路中各元件的作用及对电路性能的影响；

4. 试评论一下串联型滤波电路的优缺点；

5. 从整流、滤波电路到稳压环节，你能联想到什么？自然现象？社会人文领域？学校工作及其它。

七、思考题

1. 从示波器这个仪器本身，你能悟到哪些知识；
2. 从稳压的过程，对你的思想方法和处事对人有什么影响。

4.18－2　用示波器测量时间

示波器的标准信号通常 P－P 值为 2 V 矩形波，频率为 1 kHz，有的还有一个 0.2 V 的输出。利用这个标准信号作为时基，可以对被测信号进行比较，它相当于一个时基为 1 ms 的秒表，以此对被测信号进行观察和测量。其实，现代常用的示波器的扫描频率也多改为可以表示时间的扫描速度，变化范围通常比较大。对于低频示波器，它的速度可以到 10 s/div 或 20 s/div 甚至更低，高速可以达到 5 μs/div 或 10 ns/div，测时范围前后跨越 10 个数量级，这是一般测时仪器不易达到的。

利用振动的合成，是另一种测时的方法。因为周期和频率是倒数关系，这两个量是互不独立的。把两个不同频率的正弦函数分别输入示波器的 X 轴和 Y 轴，就可以显示出一个特殊的合成的波形，如图 4－18－14 所示。当两个频率相同时，其

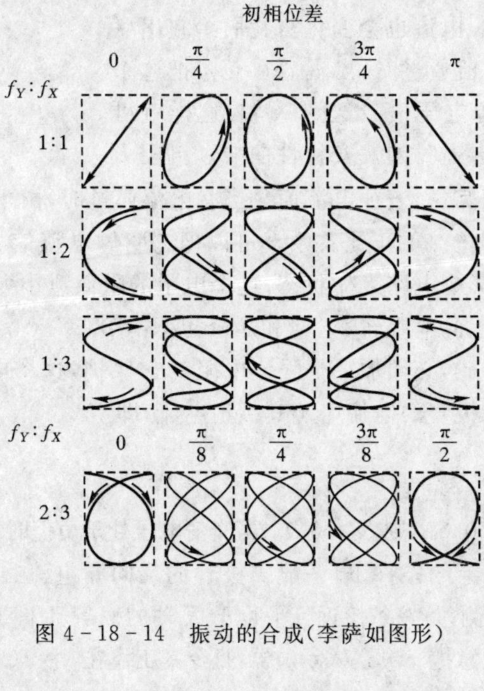

图 4－18－14　振动的合成(李萨如图形)

合成轨迹是一个单环，呈圆形或变化的椭圆。它不仅可以找到两个频率的关系，还可以准确地显示它们之间的位相差。在实用中，如果有一个振动过程的频率未知，则可以用一个标准信号发生器与之合成，调节已知信号的频率，根据其合成的图形来测定该信号的周期和频率。

一、实验目的

1. 学习用示波器观察函数图形 $y=f(x)$ 的使用方法（二极管伏安特性）；
2. 用李萨如图形测频率和周期；
3. 研究交流电路中（RC 电路）相位差的测量；
4. 观测脉冲电路中时间常数的特性及影响。

二、实验仪器

通用示波器、信号发生器、实验元件板（RC 电路）、安全变压器。

三、实验原理

1. 如图 4-18-15，电路中二极管和电阻串联，施加一个交流电压，从前面实验中我们知道，正半周时二极管有电流流过。由于施加的是一个正弦电压，随着电压的增加，电流也会变化。我们给它串联一个电阻 R，当有电流通过时，出现 $iR=U_Y$，把这个信号送到 Y 轴，电源电压信号送到 X 轴，这样就可以看到二极管正向导通时的伏安特性曲线。电阻 R 实际上有两个作用，其一，表征电流值。当有电流通过时，由于电阻的线性性，保证了电压值 $U_i=iR$ 与电流的正比关系。可以把它叫做电流信号的取样电阻。为了尽量不改变或减少影响电路工作状态，这个电阻的阻值愈小愈好。其二，保护二极管。由于二极管的正向电阻较小，饱和压降也只有 0.3 V（0.7 V），若不加限流电阻就很容易烧坏，为此，必须加一个限流电阻对它保护，这个电阻的阻值应保证在最高电压时，流过二极管的电流小于其额定电流，即

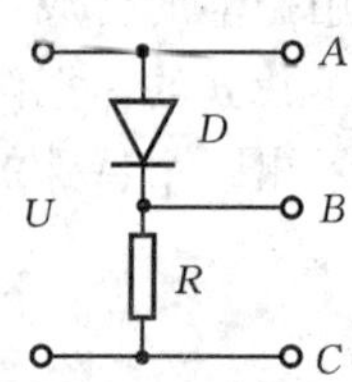

图 4-18-15 整流电路

$$R \geqslant \frac{U}{I_H}$$

设 $U=5.0$ 伏，$I_H=100$ mA，则 $R \geqslant 50\ \Omega$。当交变电压处于负值时，这时二极管承受的是反向电压，在未被击穿的条件下，一般二极管的反向漏电流很小（微安级），所以在 $y=f(x)$ 图线的 $-U$ 侧，是一条接近且平行于 X 轴的一条水平直线，如图4-18-16所示。实际接线时应注意把 x、y 送入示波器，且令其工作在 $y=f(x)$ 状态。

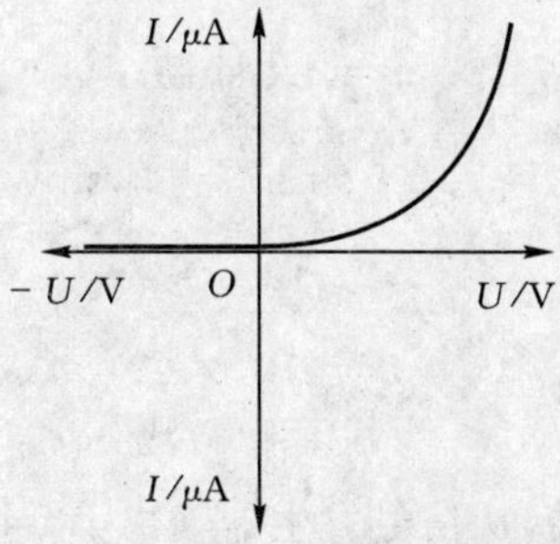

图 4-18-16　二极管伏安特性曲线

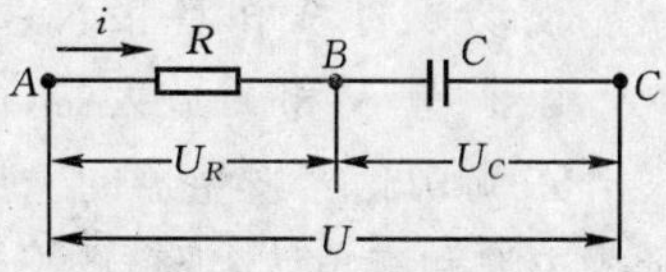

图 4-18-17　RC 电路

2. 在图 4-18-17 所示的 RC 电路中，当施加一交变电压时，设其角频率为 ω，电容为 C，电阻为 R，当电路中有电流 i 流过时，则分别在电阻和电容上产生电压降 U_R 和 U_C，因为电容的特性决定 U_C 总是要滞后于电流，在理想的情况下，它们的位相差为 $\pi/2$ ，如图 4-18-18 所示。电路中 U_R 与电流同相，而 U_C 比 i 滞后 $\pi/2$ ，总的电压是 U_R 和 U_C 的合成，可见在电路中电压滞后电流一个位相差 φ(也可以认为在 RC 电路中，电流超前于电压 φ 角)。根据交流电路的概念，电路的阻抗为

$$Z = \sqrt{R^2 + X^2}$$

$$X = X_C = \frac{1}{\omega C}$$

$$Z = \sqrt{R^2 + \left(\frac{1}{\omega C}\right)^2}, \quad \tan\varphi = \frac{\frac{1}{\omega C}}{R} = \frac{R}{\omega C}$$

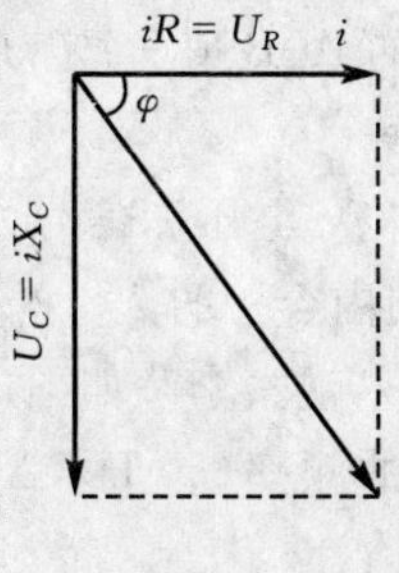

图 4-18-18　RC 电压矢量合成图

设输入电压为

$$u = U_M \sin\omega t$$

$$i = \frac{u}{Z} = \frac{U_M}{Z} \cdot \sin\omega t = I_M \sin(\omega t + \varphi)$$

四、实验内容

内容一：

1. 按图 4-18-15 接线，从信号发生器输出 100 Hz、5 V 的正弦交流电加到元件板的 AC 两点（注意将 C 点接地）；

2. 调整示波器至正常工作，光点清晰居中，将扫描开关置 $x.y$ 函数状态；

3. 分别将 A 和 B 接入 X、Y 输入，C 点接探头地线，探头衰减为 1∶1；

4. 调节 X 和 Y 放大器，得到如图 4-18-16 的波形图；

5. 调节信号发生器的输出电压振幅和频率，观察波形有无变化，改变输入波形为方波和三角波，观察图形有无变化；

6. 按图 4-18-17 接线，示波器状态同 2；

7. 信号发生器输出正弦波，将信号加到 AC 两点（注意将 C 点接地）；

8. 示波器 X、Y 探头分别接 A 和 B，屏上应出现椭圆，如图 4-18-19 所示；

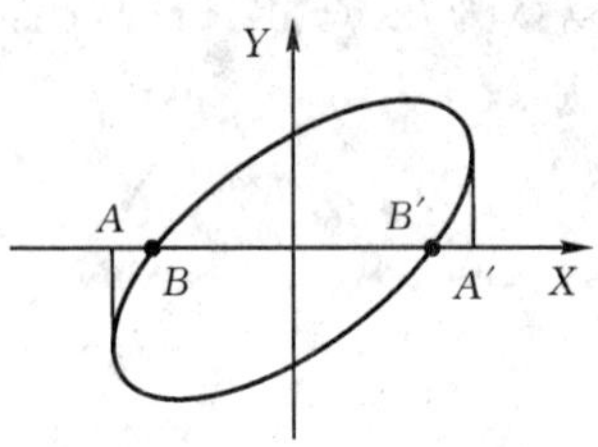

图 4-18-19　垂直振动合成轨迹

9. 分别测量在不同频率下的 A、B 值（暂定 f=50;100;200 三档）。

内容二：

1. 分别将安全变压器的 6.3 V 电压和信号发生器的 6.3 V 电压送入示波器的 X 轴和 Y 轴（示波器的状态同内容一的 2）；

2. 调节信号发生器为 50 Hz，观察李萨如图形；

3. 以安全变压器输出波形的频率（50 Hz，Δf=0.2%）校正信号发生器的频率。

五、数据处理

1. 解释二极管的伏安特性曲线；

2. 分别计算 $f=50;100;200$ Hz 时，电流和电压的位相差，并与理论值 $\varphi=\arctan(\omega RC)$ 比较，计算误差，分析原因；

3. 分别在 $f=25;50;100;200$ Hz 四个频率点，校准信号发生器的频率。

六、思考题

1. 如何校正示波器本身的试验信号；

2. 你认为示波器都能测量哪些量？你会测几种？

4.18-3　脉冲电路的观察与研究

在数字电路中，矩形波是一种基本信号。随着电路功能的变化，信号波形将演变成多种形式，图 4-18-20 是几种常见的波形，然而它最基本的仍然是矩形波，如 U_1 所示。在通常的逻辑电路中，U_1 常常用作基本信号，经过一系列的电路把它变成 U_2、U_3 和 U_4 等各种控制信号，由它们再去执行各种命令或操作。

一般的电路都是由导线把各种元件(电阻、电容和电感)连接在一起构成的。即就是两根平行的导线，在它们有电流流过时，也会有电容和电感的效应，从而改

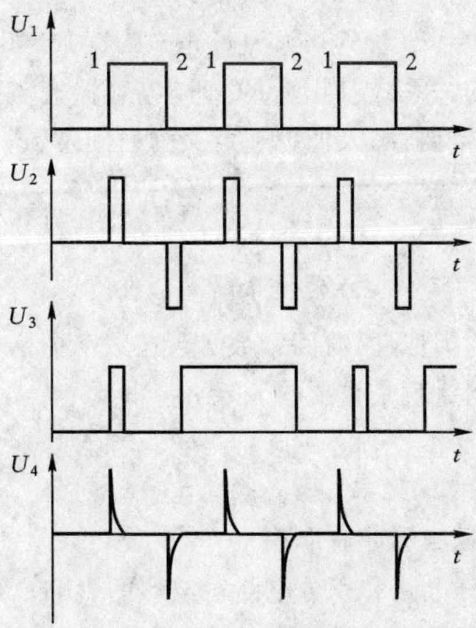

图 4-18-20　4 种常见波形

变电路的性能。例如将 $U1$ 的方波加到一个由电阻和电容串联的电路中去，它的客观效果就和图 4－18－21 所示的开关电路是等效的。当 K 合向 1 时，电路进入高电位（电平），如图 4－18－20 中 U_1 的 1 点；当 K 合向 2 时，电路进入低电位（电平），如 U_1 的 2 点。在数字电路中，把高电平称做“1”状态，低电平称做“0”状态。由于电阻和电容的存在，在实际电路中，并不可能像 U_1 那样是完整、标准的矩形波，而是会发生一系列的变化。

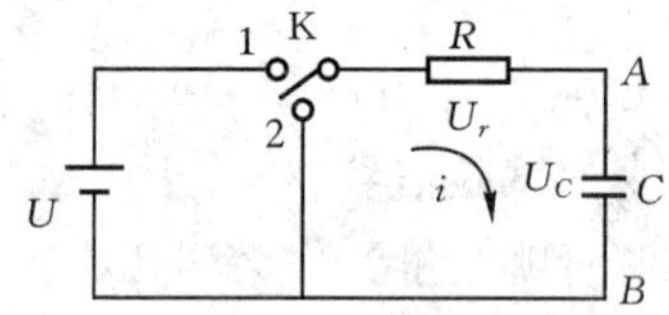

图 4－18－21　开关电路

我们知道，电容器的电压不能突变，所以电路中有一个最大充电电流 i

$$i = \frac{E}{R} = \frac{\mathrm{d}q}{\mathrm{d}t} = C\frac{\mathrm{d}U_C}{\mathrm{d}t}$$

从物理过程认识，U_C 是变化的，当 $t=0$ 时，$U_C=0$，当 $t=\infty$，$U_C=E$，解上式可得如下方程

$$U_C = E(1 - \mathrm{e}^{-\frac{t}{RC}}) \tag{4.26}$$

进一步分析式(4.26)，当 $t=RC$ 时，该式变为

$$U_C = E(1 - \mathrm{e}^{-1}) = E(1 - 0.36) = 0.64E$$

这已经变成一个特定的关系式：当 $t=RC$ 时，电容器充电电压是电源电压的 0.64 倍，由于它的特殊性和重要性，人们把它定义为时间常数，并用 τ 来表示，即

$$\tau = RC$$

此时式(4.26)变为

$$U_C = E(1 - \mathrm{e}^{-\frac{t}{\tau}}) \tag{4.27}$$

由于电感和电容方程的类似性，时间常数 τ 会在数字振荡和脉冲电路中经常出现，因此对它进行分析和测量就是重要的。

一、实验目的

1. 学习用示波器观测脉冲波形；
2. 观察和研究微分电路和积分电路对波形的影响；
3. 学习测量 RC 电路的时间常数。

二、实验仪器

通用示波器、矩形波发生器、RC 电路板。

三、实验原理

由 RC 串联的电路，如图 4－18－22 所示，在这个电路中，如果施以如图 4－18－20 U_1 的矩形波(通俗称方波)，则在脉冲的前沿(1 线)和后沿(2 线)将表现出不同的物理过程。

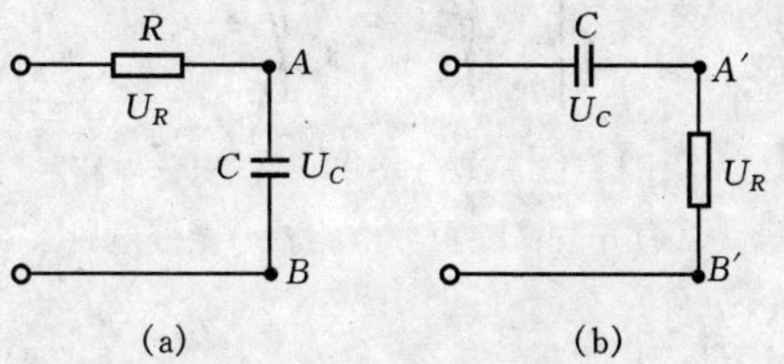

图 4－18－22　RC 串联电路

设 $t=0$，相当于开关 K 闭合 $U_C=0$，$U_R=E$，之后电容器两端的电压 U_C 将呈现指数曲线上升，即

$$U_C = E(1 - e^{-\frac{t}{\tau}}),\quad \tau = RC$$

当 $t=\tau$ 时，此时 U_C 升高到 0.64E，通过计算可以知道，当 $t=3\tau$ 时，电容充电电压 $U_C \approx 0.95E$，可以近似认为充电完成，其过程如图 4－18－23 所示。当给 RC 电路[图 4－18－22(a)]输入一个方波 U_1 时，它的充放电过程如图 4－18－23(b)所示，这个电路由于是因电容充电而变化，所以叫做积分电路，若这个方波施加于[图 4－18－22(b)]电路时，它的充放电如图4－18－23(c)所示，这是由于反应了电容充放电电流的变化，称作微分电路。

因为充放电的过程是和充放电元件 RC 有关，所以我们可以分析一下时间常数 τ 对充放电的影响，因为

$$t = \tau \qquad U_C = 0.64E$$
$$t = 2\tau \qquad U_C = 0.86E$$
$$t = 3\tau \qquad U_C = 0.95E$$

可见 τ 愈大，充放电愈慢，波形前沿愈向后倾斜，其波形图如图 4－18－24 所示。

当矩形波作用于 RC 电路时，由于电容器的充放电过程，会使信号波形发生变化。

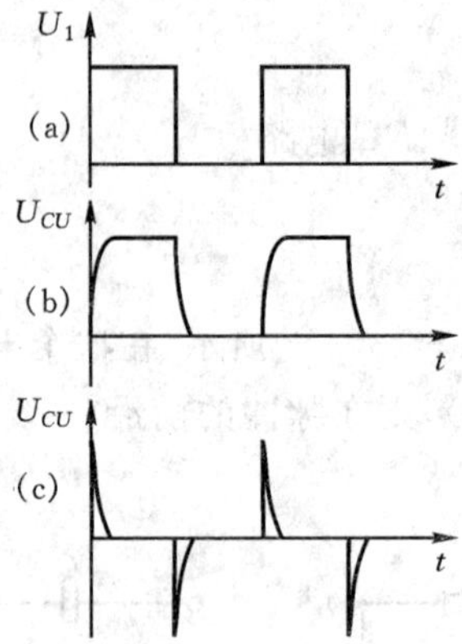

图 4-18-23　微分电路、积分电路

(a)方波;(b)积分电路;(c)微分电路

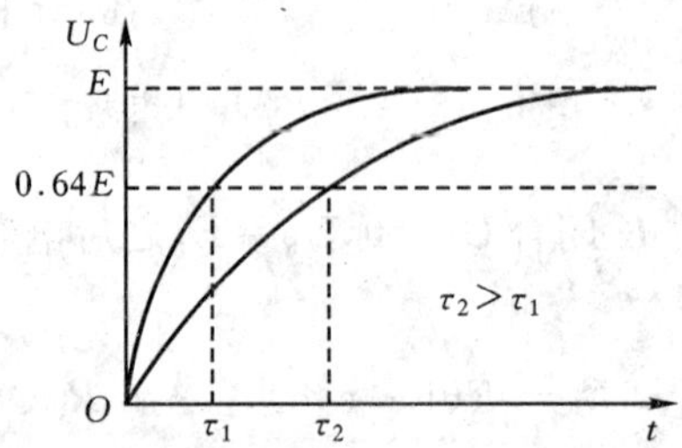

图 4-18-24　时间常数 τ 对充放电的影响

1. 微分电路

方波先经过电容,由于电容器电压不能突变,所以 U_1 直接传递到 R 上,如图 4-18-23(c),从电路原理来看,可以这样理解:方波前沿相当 f 等于无穷大的信号,对电容来说,它的阻抗为"0",因此 U_1 全部加到 R 上是不难理解的,同样这个时刻的电流 i 为

$$i=\frac{U_1}{R}$$

由于 i 的出现,电容 C 被充电,$U_C\neq0$,且逐渐增加,电路中的电压分配

$$U_1=U_C+U_R$$

并将因为 U_C 的增加而变化,从式(4-27)可以看出,随着 t 的增加,U_C 也将增加,当 $U_C=U_{A'B}$ 时将逐渐减小,呈指数曲线衰减,如图 4-18-23(c)所示,显然,这个电压波形的变化情况与电容电阻的参数(τ)有关,RC 愈大,充电过程愈缓慢,波形延续时间愈长。

2. 积分电路

方波先经过电阻，再对电容器充电，由于电容器电压不能突变，而充电前 $U_C=0$，所以 U_{AB}（图 4-18-22(a)）为“0”，随着充电过程的进行，A 点的电位也随着 U_C 的升高而增加，即

$$U_{AB}=U_C=U_1(1-\mathrm{e}^{\frac{t}{\tau}})$$

显然，这个过程随着 $\tau=RC$ 的变化而变化，如图 4-18-24 所示。

四、实验内容

1. 将给定的方波输入示波器的 Y_2，调整示波器，调出 3～4 个稳定的波形并测绘出对应的周期和脉冲宽度，记录前沿（上升时间）；

2. 按图 4-18-22(b)接线，将 A' 信号接入示波器的 Y_1，示波器置双综交替显示状态，示波器可以得到两个波形，试比较之；

3. 按图 4-18-22(a)接线，将 A 信号接入示波器的 Y_1，其余同 2，比较与测绘波形，分析并计算 τ 值；

4. 将 A' 送入 Y_2，示波器改为外触发输入，信号发生器的方波送外触发输入，观察并记录 A、A' 的波形，调节 R，观察两个波形的变化；

5. 改变信号发生器输出的方波（也可调节占空比），研究脉冲信号的变化和作用。

五、数据记录及处理

1. 记录各点的波形及参数；
2. 用测量出的 τ 和理论计算的 τ 进行比较，计算误差。

六、报告要求

1. 分析、论证各点的波形及其物理过程；
2. 解释 τ 的变化对电路参数的影响；
3. 误差分析及计算。

七、思考题

从上述电路的测绘、分析，结合数字电路和计算机的工作过程、功能，你能联想到什么？

4.19　电振动的合成与示波器的应用

在我们日常生活中所用到的电磁信号，都是以正弦为基波组成的振动与波动

过程。例如生活用电的频率为 50 Hz,而广播、电视信号的频率要高得多。观察和研究它们的传播与合成过程,将是对波动与振动的认识的一种飞跃。

一、实验目的

1. 观察波动与振动的关系及其传播过程;

2. 观察与认识两个不同频率振动的合成(正交合成与同向合成),认识李萨如图形;

3. 以正交输入的方式,测量两个同频又互相垂直的两个谐振动的合成参数;

4. 学习测量位相差和角频率的方法;

5. 用示波器观察二极管的正反向伏安特性。

二、实验仪器

双踪示波器、信号发生器、安全变压器、RC 电路板、二极管元件板等。

三、实验原理

1. 设有两个同频率的谐振动,其运动方程为

$$x = x_0\cos(\omega t + \varphi_1) \tag{4.28}$$

$$y = y_0\cos(\omega t + \varphi_2) \tag{4.29}$$

式中:x_0 和 y_0 分别为两个谐振动的振幅,ω 为角频率,φ 为初位相。把式(4.28)、(4.29)分别两边平方后相加,得方程为

$$\frac{x^2}{x_0^2} + \frac{y^2}{y_0^2} - \frac{2xy}{x_0 y_0}\cos(\varphi_2 - \varphi_1) = \sin^2(\varphi_2 - \varphi_1) \tag{4.30}$$

若把它们分别送入示波器的 X 轴和 Y 轴,它们的振动就在示波器中中合成,从上式可以看出,由于具有相同的角频率 ω,而又有不同的初位相 φ,所以它合成的轨迹一般来说应该是椭圆,但由于位相差的不同会出现几种情况。

1. $\omega_2 - \varphi_1 = 0$,即两者同位相,或者说位相差为 0。则(4.30)式变化为

$$\frac{x^2}{x_0^2} + \frac{y^2}{y_0^2} - \frac{2xy}{x_0 y_0} = 0$$

或

$$\left(\frac{x}{x_0} - \frac{y}{y_0}\right)^2 = 0 \quad 或 \quad xy_0 = x_0 y$$

显然这是一条直线,斜率就是 x_0/y_0。若其振幅相等,它就是一条倾斜 45°的直线。上述情况同样满足 $\varphi_2 - \varphi_1 = 2k\pi$

2. $\varphi_2 - \varphi_1 = \pi/2$,则(4.30)式为

$$\frac{x^2}{x_0^2} + \frac{y^2}{y_0^2} = 1$$

显然这是一个椭圆方程，且是一个正椭圆，当时 $x_0=y_0$ 它是一个正圆。

3. $\varphi_2-\varphi_1=\varphi, 0<\varphi<\pi/2$ 此时的合成轨迹是一个斜椭圆。分析图 4-19-1 可知，若 φ 稳定不变，则该图形亦是一个稳定的椭圆，若 φ 从 0 到 $\pi/2$ 之间变化，则它就会从直线到椭圆，到圆再到椭圆→直线之间不断变化。

试分析图 4-19-1 的几个特点，在 $a'a$ 两点时，$y=0$，则(4.29)式有

$$\omega t+\varphi_2=\pm\frac{\pi}{2} \quad 或 \quad \omega t=\pm\frac{\pi}{2}-\varphi_2$$

代入(4.28)式，得

$$\begin{aligned} x &= x_0\cos\left(\pm\frac{\pi}{2}-\varphi_2+\varphi_1\right) \\ &= x_0\cos\left(\pm\frac{\pi}{2}-\varphi\right) \\ &= x_0\sin\varphi \end{aligned}$$

式中

$$\varphi=\varphi_2-\varphi_1$$

同理得

$$A=2x_0$$

$$B=2x_0\sin\varphi$$

显然

$$\frac{B}{A}=\sin\varphi \quad 或 \quad \varphi=\sin^{-1}\frac{B}{A} \tag{4.31}$$

从(4.31)式可以看出，对于一组同频率、位相差固定的谐振动方程，可以通过双踪示波器的正交输入，获得一个稳定的椭圆轨迹，如图 4-19-1 所示，从(4.31)式可以找一它们的相关联系，并获得一种测量位相差的方法，即只要将这两个振动信号送入示波器的 X、Y 双端输入，并测出 A、B 的值就可以测出其位相差。

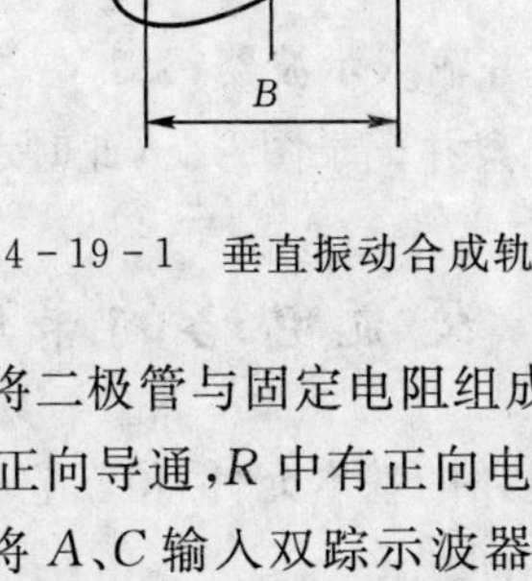

图 4-19-1　垂直振动合成轨迹

2. 如图 4-19-2 所示，将二极管与固定电阻组成串联支路加以 6.3 V 交流电压，当 A 端为正极时，二极管正向导通，R 中有正向电流流过，当 B 为正极时，二极管截止，只有反向电流，分别将 A、C 输入双踪示波器的 X、Y 输入端，就可以观察

到二极管之正反向伏安特性，若适当的调节交流输入电压，有可能看到二极管正向导通和反向击穿的完整的伏安特性，但是有烧坏二极管的可能，应谨慎操作。

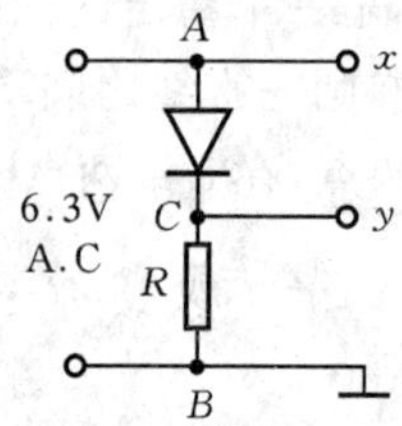

图 4-19-2　垂直振动合成轨迹

四、实验内容及步骤

1. 按图 4-19-3 接线，分别将 A、C 及 B 送入示波器之 Y_1、Y_2 及地线，示波器为二踪显示，X 轴为扫描，将信号发生器之输入频率定为 100 Hz，$U_x\approx 5$ V。调节示波器为双踪显示，记录波形。

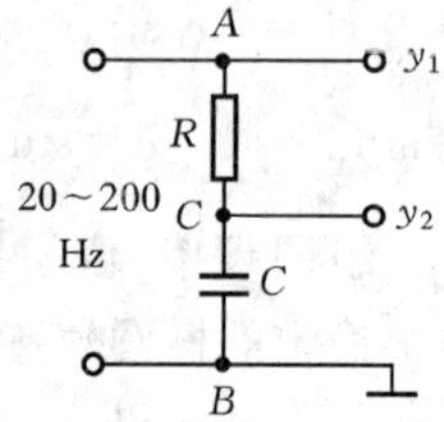

图 4-19-3　垂直振动合成轨迹

2. 将示波器之 Y_1，改为 x 输入，可获得图 4-19-1 之椭圆图形，测量并记录 A、B 的值，代入(4.31)式计算位相差 φ。

参阅电路板给出的 R、C 参数，根据理论式

$$\varphi = \arctan(2\pi fRC)$$

进行计算与实测结果比较之。

3. 按图 4-19-2 接线，并输入示波器，6.3 V 之交流电源由信号发生器输出。$f=50$ Hz，$U_x\approx 6\sim 10$ V。观察并记录图形。(此时示波器仍为 x、y 输入)

4.20　交流电路的串联谐振

电阻、电容和电感都是电路的基本元件，由于它们具有不同的电性能，在不同的电路中，它们的表征各不相同。

对于电阻元件，有电压施于元件两端就会产生电流，这个电流只与施加的电压的大小和方向有关，并且是单一的线性关系。

对于电容元件在直流电路中，它的充放电只在电路状态改变的瞬间发生，稳定状态下，它的电阻无穷大；在交流电路中，由于电源交变，充放电交替进行，形成一定的阻抗性能（容抗 X_C），它的值不仅取决于电容值还和电路工作频率有关，即

$$X_C = \frac{1}{\omega C}$$

由于某种原因，总是先有充电电流，才可能建立充电电压。所以在电容电路中，电流和电压不是同时建立的。开始充电时，电容器没有电荷积累，$u_C=0$，而这时 I_C 等于最大值，当 u_C 增加到最大值时，充电结束，$I_C=0$，所以它们在位相上总是相差 $\pi/2$，而且一定是电流超前于电压。

随着充放电的进行，由于电荷的积累和释放，它亦有电场能量的交替变化，其电场能为

$$W_C = \frac{1}{2}CU^2$$

对于电感元件，当有直流电压施于电感两端时，由于 L 的存在，u 变化瞬间，会产生一个反电势 E_L 来阻止电流的变化，而进入稳定时，它不再产生效应，即 $E_L=0$。若施加的是交变电压，由于电路电流的交替变化，引起的电磁感应不断地产生与之相应的感生电动势，来阻止这个电流的变化，而且电源的变化大小（快慢）都有不同的影响，形成了一个感抗 X_L，即

$$X_L = \omega L$$

由于感生电势 E_L 总是阻止电流的变化，即先产生感生电势（$I=0$）所以在电感电路中，电流总是滞后于电动势，当电势（或 u）最大时，电流最小，到稳定时，$E_L=0$，I_L 为最大，位相差 $\pi/2$。

由于电流的交替变化，由它建立的磁场能量也在交替变化，其磁场能为

$$W_L = \frac{1}{2}LI^2$$

一、*R. L. C* 串联电路

对于由 $R.L.C$ 组成的串联电路，由于施加的电压不同，其效果不同，设各个元件的电抗分别为 R、X_L、X_C 有如下关系式

$$z = \sqrt{R^2 + X^2}$$

且
$$X = X_L - X_C = \omega L - \frac{1}{\omega c}$$

ω 为交流电路的角频率，数值上有 $\omega = 2\pi f$

当电路中施加频率为 ω 的交变电压时，由于 x 与 ω 有关，所以当满足，$\omega L=1/\omega C$时，电路出现一个特殊状态即

$$I=\frac{u}{z}=\frac{u}{\sqrt{R^2+\left(\omega l-\frac{1}{\omega C}\right)^2}}=\frac{u}{R}$$

且即
$$\omega L-\frac{1}{\omega C}=0,\quad \omega=\omega_0$$

$$\omega_0=\frac{1}{\sqrt{LC}}$$

这时电路进入一种特定状态，叫做串联谐振，因存在电容和电感元件的电抗互相抵消，电路中的电流只取决于电阻，并且达到最大值。与此对应的频率 $\omega=\omega_0$ 做电路的谐振频率，从前面推导可以看出，一旦电路参数固定，它就有一个与之对应的谐振频率 ω_0。因为 $\omega=2\pi f$，所以 f_0 为

$$f_0=\frac{1}{2\pi\sqrt{LC}} \tag{4.32}$$

在这种状态下，电路会出现一些特殊的物理现象，应当对它进行研究。

首先，由于阻抗值处于最小状态，$I=u/R$，所以此时电流达到最大值，如图 4 - 20 - 1所示，而电容和电感的电流和电压互补，所以在电容器和电感器上的电压可能很大，甚至比电源电压要高出很多倍，通常很容易大到接近 10 倍，甚至更高。在电路元件(L,C)上可能出现过电压，损坏部分元件，应该特别注意。

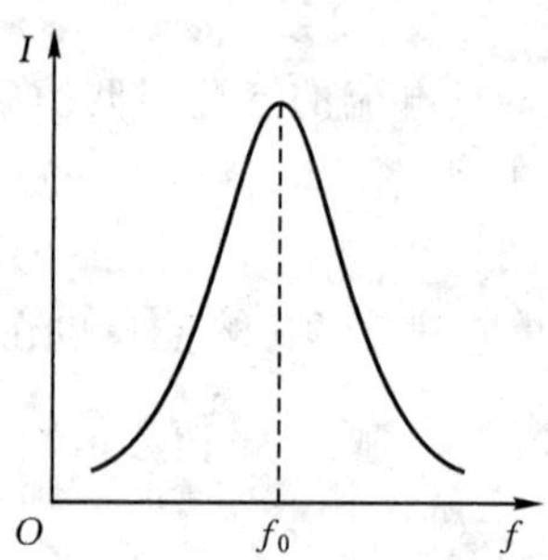

图 4 - 20 - 1

其次，随着电源频率的变化，很快就偏离了共振频率，如图 4 - 20 - 2 所示，可以研究一下各个元件上的电压(u_L 和 u_C)随频率的变化，做出 $u_C=f(\omega)$的变化曲线。我们定义一个叫做品质因素的参数 Q

$$Q=\frac{u_L}{u}=\frac{u_C}{u}=\frac{1}{\omega_C RC}=\frac{\omega_0 L}{R} \tag{4.33}$$

显然，Q 反映的是谱线的尖锐程度，如图 4-20-3 所示。

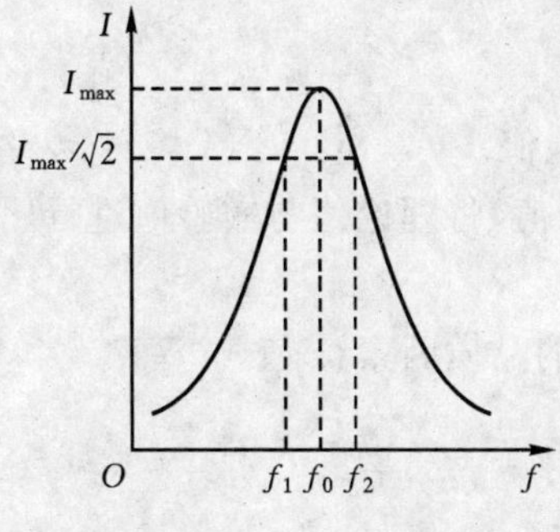

图 4-20-2

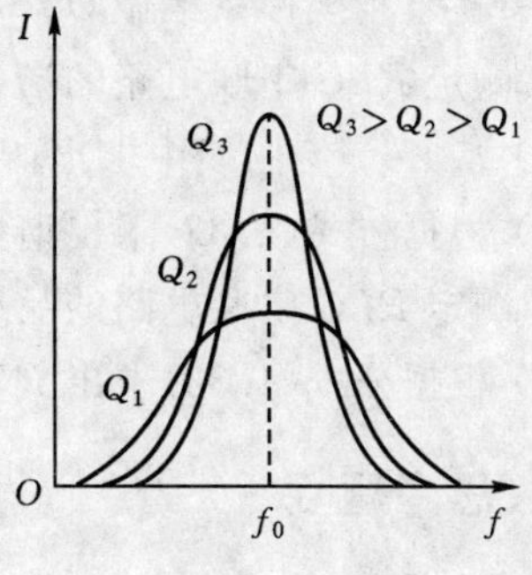

图 4-20-3

二、实验目的

1. 观察 RLC 串联电路的谐振现象；
2. 学习测量 RLC 串联电路的谐振曲线；
3. 学习测量 Q 值；
4. 进一步熟悉示波器的使用。

三、实验仪器和用具

信号发生器、示波器、万用表、电阻、电容和电感元件板。

四、实验内容及步骤

1. 测定 *RLC* 串联电路的谐振曲线

(1) 按图 4-20-4 连接电路，电路中 $R=10\ \Omega$，$L=0.1$ H，$C=0.47\ \mu$f，将信号发生器置于正弦波档，在示波器荧光屏上调出电压为 10 V。

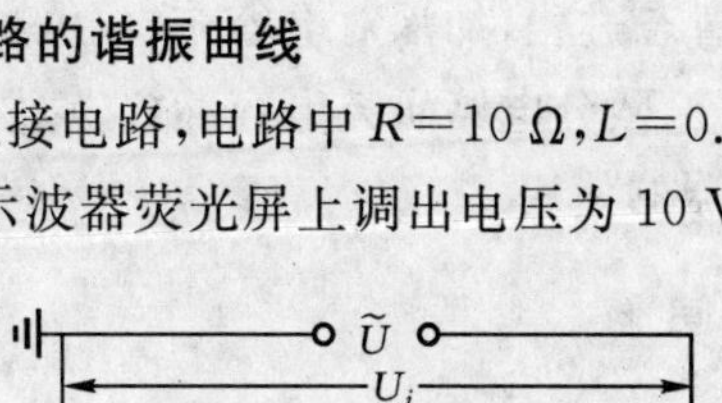

图 4-20-4

(2) 因为电阻 R 上的电压 U_R 与回路的电流 I 成正比，且相位差为零，所以 $U_R\sim f$ 曲线可以反映 $I-f$ 曲线的变化。改变频率，用示波器或万用表测量 R 两端的电压变化。

(3) 改变频率，每隔 20 Hz，用示波器上测出对应的电压幅值。

(4) 在直角坐标系上做 $U_R \sim f$ 曲线。

2. 测定 *RLC* 串联电路的谐振频率 f_0

(1) 从 $U_R - f$ 曲线中求出谐振频率的实验值。

(2) 根据公式(4.32)求出谐振频率的理论值，将理论值与实验值进行比较。

3. 测定 *RLC* 串联电路的品质因素 Q 值

(1) 根据公式(4.33)求出 *RLC* 串联电路的品质因素 Q 值。

五、思考题

1. 在高频情况下，计算电路的总阻抗时，L 与 C 哪个可以忽略？为什么？

2. 在实验过程中，为什么要保持信号发生器的输出电压不变？发生谐振时，信号发生器的输出电压是否不变？

3. 串联谐振电路中，电容器和电感器上的电压比整个电路上的外加电压大还是小？为什么？

4.21　*RC* 串联电路暂态过程的研究

在 *RC*、*RL* 串联电路中，当输入信号(电压)发生突变时，电路的状态从开始发生变化到逐渐趋于稳定的过程叫暂态过程。

一、实验目的

1. 观察 *RC* 电路的暂态过程，加深对电容充、放电过程的理解；

2. 学习用 *RC* 的积分、微分电路研究电容冲放电过程；

3. 进一步熟悉示波器的使用。

二、实验仪器和用具

示波器、信号发生器、电阻、电容等。

三、实验原理

RC 电路的暂态过程分充、放电过程，其电路如图 4-21-1 所示。当开关接到位置 1 时，电源 E 通过电阻对电容 C 充电(也可用图 4-21-2 来表示，充电过程满足的方程)

$$R\frac{\mathrm{d}q}{\mathrm{d}t}+\frac{q}{C}E$$

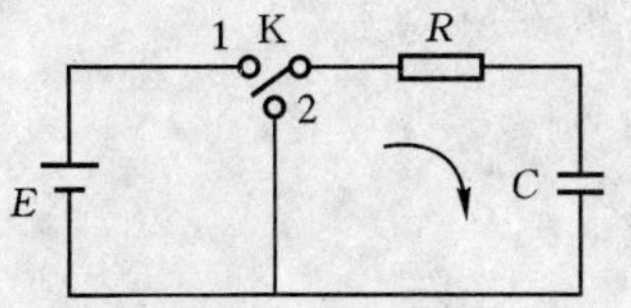

图 4-21-1

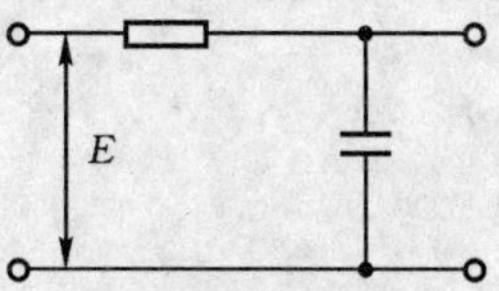

图 4-21-2

q 为电容器上的电量，$\dfrac{dq}{dt}$ 为充、放电过程中的电流，充电过程的初始条件为 $t=0$ 时，$q_0=0$，方程的解为

$$q = CE(1 - e^{\frac{-t}{RC}})$$

$$u_C = \frac{q}{C} = E(1 - e^{\frac{-t}{RC}})$$

$$i = \frac{dq}{dt} = \frac{E}{R}e^{\frac{-t}{RC}}$$

$$u_R = Ri = Ee^{\frac{-t}{RC}}$$

式中 $RC=\tau$ 称为 RC 电路的时间常数，它反映着充、放电过程的快慢程度。可以看出：电容在充电过程中，u_C、u_R、电流 i 都是按指数规律变化的。通常把图 4-21-2 的电路称为积分电路，积分电路的输入电源电压、电容 C 上的输出电压 U_C 的变化如图 4-21-3 所示。

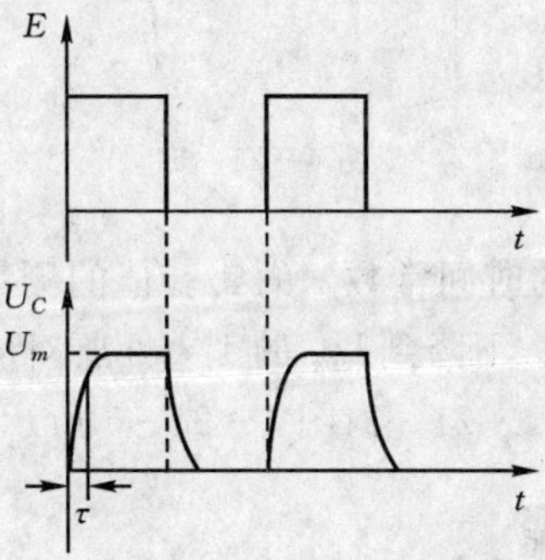

图 4-21-3

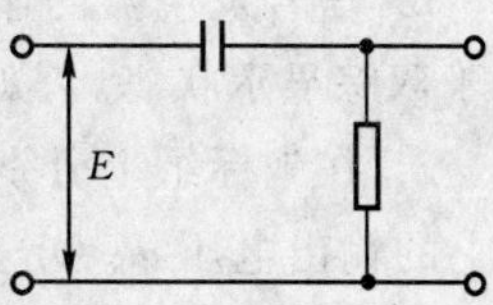

图 4-21-4

当 u_C 增大到 E 值后，将开关迅速接到位置 2，这时电容 C 通过电阻 R 放电，其等效电路如图 4-21-4 所示，放电过程满足的方程为

$$R\frac{dq}{dt} + \frac{q}{C} = 0$$

放电过程的初始条件为：$t=0$ 时，$q=CE$，方程的解为

$$q = CE\mathrm{e}^{\frac{-t}{RC}}$$

$$u_C = \frac{q}{C} = E\mathrm{e}^{\frac{-t}{RC}}$$

$$i = \frac{\mathrm{d}q}{\mathrm{d}t} = -\frac{E}{R}\mathrm{e}^{\frac{-t}{RC}}$$

$$u_R = Ri = -E\mathrm{e}^{\frac{-t}{RC}}$$

可以看出：电容 C 在放电过程中，i 为负值，表示放电电流与充电电流方向相反，电容在放电过程中，u_C、u_R、电流 i 也都是按指数规律变化的。通常把图 4-21-4 的电路称为微分电路，微分电路的输入电源电压、电阻 R 上的输出电压 U_R 的变化如图 4-21-5 所示。

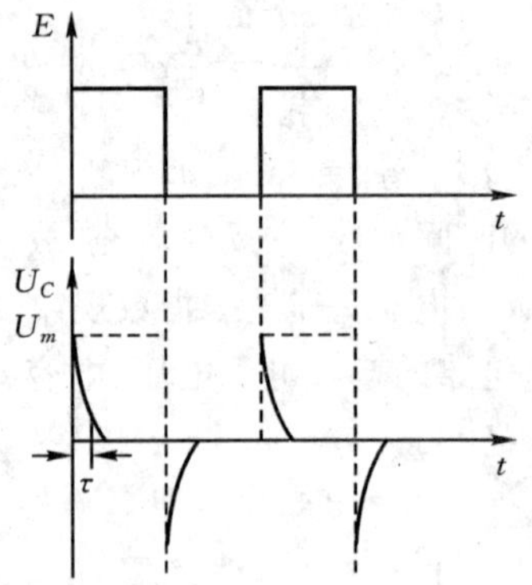

图 4-21-5

积分电路，微分电路的时间常数 τ 的实验值的测量，通常是先测量出 u_C 或 u_R 的最大值 U_m，然后求出 U_m 下降到 U_m 的 1/e 处所对应的时间，对应的时间即为时间常数 τ 的实验值。如图 4-21-3、图 4-21-5 所示。

四、实验内容及步骤

1. 分别按图 4-21-2、图 4-21-4 连接电路。电路中 $R=10\ \mathrm{k\Omega}$，$C=0.1\ \mu\mathrm{f}$。

2. 信号发生器的输出选用方波，方波的幅度为 5 V，频率为 500 Hz，将示波器置于双踪显示状态，可观察方波和 u_C 或方波和 u_R 的变化规律。

3. 在坐标纸上分别画出：积分电路，微分电路的输入电源电压与电阻 R、电容 C 上的输出电压 u_R、u_C 的变化图。

测量时间常数 τ 的实验值，并与其理论值 $\tau=RC$ 比较。

4.22　薄透镜焦距的测定

在光学仪器中,透镜是不可缺少的基本原件。

透镜有厚薄之分,简单地说,若透镜的通光口径远大于透镜的厚度,称为薄透镜;反之,为厚透镜。表征一个透镜的主要参数是它的口径和焦距。由于原料和加工的实际要求,使得在不少光学仪器中所使用的透镜并非是单个的,而是由若干个不同参数的透镜组成,因而了解每个透镜单个的参数就是非常重要的。

单个透镜的基本参数是它的焦距和口径,至于外观和它的表面质量是由专门的工具和仪器来进行测量,日常要做的基本工作就是测定它的焦距。

透镜焦距的测定方法很多,而基本的测量工具就是光具座。常规的光具座是由一根长直的导轨和在导轨上可以自由平移的若干个可调支架组成。由于光学元件的调节和测试都要在同轴等高的条件下进行,因此在测试中,每个光学元件用支架夹持之后,都要在高低、平移和俯仰等五个自由度可以自由调节。光学元件的调整都是很细微的,因而它的调节机构必须是非常灵活和精密的。

测定透镜焦距的基本原理是透镜成像公式。从几何光学的基本知识我们知道,对于薄透镜,在近轴光线的条件下,它们的物距 U、像距 V 和焦距 f 之间满足下列方程

$$\frac{1}{U}+\frac{1}{V}=\frac{1}{f} \tag{4.34}$$

式中 U、V、f 的值均从透镜中心算起,V 的正负以象的虚实来定,实像为正,虚像为负,对 f 而言,凸透镜为正,凹透镜为负。

若光源为平行光,以光源为物,其物距 $U=\infty$,则上式变为

$$\frac{1}{\infty}+\frac{1}{V}=\frac{1}{f}$$

显然此时有 $V=f$。这就说明如果用平行光照射透镜,那么它的像距和焦距相等。这就是测量透镜焦距最简单而又最准确的方法。

问题是如何获得一束平行光。

若在光具座上设置一物,它距透镜距离为 $x=U$,那么在透镜另一侧设置一个像屏(可自由移动的白色平板),移动其位置,就有可能得到一个实像(可能是放大的,也可能是缩小的),测量像到光心(透镜中心)的距离 L,就可以得到像距 $V=L$,利用式(4.34)就可算出焦距 f。这就是测量透镜焦距最常用的物距像距法。

若在透镜的左侧放置光屏(物),在透镜的另一侧放置一平面镜。固定物屏不动,缓慢而平稳的移动透镜,根据焦距的定义我们知道,当物屏位于透镜的焦平面时,则经过透镜的光就变成一束平行光,这一束平行光再经平面镜反射,根据光束

可逆原理，这束光平行返回再经透镜必然在原物屏上形成一个等大且反向（为什么）的像。此时，从物屏到透镜中心的距离，正好等于焦距。这就是用自准法测定焦距，也属于常用的一种方法。

以上三种测量焦距的方法都必须在同轴等高的条件下进行，就是说每一个元件和它的中心不仅要在距光具座表面等高的位置，而且每个元件的主平面必须和光轴正交。虽然如此，所谓成像是以人的肉眼判断，这是很难唯一判定的。而从元件中心到读数标尺（在光具座表面）又有一段距离（通常约 200 mm 左右），这样远的距离去反映元件的真实距离，误差是很难避免的。况且这些数据之间又没有互补，所以要求准确测量是不容易的。

若在光具座的适当位置，分别固定物屏和光屏，且二者距离足够大，那么让透镜在物屏于像屏之间平稳地移动。则可能在像屏上出现一大一小的两个实像。如图 4-22-1 所示。

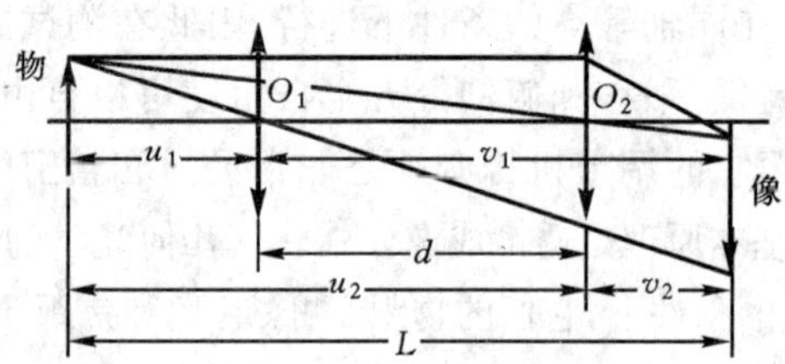

图 4-22-1

这是一个系统，移动透镜两次成像，透镜在 O_1 时有物距和像距 U_1 和 V_1，当透镜在 O_2 时，又有物距和像距 U_2 和 V_2，设物屏和像屏的距离为 L，O_1 和 O_2 的距离为 d，根据透镜成像公式，显然有

$$O_1: \quad \frac{1}{u_1}+\frac{1}{L-u_1}=\frac{1}{f}$$

$$O_2: \quad \frac{1}{u_1+d}+\frac{1}{v-d}=\frac{1}{f}$$

代入 $L=U_1+V_1$ 即可导出

$$f=\frac{L^2-d^2}{4L}$$

从上式可以看出，只要满足 $L>4f$，就可以出现两次成像，也就可以求出焦距的值。这就是所谓的贝塞尔（共轭法）法测其焦距。

分析共轭法测量焦距的过程，它的被测量只有 L 和 d 两个量，式中 L 是一段固定不变的距离。有可能较准确的测量，，而透镜移动距离 d 虽然是两次测量之差，但只要保证透镜相对稳定，它们的系统误差是互补且可以抵偿的，因而它的误差有可能减至最小，因此它应该是误差较小的一种方法。

至于同轴等高的调节，一般是先固定光源（物屏），将像屏放在最远处，移动透镜，先出现小像，标记位置，再移动透镜再次成像（大像），在像屏上观察像的中心是否重合，有效而迅速的方法是大像追小像。

上述调节是在光源已平行于光具座表面的条件下进行的。

一、实验目的

1. 熟悉光路同轴等高的调整；
2. 观察透镜成像的过程和特征；
3. 用自准法测透镜焦距；
4. 用共轭法测透镜焦距。

二、实验仪器

光具座一套，薄透镜一只，光源、物屏、像屏各一个。可调支架三个，厚透镜一只，短焦距透镜一只。

三、实验原理

透镜成像公式

$$\frac{1}{U}+\frac{1}{V}=\frac{1}{f}$$

四、实验内容

1. 将光源、物屏、透镜及像屏安装在支架上；
2. 调节上列各元件至同轴等高状态；
3. 用自准法测量透镜焦距；
4. 用共轭法测量透镜焦距。

五、数据记录及处理

1. 列表记录

自准法

	物屏 A	透镜 L	焦距 f
1			
2			
3			

共轭法

	x_1	$x_2(O_1)$	$x_3(O_2)$	x_4
1				
2				
3				

$L=x_1-x_4$　　　$d=x_2-x_3$

2. 计算两种方法测量的焦距 f,并分析其差异及原因。

六、思考题

1. 用两个透镜如何组成望远镜和显微镜;
2. 用一个厚透镜观察以下像差。

4.23 分光计的应用和玻璃折射率的测定

分光计是一种精确测量光线偏转角度的光学仪器,经常用来测量材料的折射率、色散率、光波波长和进行光谱观测等。掌握分光计的调节和使用是学习操作光学仪器的一项基本训练。由于该装置比较精密,控制部件较多,且操作复杂,所以使用时必须严格按照一定的规则和程序进行,方能获得较好的测量结果。

一、实验目的

1. 观察、了解分光计的结构,学习分光计的调节和使用;
2. 学习角游标的使用、读数规律及系统误差的消除;
3. 用分光计测量三棱镜的顶角。
4. 测量三棱镜的最小偏向角。
5. 计算三棱镜玻璃的折射率 n。

二、实验仪器

分光计(JJY 1′);平行平面镜;三棱镜;光源。

三、分光计的结构

1. 分光计的结构

常用的JJY型分光计的结构如图4-23-1所示。分光计一般由望远镜、平行光管、载物台、读数装置和底座五部份组成。分光计的下部是三脚底座,中心的竖轴称为分光计的旋转主轴,主轴上装有可绕轴转动的望远镜、载物台、刻度圆盘和游标盘,在一个底脚的立柱上装有一个固定的平行光管。

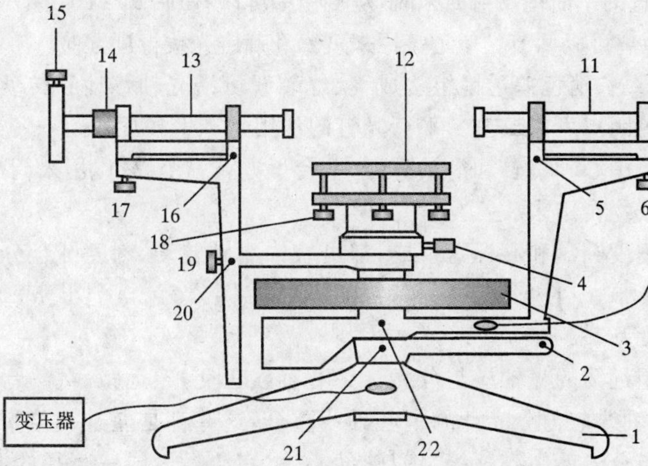

图 4-23-1　JJY 型分光计结构图

1—三脚底座;2—望远镜微调螺钉;3—刻度圆盘;4—载物台紧固螺钉;5—望远镜光轴水平方向调节螺钉;6—望远镜光轴倾斜度调节螺钉;7—光源小灯(在内部);8—分划板(在内部);9—目镜调焦轮;10—目镜筒紧固螺钉;11—望远镜筒;12—载物平台;13—平行光管筒;14—狭缝装置紧固螺钉;15—狭缝宽度调节螺钉;16—平行光管光轴水平向调节螺钉;17—平行光管光轴倾斜度调节螺钉;18—载物台调节螺钉(三个);19—游标盘紧固螺钉;20—游标盘微调螺钉;21—望远镜紧固螺钉(在背面);22—刻度圆盘紧固螺钉

望远镜由物镜、分划板和目镜组成。常用的目镜有“阿贝”目镜和“高斯”目镜两种,JJY 型分光计用的是“阿贝”目镜,望远镜的结构如图 4-23-2 所示。小灯发出的光通过绿色滤光片后,经直角三棱镜反射,转向 90°,将分划板下部照亮,在分划板下

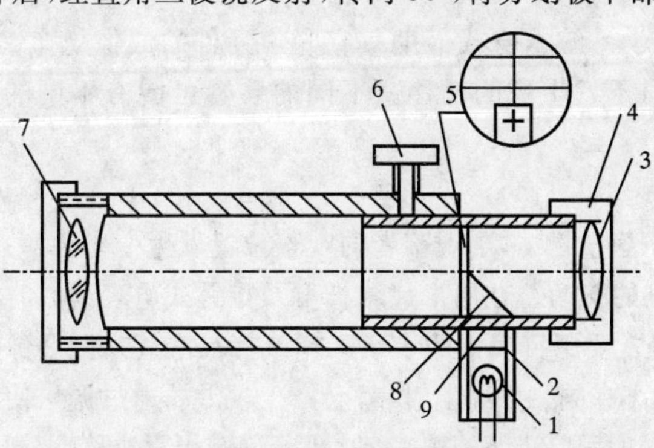

图 4-23-2　望远镜的结构示意图

1—小灯;2—滤色片;3—目镜;4—目镜调焦轮;5—十字分划板;
6—紧固螺钉;7—物镜;8—直角棱镜;9—目镜筒

方可见一绿色亮框。分划板上有三个十字刻线,下部有一个小十字,当绿光透过分划板和物镜,再从外置的平面镜反射回来时,从目镜中可以看到一个绿十字。分划板与目镜及物镜间的距离可以调节。望远镜用来观察和确定光线行进方向。

平行光管由狭缝、消色差透镜组构成,狭缝装置可沿光轴移动和转动,缝宽和狭缝与透镜组间的距离可以调节。平行光管的作用是产生平行光。

载物台可以绕中心轴旋转和沿轴升降,平台下方有三个螺钉,用来调节载物台的高度和水平。载物台用来放置光学元件。

读数装置由刻度圆盘和游标盘组成,都可绕中心轴转动,刻度圆盘分为 360°,最小分度为半度(30′),半度以下用角游标读数,游标分为 30 个小格,每小格为 29′,因此最小读数为 1′。

平行光管和望远镜的光轴应与分光计中心轴线正交,望远镜、载物台、刻度圆盘、游标盘的旋转轴线应与分光计的中心轴线重合,这些都是通过调整来实现,为了消除刻度圆盘与分光计中心轴线之间的偏心差,在游标盘同一直径的两端各设一个角游标。

2. 光学系统的基本调节方法

(1)在光具座上同轴等高的调节

在光学系统中,各光学元件的主光轴重合即为共轴。若光学元件均在光具座上,必须使主光轴与光具座导轨表面相平行而且等高。在光学系统的基本调节中,光学元件的共轴等高调节是最基本的,调节方法如下:

粗调:利用目测判断,将各光学元件和光源的中心调成等高,并使各元件所在平面基本上相互平行且铅直。若各元件在光具座上,可先将它们靠拢,目测调节,使它们的中心连线重合,与导轨表面平行;

细调:利用光学系统本身或借助其它光学元件的成像规律来判断和调节,使得沿光轴移动元件时不发生像的偏移。不同的装置可能有不同的调节方法,如自准法、二次成像法等。

(2)消除视差

视差是指两个静止物体,当观察者的观察位置发生变化时,一个物体相对另一个物体的位置有明显的移动。在用米尺测长度及指针式电表读数时都存在视差问题。

光学实验中经常要用目镜中的十字叉丝或标尺准线来测量像的位置和大小。当像平面与十字叉丝不在同一平面上时,就会产生视差。通过调焦使像平面与十字叉丝所在平面相重合,这时眼睛上下左右移动,两者没有相对位移,即视差消除。在光学实验中“消视差”常常是测量读数前必不可少的操作步骤,否则,就会引入测量误差。

3. 分光计的调整

分光计的调节和一般的光学仪器一样,存在一个同轴等高调节,即分光计平行光管光轴(即入射平行光线)和望远镜光轴(即出射平行光线)都应与刻度盘面和载物台面严格平行,同时都严格垂直于旋转主轴。因此,分光计在使用前必须进行严格的调整,具体步骤如下:

第一步:目测粗调

(1)松开载物台的紧固螺钉 4,使载物台 12 能自由旋转,调节台下的三个调节螺钉 18,目测小平台水平并将螺钉 4 紧固之。

(2)放上半反镜(直角),在望远镜外侧,保持眼睛和望远镜之目镜等高,向反射镜望去,并旋转平台让半反镜旋转 180°,应在半反镜中两次看到自己眼睛的像,且应大致等高。若看不到眼睛的反射像,说明平台不平,调 18,直到反复旋转平面镜,都能在目镜中心的等高线外测同一位置看到自己眼睛的反射像。(若已接通电源:应在半反镜中两次看到绿十字叉丝的像和眼睛的像,且绿十字叉丝的像应大致和眼睛的像等高。若看不到眼睛和绿十字叉丝的反射像,说明平台不平,调 18,直到反复旋转平面镜,都能在目镜中心的等高线外侧同一位置看到眼睛和绿十字叉丝的反射像。这一步调节非常重要。常常的情况是从望远镜中看不到绿十字叉丝反射像,这是因为从望远镜射出的光没有被平面镜反射回望远镜中。)

(3)在调节的过程中,若发现望远镜有明显的倾斜,应调节望远镜光轴调节螺钉 6,目测使它水平。

第二步:望远镜调节

(1)接通电源,阿贝目镜中下侧绿十字叉丝灯亮,调节目镜调焦手轮 9,即调整目镜与分划板的距离,使目镜十字叉丝非常清晰,此时分划板已处于目镜的焦平面上。然后让望远镜正对半反镜,或缓慢的在目测正交方位左右旋转望远镜,直至在望远镜中能看到反射的绿十字像,若像不清晰,松开目镜筒紧固螺钉 10,轻轻缓慢的前后移动目镜筒,即调整物镜与分划板间的距离,使绿十字像清晰。

(2)调分划板十字线成水平、垂直状态。左右微微转动载物台,观察亮十字像的横线与分划板上方十字刻线是否始终平行或重合,若不始终平行或重合,说明分划板方位不正,松开目镜筒紧固螺钉,稍微旋转目镜筒,直到左右转动载物台时,亮十字像的横线与分划板上方十字的横线始终平行或重合为止。

(3)眼睛上下左右移动,若观察到绿十字像与分划板刻线有相对位移,这叫视差,应微微前后移动目镜筒,直到无视差为止。此时分划板也位于物镜的焦平面上。拧紧目镜筒紧固螺钉。

(4)按透镜成像原理,如果发光体位于透镜的焦平面上,则通过透镜后就成为平行光束,如果用与光轴垂直的平面镜将此平行光束反射回来,则通过透镜成像于焦平面上(光路图如图 4-23-3 所示)。通过上述调节,分划板同时位于目镜和物镜的焦平面上,望远镜已聚焦于无限远处,适合观察平行光。

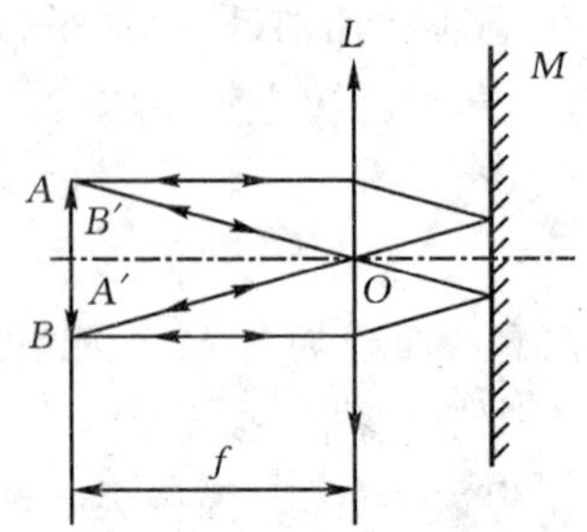

AB 为发光体；*B′A′*为发光体的像；
L 为凸透镜；*M* 为平面镜

图 4-23-3 发光体位于透镜焦平面时的光路图

第三步:调整望远镜光轴与旋转主轴严格垂直

(1)将平面镜 M 如图 4-23-4 所示,放于载物台上,并使平面镜 M 的平面和 ab 连线正交,松开游标盘紧固螺钉,通过转动游标盘来转动载物台及平面镜,记住望远镜中平面镜两次反射十字叉丝的位置。正确的位置是两次反射像重合且都在分划板上方十字刻线处,如图 4-23-5 所示。这一步调节非常重要,首先要细心观察,若旋转反射镜,两次反射像有上下移动,说明平面镜没有垂直于光轴,这时只能调节 a 或 b 螺钉,让高的下降一半或低的上升一半。再旋转平台,注意不能移动平面镜,则两次反射像应该拉近,继续调节载物台的水平调节螺钉 a 或 b,直到反复旋转平台,其两次反射像在同高度,说明平台已和光轴正交。若此时反射像在同高度但不在分划板上方刻线处,只要调节望远镜光轴微调螺钉 6,将反射像调至分划板上十字刻线处就行了。如此反复检查,就可以很快调好。重复说明一下,反射像如有上下移动调平台,两次反射像等高但不在分划板上方十字刻线,则调整望远镜。

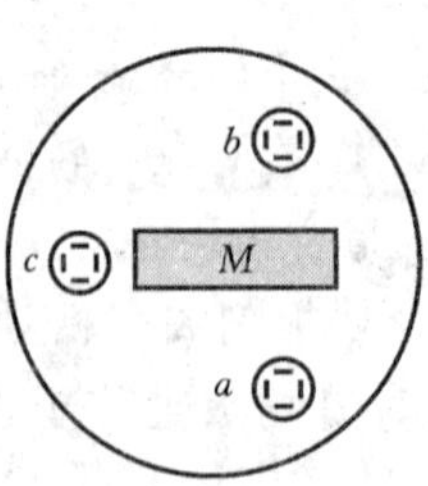

图 4-23-4 载物台上放置平行平面镜的位置图

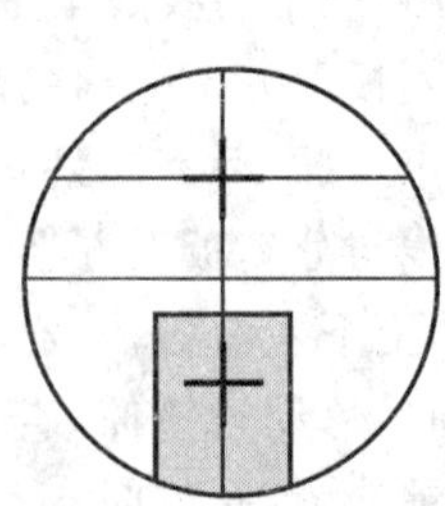

图 4-23-5 平面镜两次反射十字叉丝的位置图

(2)调到这里只能说明 ab 连线与望远镜主轴平行且垂直于分光计主轴，还有 c 螺钉没有调节，这时，只要将平面镜在载物台上旋转 90°，让 M 平面正对 c 螺钉，即底边与 ab 连线平行，旋转载物台让 c 点正对望远镜，反射绿十字像一般不在分划板上方十字刻线处，这时只能调节载物台调平螺钉 c，其余的 a、b 及 6 螺钉均不能再动，让反射像移到分划板上方刻线处，就全部调好了。

(3)为了进一步检查调整的质量，可以轻轻移动反射镜在载物台上的位置，观察其反射像，都应该满足两次反射像在分划板上方十字刻线的位置，否则就是中间哪一步没有调好，或者调好后又误调的缘故。

第四步：平行光管的调节

(1)首先目测平行光管的高低与左右位置，大致水平并且与平台主轴正交。

(2)接通汞灯光源，将平行光管狭缝旋开，望远镜旋转到对准平行光管的位置，这时可以从望远镜中观察到狭缝的像，松开狭缝装置的紧固螺钉，前后移动狭缝位置，使从调好的望远镜中观察到最清晰的狭缝的像，狭缝的宽窄应在清晰的条件下越细越好，此时狭缝已处于平行光管透镜组的焦平面上。

(3)然后，转动狭缝成水平状态，并调节平行光管的光轴倾斜度调节螺钉 17，使狭缝像中心线与分划板中间十字的横线重合，这时平行光管的光轴与旋转主轴垂直。再将狭缝转为竖直方向，调节平行光管光轴水平向调节螺钉 16 或转动望远镜水平调整螺钉，使狭缝像的中心线与分划板的竖直线重合。

(4)再微微前后移动狭缝，使狭缝像与分划板竖线无视差的重合，这样，光源照亮狭缝的光通过平行光管即为平行光。最后拧紧狭缝装置紧固螺钉。至此，分光计已调整到正常使用状态。

四、实验原理

1. 对于顶角为 A 的等边三棱镜而言，当有光线在 AB 边以入射角 i_1 入射时，它将以折射角 r_1 进入棱镜，又以入射角 r_2 射入 AC 界面，再以出射角 i_2 从 AC 面射出。如图 4-23-6 所示。

设三棱镜为某种折射率为 n 的均质玻璃，则有下列关系式成立：

$$n = \frac{\sin \frac{1}{2}(A + D_{\min})}{\sin \frac{1}{2}A} \tag{4.35}$$

式中 A 为三棱镜的顶角，$D_{\min}$ 为三棱镜对这束入射光的最小偏向角。

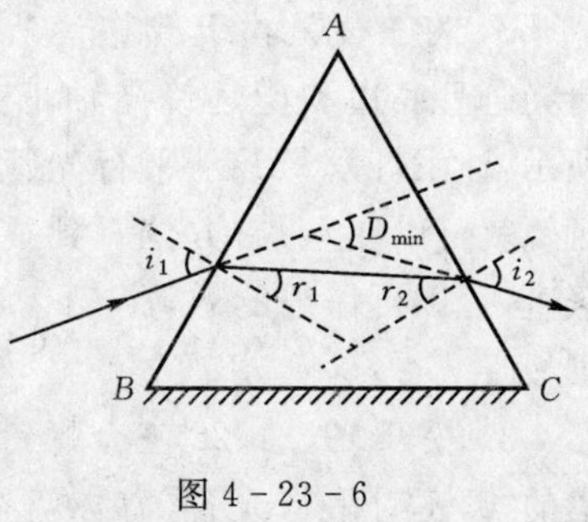

图 4-23-6

2. 最小偏向角

如图 4－23－7，当一束波长为 λ 的光线以入射角 i_1 射入棱镜，并以出射角 i_2 射出，由于光线两次经过不同媒质的分界面（光疏→光密→光疏），在分光计中观测，光线从 o 射入从 o' 射出，若旋转载物台（顺时针），则出射光开始以顺时针偏转，但当旋转到某一角度时，出射光 o' 会反向转回。

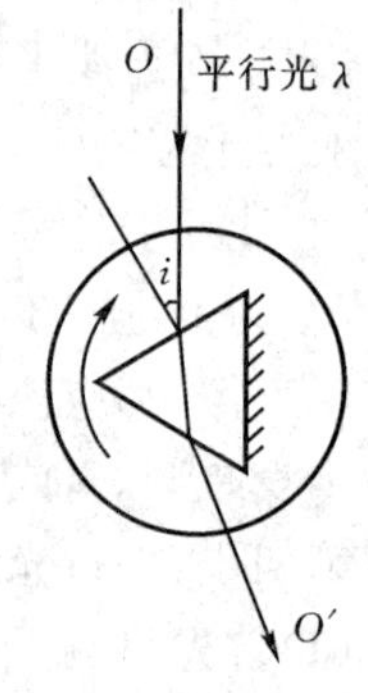

图 4－23－7

入射光方向不变，棱镜旋转，即入射角 i 减小，折射角 D 也会减小，到达临界时，谱线会反向移动，达到临界角时，偏向角达到最小值 D_{min}，此时，式(4.35)成立。

3. 先将三棱镜底面（毛面）与平行光管大致平行，再将游标盘反时针转 30°左右，开启汞灯，在棱镜的出光面目测，可以看到一组由蓝、绿、黄组成的谱线，移动望远镜对准绿光。

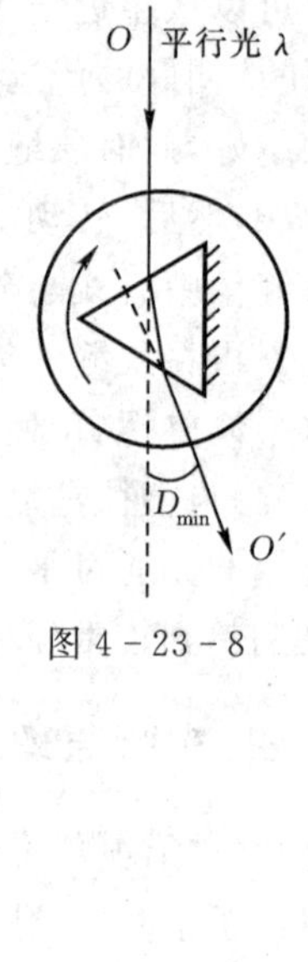

图 4－23－8

这时缓慢的顺时针转动游标盘，并同时转动望远镜，跟紧绿线，发现偏向角 D 将同时减小，到达某一入射角时，在望远镜中会看到绿谱线反转，这个临界角，就是偏向角减到最小时会增加，固定在反转的位置，就是最小偏向角，如图 4－23－8 所示，记录下此时 A、B 两个游标的读数，再将望远镜转回对准平行光管，记录 Ao 和 Bo，两角度之差就是最小偏向角。

由于折射率不仅取决于不同的材质，同一材质对于不同波长的光，它的折射率也不相同，所以报告结果时，一定要同时报告它所对应的波长。

五、实验步骤

1. 调节分光计到正常使用状态。

2. 将三棱镜置于载物台上，使其顶角正对平行光管且底边和望远镜光轴正交，如图 4－23－9 所示，让汞灯发光并从平行光管射入，左右旋转望远镜就可以在左、右方位看到狭缝的像，若狭缝不竖直，可以再仔细的微调一下（旋转狭缝或调节分划板）。

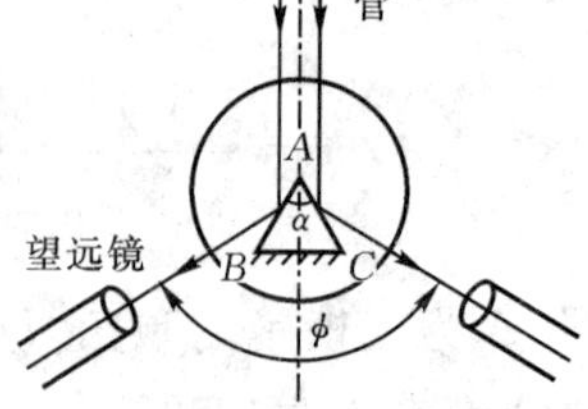

图 4－23－9　测量棱镜的顶角

3. 松开 19、21、22 三个螺钉，旋望远镜和刻度盘的“0”正对平行光管，游标盘在垂直于平行光管的左右两侧，紧固螺钉 19 和 22。左旋转望远镜在 B 方位找到狭缝的反射像，微调望远镜之位置，让目镜竖直叉丝与像重合，记录左右两个游标的读数，然后将望远镜右移测出 C 点时的左右两个游标的读数。

使用角游标时要注意，角度是以度、分表示的，不是十进制！另外，在读数和计算角度的过程中还应注意两点：

(1)读数时，不要漏读半度(30′)。

(2)在测量角位置的过程中，注意游标 0 线是否经过刻度盘的 360°刻度线(亦即 0 刻度线)，如果经过 360°刻度线，计算角度(末初读数之差)时，要考虑末读数±360°的问题。角游标的分度值非常小，直接用眼睛进行读数比较困难，一般用放大镜放大。

4. 观察三棱镜对汞灯光谱谱线的色数。

5. 测量(汞灯某条谱)三棱镜的折射率。

六、数据处理

1. 三棱镜顶角 α 的测量数据记录表格

游标	分光计读数		$\Phi_A=\theta_A^- - \theta_A^+$	$\Phi_B=\theta_B^- - \theta_B^+$	$\Phi=\dfrac{\Phi_A+\Phi_B}{2}$	$\alpha=\dfrac{\Phi}{2}$
	望远镜在右边时	望远镜在左边时				
左	θ_A^+	θ_A^-				
右	θ_B^+	θ_B^-				

2. 计算三棱镜的顶角 α。

3. 最小偏向角 $D_{\min}$。

游标	最小偏向角	光管初读数	$D_{\min}$
游标(A)左			
游标(B)左			

七、注意事项

1. 使用光学元件和仪器时，要轻拿轻放，勿使它们受到冲击或震动，特别要防止光学元件跌落。暂时不用的或用毕的应放在安全的地方或放回原处，不可随便乱放。

2. 不要用手触摸光学元件的光学表面；光学元件表面如有灰尘，要用洁净的镜头纸或软毛刷轻轻的拂去，或用橡皮球吹掉，切勿用嘴吹或用手指抹，以防沾污或损伤光学表面。

3. 分光计上的各个螺钉在未搞清其作用前,不要随意扭动。

4. 当发现分光计的某些部件不能转动时,不可用力硬扳,以免损坏。

5. 调整时应注意,已调好部分的螺丝不能再随意拧动,否则前功尽弃。

6. 在游标读数前,检查分光计的几个制动螺钉是否拧紧,若未拧紧,取得的数据会不可靠。

7. 汞灯的紫外光较强,不可直视,以免损伤眼睛。

4.24　等厚干涉

如果有两束光,在完全相同的方向传播(包括方向相同和相反两种可能性),如果它们的频率相同,振动方向相同,而且它们的位相差恒定不变,两束光相遇而合成时,它们就会相互叠加,其结果会出现一种特殊的现象:在有的地方,它们会相互叠加,而使其振幅加大;而有些地方又会互相抵消,使其振幅减小直至为0。显然,在振动方向一致的地方,互相叠加,使振幅增加,从而得到一个光亮的部分;当振动方向相反时,振动相互抵消,从而使振幅减小,直至为零,形成一个暗的区间。从总体来看,在宏观上客观地显示出一个明暗相间的光学区域,这就是所谓的光的干涉现象。

显然,任何两个独立的光源都很难满足上述条件,而形成稳定的干涉条纹。在实际应用中,是由一个光源,通过一些光学元件把它分成两束,经过不同的光路,再把它们合成,使之满足光的相干条件,从而实现光的相干。

如图 4-24-1 所示,由同一波源形成的一束光(1～5),平行地射向由 AC 和 BC 两块平玻璃做成的一个空气劈装置,AB 间距实际上很小(例如 0.1 mm),某一条光线(例如第三条线)自玻璃 A 穿过,射到 B,在 B 表面反射后向上行进,当它再度到达 A 的下表面时,一定和刚刚射入 A 的光线相遇,这两束光波的光程差是 a_2 和 b_2 之间距离的二倍,即 $\sigma = 2a_2b_2$,显然,从 1 到 5 整个光束在 AB 两内表面都存在光程差 σ,即在 AC 内表面,均存在着不同光程差的入射光和反射光的合成。

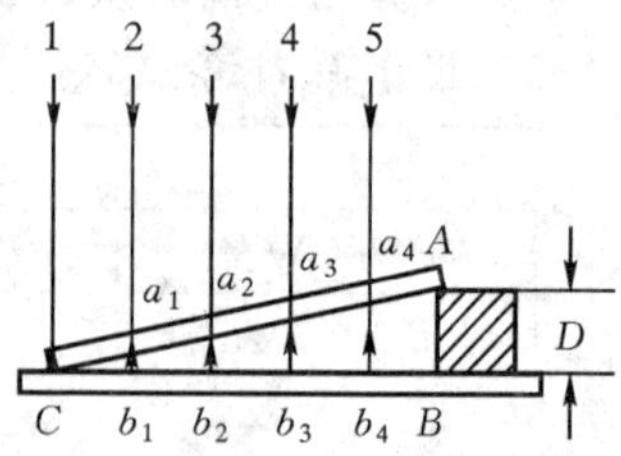

图 4-24-1　劈尖干涉

由振动与波动理论我们知道,一个波动的传播过程,某点的振动情况是时间 t 和位置 x 的二元函数,即

$$y = y_0 \cdot \psi(x)\sin(\omega t + \varphi)$$

$$\psi(x) = \sin\frac{n\pi x}{l}$$

对于已知的波动过程，它在某一时刻的不同位置，其振动（分振幅）也是固定的，即随 x 的不同而以正弦规律的分布着，在图 4-24-1 中，两平玻璃之间的距离（$a_n b_n$）是不同的。不难看出，任一时刻在 A 内表面的波前为 t_0，则该时刻经 $2x$ 返回 A 内表面的波前其各点之振动将随 x 不同而连续变化，显然当 x 从 $0\to 2AB$ 的过程中，$\psi(x)$将可能若干次的经过从 0 到正、负最大值的变化，它与刚到 A 内表面波前的合成就一定会出现相加或抵消，在宏观表现上就可以看到明暗相间的条纹。因为它是位置 x 的函数不随时间变化，所以明暗条纹也是固定不变的。考虑到光线在 B 表面反射时有半波损失，所以，当合成波的光程差为波长的整倍数是出现明条纹（相加），为半波长的奇数倍时就会出现暗条纹，若用文字式表达，可以表示为

$$\delta = 2x + \frac{\lambda}{2} = \begin{cases} k\lambda & k = 0,1,2\cdots \text{为明条纹} \\ \left(k + \frac{1}{2}\right)\lambda & k = 0,1,2\cdots \text{为暗条纹} \end{cases} \tag{4.36}$$

还要说明的是，由于 x 是连续变化的，所以它的明暗条纹是连续变化的，而上式表示的位置和距离，只是条纹的中心，在 C 点 $x=0$ 由于半波损失的存在，它一定是暗条纹。

在近代测量中，随着测量精度的要求提高，这种光测技术被引入到工业测量和自动控制中去，由于它是非常清晰的明暗条纹，又是可数的，而每一次明暗交替变化其反应的位移 x 是以波长来表征的，所以它的量值不但可以非常小，还可以非常精确。

一、实验目的

1. 观察光的等厚干涉现象；
2. 学习测量微小长度的一种方法（干涉法）；
3. 学习逐差法处理数据。

二、实验仪器

测量显微镜；劈尖；牛顿环；钠灯。

三、实验原理

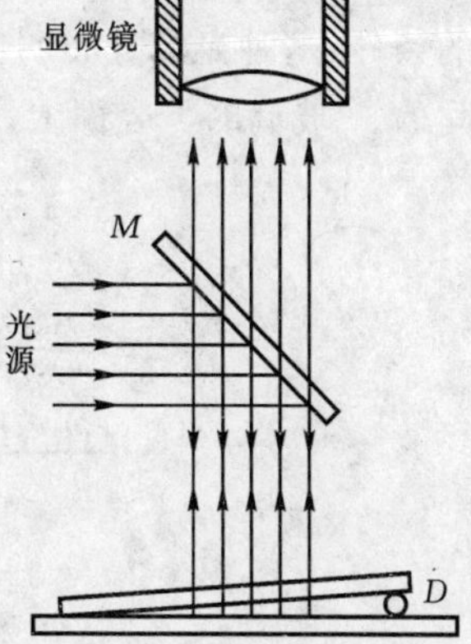

图 4-24-2

如图 4-24-2 所示，由钠光灯发出的光，经 45°平玻璃反射到一个光学元件上，那么这个光学元件上所出现的光学现象，就可以通过竖直向下的显微镜观察到，当下面的光学元件是一个由两块平玻璃组成的劈

尖时，就可看到明暗相间的条纹。它的合成过程是从光源射来的单色光照时到平玻璃 M 上，由于 M 是 45°放置，所以一部分光被反射垂直向下，到达劈尖装置，所谓劈尖就是两块玻璃，一侧被一微小厚度的片材(也可以是细丝)支撑，中间形了一个空气劈，光线从上玻璃射入(一部分反射)到下玻璃之上表面反射(此时会出现半波损失)，这束反射光沿原光路返回(向上)到达上玻璃之下表面时，遇到刚刚到达的后来的入射光两者合成，就会在上玻璃的下表面上出现明暗相间的干涉条纹，适当地将显微镜对上玻璃的下表面调焦就可以观察到明暗相间的条纹。

设两平面玻璃交界面为 C，垫片的交界面为 AB，BC 距离全部可见明暗条纹的区间为 L，两明(暗)条纹之间距为 S，垫片厚度为 D。两平玻璃之夹角为 α，显然相邻两暗条纹之光程差为 λ，而其垂直距离 $x=\lambda/2$，设相邻两暗条纹之距离为 S，则有

$$\tan\alpha = \frac{\lambda/2}{S} = \frac{D}{L}$$

从而得出

$$D=\frac{\lambda}{2}\cdot\frac{L}{S} \tag{4.37}$$

式中 D 就是我们要测的薄膜的厚度，处理方法有两种：

(1)在显微镜下 BC 区间分别测几组 S 值，(若条纹均匀，可少测几个)得平均值 $\overline{S}$，再测得 L 值，代入式(4.37)中即可。

(2)在条纹数不太多时(一般小于 100)可以直接从显微镜数出条纹数(最好从 C 点开始数暗条纹)乘以 $\lambda/2$ 即可。

如把图 4-24-3 中 B 玻璃换成一个曲率半径很大的球面镜如图 4-24-4 所示，由于平玻璃和透镜之间，只有一个很小的区间形成空气劈，平凸透镜顶点 O 与平板玻璃接触，其光程差为 $\lambda/2$(几何距离为 O)形成一个暗斑，其余部分，在不同直径，(以 O 点为圆心)上形成不断变化的明暗圆环，同样满足方程(4.36)所约定的条件，这种光场分布叫做牛顿环。同理，这些干涉条纹出现在 AB 形成的气隙中间的 A 玻璃的下表面上。

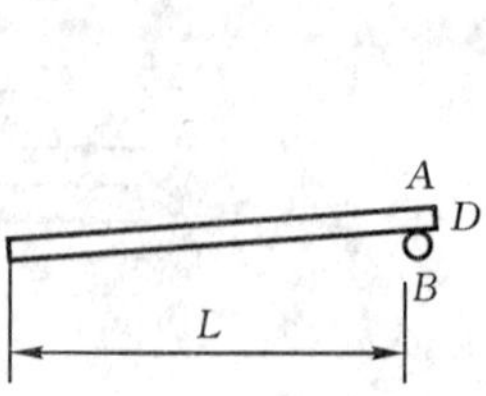

(a)

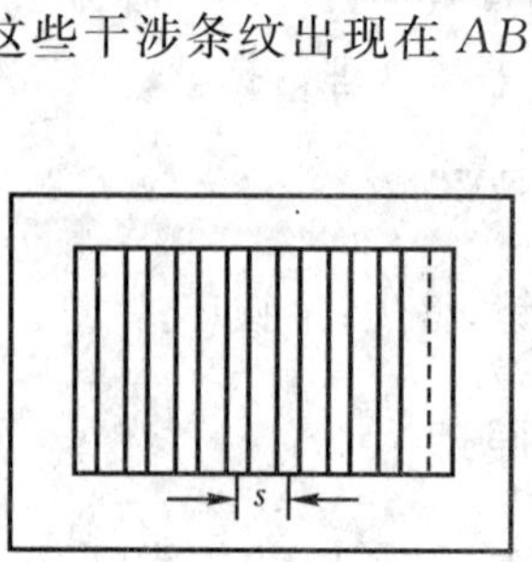

(b)

图 4-24-3

为了说明其几何关系，将图 4 - 24 - 4 变换成图 4 - 24 - 5。从(4.36)式可知，形成暗环的条件是

$$\delta = 2x + \frac{\lambda}{2} = \left(k + \frac{1}{2}\right)\lambda$$

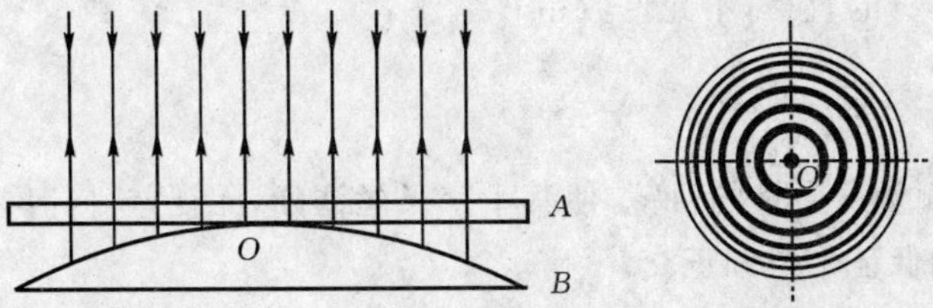

图 4 - 24 - 4

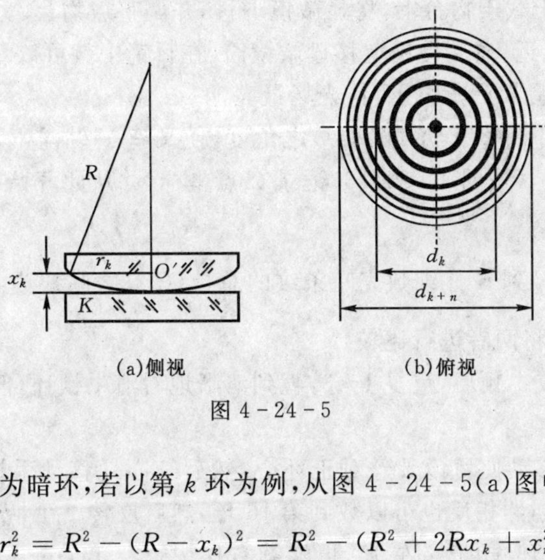

(a)侧视　　　　(b)俯视

图 4 - 24 - 5

即当 $X_k = k\dfrac{\lambda}{2}$时为暗环，若以第 k 环为例，从图 4 - 24 - 5(a)图中可以看出

$$r_k^2 = R^2 - (R - x_k)^2 = R^2 - (R^2 + 2Rx_k + x_n^2)$$

由于这是一个 R 很大的平透镜，x 实际非常小，相对于 R 就更小，所以可以忽略不计，得

$$\begin{aligned} r_k^2 &= 2Rx_k \quad \because\ x_k = k\frac{\lambda}{2} \\ &= kR\lambda \end{aligned} \tag{4.38}$$

式中 R 为透镜之曲率半径，λ 为入射光之波长，k 是暗环的级数，因为中央为暗环，所以 $k=0,1,2,3,\cdots,n$，若以 $r_k^2 = \left(\dfrac{1}{2}D_k\right)^2$ 代入(4.38)式，可得

$$R = \frac{r_{k+n}^2 - r_k^2}{n\lambda} = \frac{d_{k+n}^2 - d_k^2}{4n\lambda}$$

式中 d_k 是第 k 级牛顿环的直径，d_{k+n} 是第 $k+n$ 级牛顿环的直径，λ 是入射光的波长，n 是从第 k 级向外增加的级数。

应该说明的是，第 k 级在相对测量中可以不是准确的环数，在实际测量中，只要准确无误地测定出 d_k 和 d_{k+n}。k 的具体数值，是不关紧要的。（d_k 和 d_{k+n} 在测量必须是它本身的直径，不允许数错）

四、实验内容

1. 调节测量显微镜的目镜，使其十字叉丝清晰，无视差，同时在水平和垂直两个方向和移动保证平行和正交。

2. 开启钠光灯，使显微镜之 45°平玻璃 M 正对光源，再轻轻转动物镜筒下的平面玻璃 M，使视场最明亮。

3. 把劈尖置于载于物台上，将显微镜下移，并调整载物台之 x，y 方向，使物镜中心与劈尖中心接近，然后慢慢上移显微镜筒，在目镜中就可以看到明暗相间的干涉条纹，再适当的调节平玻璃 M，使光场最亮。

4. 移动平台并调整下盘（载物台）之角度，使叉丝 Y 轴与干涉条纹平行，观察到全部干涉条纹后，（按图 4-24-3）记录 C 点坐标，并从此开始每隔 10 条记录一次，直至到达 B 点。

5. 也可以从 C 到 B 仔细数完暗条纹的总数（C 点之暗线为 0）n。用 $n\times\dfrac{\lambda}{2}$ 也可以求出 D 来，试将两者进行比较。

6. 将劈尖换成牛顿环，重复 1～3，直到清晰地看清牛顿环，但尽可能做到中央光斑为暗心。

7. 将载物台移动使目镜叉丝对正环心，然后细心地移动手柄和记数，一直向左（载物台向右），当然相反也可以数到第 16 环，然后反转 x 手柄使叉丝右移，直到第 15 环线中心（暗环线）记录左 15，再继续右移记录左 14，……直至中心暗斑，并核对记录环数是否正确。再继续右移直到测量到右 15。（在这一组测量中，手轮可以停止、读数，但不允许倒转）。

8. 将手柄再转一点数到右 16，然后反向移回右 15 并依次数下去直到回到中央暗斑计数恰巧为 0，说明上列测量正确，否则要重测第 7 步。

五、数据记录入处理

1. 劈尖干涉数据记录，测量金属薄的厚度 D

单位:mm

k	读数	$l_{10}=[(k+30)-k]\frac{1}{3}$	$S=l_{10}\frac{1}{10}$	$\overline{S}$
0(C)				
10				
20				
30				
⋮		$L=k(B)-0(C)$		D
60		$\lambda=$		
$K(B)$		n(总条纹数)=		

2. 牛顿环数据表

k	直径测量读数		d_k	d_k^2	$d_{k+5}^2-d_k^2$	$\overline{d_{k+5}^2-d_k^2}$
	左读数	右读数				
15						
14						
13						λ
12						
11						
10						
9						R
8						
7						
6						

3. 用逐差法进行处理数据并计算 D 和 R

六、思考题

1. 劈尖干涉和牛顿环光程差为零的地方在哪里？那里的干涉图样应该是什么样的,若不对,是什么原因造成的,可以如何简单的处理一下。

2. 用白光(不用单色光)能否看到干涉条纹？有什么特点和条件？

3. 若劈尖干涉的条纹不平行，或牛顿环不圆，个别圆环有异变，可能是什么原因造成的？

4.25 光栅衍射与波长测量

光栅是一种常用的光学元件。在平面玻璃片上，刻上许多很细的刻痕，形成不透光的区域，而没有刻的地方仍然可以透光，这就相当于一个光的栅栏，只不过间距很小。通常用的光栅其光栅常数为 $d=a+b$，a 为透光部分宽度，b 为不透光部分的宽度，最简单的做法就是 $a=b$，常用的光栅常数有两种，分别为 600^{-1} 和 300^{-1}，即每毫米刻 600 条或 300 条。

当一束光其波长为 λ，垂直入射到光栅上，根据光的衍射理论，除了中央明条以外，它将以不同的级别，以一定的角度向两侧衍射。如图 4-25-1 所示，图中之入射光为汞灯的光谱，它可以分成 $\pm k=0,1,2,\cdots$ 级衍射光谱，并以下式 $d\sin\theta=k\lambda$ ($k=0,\pm1,\pm2,\pm3$) 展开，对于汞灯而言，它的结构如图 5-1 所示，由黄、绿、紫等若干个波长不同的谱线组成。复合光经光栅后，将因波长的差异以不同的角度衍射形成衍射光谱。

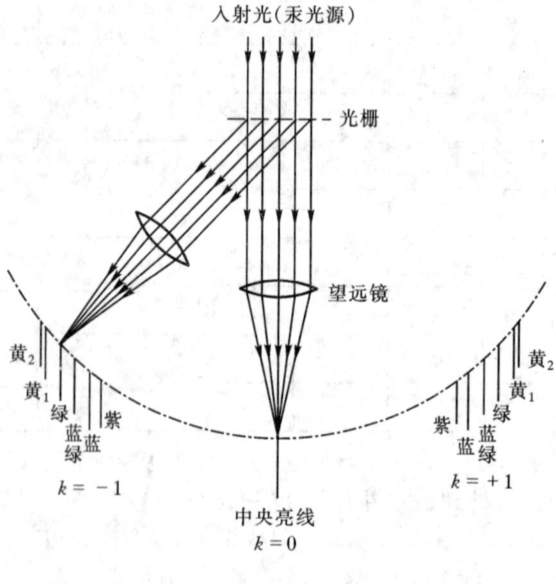

图 4-25-1 汞灯的光栅衍射光谱

一、实验目的

1. 进一步熟悉分光计的结构、调整与使用；

2. 用分光计测量汞的衍射光谱及其相应的波长。

二、实验仪器

分光计、汞灯、光栅。

三、实验内容

1. 调整分光计

(1)调节目镜使分划板图线清晰(旋转目镜调节手轮)。

(2)调节望远镜,调焦无穷远。将平面镜置于载物台,在望远镜中找出绿十字的反射象,并调节清晰。

(3)调节载物台(见图 4－23－1)ab 螺钉和望远镜紧固螺钉 6(见图 4－23－2),使平台 ab 联线与望远镜轴线平行。

(4)将平面镜旋转 90°(平行于 ab),只调节 C(见图 4－23－4)使正反两个绿十字的反射象均在(见图 4.23.5)上十字线,至此望远镜与平台调整结束。

(5)复查核准,若上述系统正确调整无误,那么将平面镜任意放置在载物台的任意位置(当然应平整且垂直),那么旋转载物台,一定可以看到绿十字的反射像,不一定能和上十字重合,但上下应相差不大(一般上下差一个绿十字的高度是许可的)。

(6)调节平行光管。打开汞灯,让平行光管正对光源小窗口,先前后移动狭缝,使得望远镜中有狭缝清晰的像,再调节狭缝之宽度使之适当(在看清楚的条件下,细一点好)。

(7)让狭缝在望远镜视场的中心位置,旋转狭缝,它应以望远镜分划板中心为轴旋转,不应该有上下、左右的漂移。如果有上下漂移,则应调节平行光管之角(见图 4－23－1))千万不能再动望远镜及平台的任何部件,若有左右偏移,则可以同时调节望远镜水平调节螺丝 5(见图 4－23－1)和平行光管水平调节螺丝 16,直至同轴旋转时狭缝没有水平或竖直移动为止。

2. 测定衍射角

(1)将平面光栅置于架槽内,并放到载物台上,使其正对望远镜。正常情况下,应能看到光栅表面反射回来的绿十字像(应该比较淡),若没有,可适当调节一下光栅支架。

(2)将望远镜对准中央明条,记下初读数 0,然后将望远镜向左旋,应能依次看到紫、蓝绿、绿、黄等各条谱线，再向右旋转，也能看到谱线且在同一水平高度、无上下移动与倾斜。

(3)依次从左(右)到右(左)分别将分划板竖直线对准黄、绿、紫等各条谱线，记录下对应的衍射角，记入数据表

游标	A 游标		B 游标		θ	测量值	标准值	误差
望远镜位置	θ左	θ右	θ左	θ右	1/4	λ/nm	λ/nm	%
黄②								
黄①								
绿								
蓝绿								
紫①								
紫②								

3. 数据处理

(以黄光为例，用黄①或黄②均可)

(1)将 A 游标之θ 左和θ 右相减得 θ_A 黄①～它是衍射角的二倍。

(2)将 B 游标之θ 左和θ 右相减得 θ_B 黄①～它是衍射角的二倍。

(3)将 θ_A 和 θ_B 相加除以 4，就得出汞灯黄①谱线的衍射角。

(4)本实验使用的光栅是全息光栅，(不可用手触摸)它是每毫米 300 条，即 $d=1/300$ mm。以所测的角度代入光光栅方程，即 $d\cdot\sin\theta=k\lambda$。

这里看的是一级衍射光谱，所以 $k=1$，求出对应黄①的波长。

(5)依次算出黄②、绿、紫各光谱线的波长。

(6)查出 λ 的标准值，计算相对误差。

四、思考题及分析评价

1. 光学实验一般来说精度较高，相对误差较小，试说明可能产生误差的因素有哪些？如果你的结果相对误差较大(如超过 1%)试解释一下，主要原因是什么？

2. 若分光计调整不到位，如平台不平，望远镜与平行光管未同轴等高，狭缝不正等三种情况，会对观测和测量结果产生什么影响？

3. 试试看二级衍射的条纹。

4.26　光电效应

这是一个非常重要的实验。

由于在将近 120 年前赫兹没有忽视在一次电磁波实验中火花意外的变化……,并为此又做了一系列实验。

一年后,德国的霍尔瓦克斯以及后来的里奇(意大利)、斯托列夫(俄国)继续努力,发现了光电池。

直到十余年后测出荷质比,才证明了光电流也是电子流,系金属内部的自由电子获得能量逸出金属表面的一种客观现象,但经典的理论,对此无法解释。这正是 1900 年勒纳德用不同光源照射所得到的结论:不同光源产生的光电子的动能是不同的,但却和光照度无关,而经典理论对此无法解释,它的实验结果得到两个结论:

1. 照射光的频率和逸出电子的动能有关,但低于某一频率时,无论光照强度多大,都不能产生光电子;

2. 光照和光电子同时发生,没有一个能量的积累过程。

这两点结论,直接向经典理论提出挑战,它使人们再次努力寻找新的理论根据,虽然勒纳德试图以原子共振来解释它,但最终与实验并不完全一致。尽管 1905 年爱因斯坦已提出光量子理论,但由于勒纳德的权威与爱因斯坦的弱小而未被学界重视,加之当时实验条件的客观困难也起了一定的阻碍作用——无法得到所需的各种频率的光源和测量这种微弱电流的仪器条件。

只是由于密立根的执着与认真,完成了极精密的实验装置,并以汞的六条特征谱线为光源,实测不同光频率条件下的截止电压,证明了“红限”的存在,并具体计算出普朗克常数,从而证明了爱因斯坦的光量子方程

$$h\nu = W + \frac{1}{2}mv^2$$

引入被逸出电子所具有的动能$\frac{1}{2}mv^2 = ev$,可以得到通常所描述的:从光源发出的光,并不是按照麦克斯韦理论那样以连续分布的形式把能量传播到空间,而是以能量守恒与转化原理,从一个能级到另一个能级以光量子的形式(hv)辐射到空间,h 为普朗克常数,ν 为辐射光的频率,W 是电子逸出表面所消耗的功,$\frac{1}{2}mv^2$ 是电子逸出后所剩余的动能。从而为近代物理理论和光的波粒二象性的建立了不朽的功勋,而这一切已经是十余年后的 1916 年了。

基于前辈科学家的努力和认真的观察、探索,我们可以简明的描述这一过程。

当原子结构中的电子从一个能级(由于某种原因)跃迁到另一个较低的能级

时，将以 $h\nu$ 的形式辐射出能量（光量子），它作用于某些金属的表面，把这一能量传递给金属表面内的电子，若它的能量大于该金属材料的红限（逸出功 W），则接收该光量子的电子将获得的能量 $h\nu$，一部分用于克服逸出功逃逸出金属表面，而将剩余的能量以动能（$\frac{1}{2}mv^2$）在自由空间运动，这个电子就是所谓的光电子，且满足

$$\frac{1}{2}mv^2 = h\nu - W$$

这个现象就叫做光电效应。

为了获得明显的效果，并达到可以实用（测）的条件，必须要寻找逸出功较小的材料，让光量子照射到用逸出功小的金属氧化物做成光阴极，同时还要有用于接收这些光电子的阳极组成了实用的光电管。

现在我们再来综述这一物理过程。

当有大于红限的光照射到安装在真空管中的光阴极表面时，就会在其表面上产生光电子，而连续的光照会连续不断的产生光电子。由于光电子的出现，在原来真空的光阴极表面建立了由过剩电子积累而形成的负电场，显然，这个负电场对继续逸出的光电子产生一个抑制作用，在稳定的光照条件下，将迅速建立一个平衡状态——单位时间光量子产生的光电子和被附加负电荷建立的反向电场“赶”回阴极的光电子相等，达到一个动态平衡状态。光电管如图 4-26-1 所示。

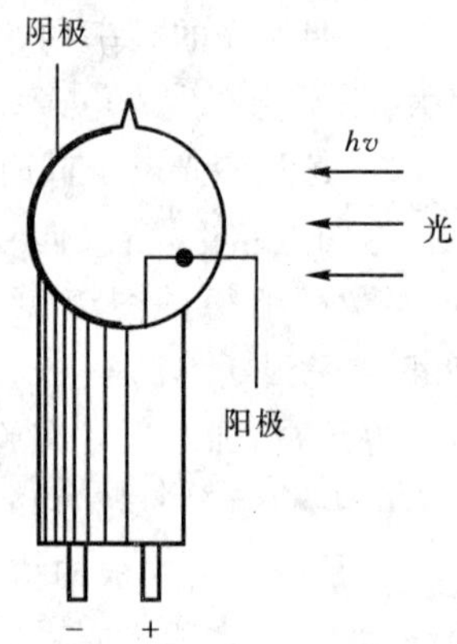

图 4-26-1 光电管结构

此时若用导线将光电管的正负极联结，虽然这里不加电压，但由于光电子所具有的动能，也会有一部分电子从阳极经过外电路，而流向阴极形成电流。

显然，如果接入检测电路（如图 4-26-2），当有光自 D 发出，照射到光阴极 K 上时，就会有光电流。显而易见，在光照一定条件下，阳极 A 和阴极 K 所在空间的光电子数处在动态平衡状态。随着光电管电压 U_{AK} 的增加，光电流 i 将线性增加，在光照持续的条件下，达到新的平衡。当电压继续增加，电流也随之增加，若电流增加到动态平衡时光电子的最大逸出时，由于光照不变而使光电流达到一个饱和值：即电压再增加，而光电流不可能增加，其过程如图 4-26-3 所示。

AB 段应近似线性，BC 段是饱和段（稳定段），曲线在 B 点附近则有明显的弯曲（两个线性段的均匀过渡）。

若将电压降低，至 A 点时，此时光电流不为“0”，AD 段为反向截止，而 D 点的

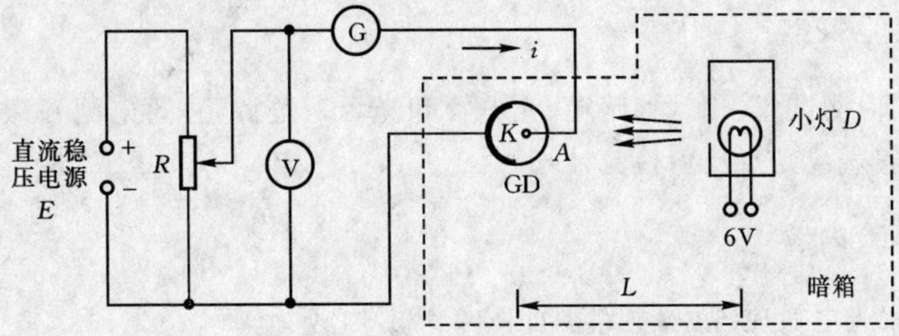

图 4-26-2　光电管特性测试装置和电路图

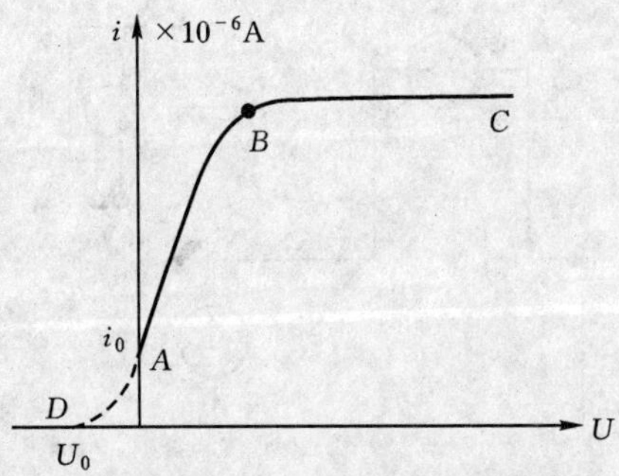

图 4-26-3　光电管伏安特性曲线

电压值 U_0（负值）叫做扼止电压，此时电流值为"0"，如前所述，对于不同的光照（频率），其 U_0 不同，它是频率的函数。

要做好这个实验，应该解决两个问题：

其一，暗箱和光源。为了得到单一而稳定的照射光源，应将光电管置于暗箱中，严格地说，它不是简单的制作，还要考虑客观存在的各种强辐射（空气中的各种射线）。如果要测量普朗克常数，还要提供不同频率且照度可控的光源。

其二，微电流测量。因为光电流很小（微安级或更小），所以要仔细考虑选择什么电表和怎样的电路结构。

一、实验目的

1. 观察光电效应现象；
2. 测绘光电管的伏安特性曲线；
3. 测绘光电管的光电流和光照度关系曲线；
4. 了解光电管的应用（光放大和光开关）。

二、实验仪器

光电效应测试仪一套(含暗箱、光电管和光源);电源箱(蓄电池);微电流测试仪(数字微安表或光点反射检流计)。

三、实验内容

1. 观察光电效应现象,电路图如图 4-26-4 所示。

(1)将光电管与微安表连接,小灯 D 接 6 V 电源;

(2)移动 D 的位置,观察光电流的变化;

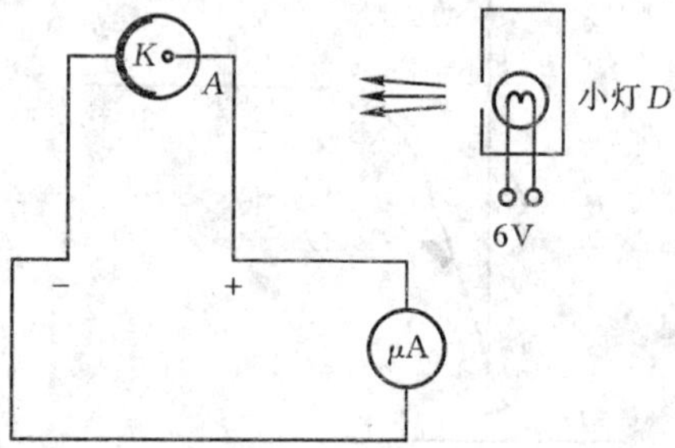

图 4-26-4　观察光电效应电路图

2. 测绘光电管伏安特性曲线,按图 4-26-5 接线;

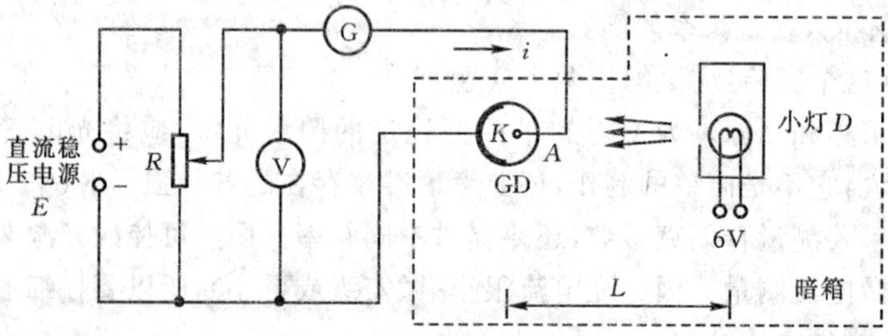

图 4-26-5　测量光电管伏安特性曲线电路图

(1)光电压=15 V,改变 L,使 I=15 μA;

(2)固定 L 不变,测 U=0~30 V 的光电流值,共 10 个点。注意 B 点附近点子应多一些;

(3)做 $I=f(u)$特性曲线。

3. 测绘光照度曲线。

以小灯泡做点光源，此时光电管所受到的光照度与 L^{-2} 成正比，即改变 L 测绘其光电流。

(1)调节光电压约 15～20 V 左右；

(2)调节 L，使光电流约 19 μA，记录 L_1，以后电流每减小 3 μA($\uparrow L$)，记录一个点，直到 $i=0$，即最后将点光源关闭($E=0$)，记录 i。

四、数据处理及报告要求

1. 自己设计记录表格，确定数据范围；
2. 观察各个现象，并记录；
3. 报告：

(1)画出两个特性曲线图；

(2)论述原理及解释各个现象。

4.27 用密立根油滴实验测电子电荷 e

著名的美国学者密立根(Robert A. Millikan)，在 1909 年到 1917 年期间所做的测量微小油滴上所带电荷的工作，即油滴实验，是物理学发展史上具有重要意义的实验。这一实验的设计简明巧妙、方法简单，结论却具有不容置疑的说服力，因此这一实验堪称物理实验的典范。密立根在这一实验工作上花费了近 10 年的心血，取得了具有重大意义的结果：(1)证明了电荷的不连续性。(2)测量并得到了元电荷即电子电荷，其值为 1.60×10^{-19}C。现公认 e 是元电荷，对其值的测量精度不断提高，目前给出最好的结果为

$$e=(1.60217733\pm0.00000049)\times10^{-19}\text{C}$$

正是由于这一实验，他荣获了 1923 年的诺贝尔物理学奖。

80 多年来，物理学发生了根本的变化，而这个实验依然在实验物理的前列。近年来，根据这一实验的设计思想改进的，用磁漂浮的方法测量分数电荷的实验，使古老的实验又焕发了青春，也就更说明密立根油滴实验是富有巨大生命力的实验。

一、实验目的

本实验的目的是验证电荷的不连续性，以及测量基本电荷电量，了解 CCD 传感器、光学系统成像原理及视频信号处理技术的工程应用等，并训练学生做物理实验应具有的严谨态度和坚忍不拔的科学精神。

二、实验原理

密立根油滴实验测定电子电荷的基本设计思想是使带电油滴在测量范围内处于受力平衡状态。按运动方式分类，油滴法测电子电荷分为动态测量法和平衡测量法。

1. 动态测量法

考虑重力场中一个足够小油滴的运动，设此油滴半径为 r，质量为 m_1。空气是粘滞流体，因此运动油滴除受重力和浮力外还受粘滞阻力的作用。由斯托克斯定律，粘滞阻力与物体运动速度成正比。设油滴以速度 v_f 匀速下落，则有

$$m_1 g - m_2 g = K v_f \tag{4.39}$$

此处 m_2 为与油滴同体积的空气质量，K 为比例系数，g 为重力加速度。油滴在空气及重力场中的受力情况如图 4-27-1 所示。

图 4-27-1　重力场中油滴受力示意图

若此油滴带电荷为 q，并处在场强为 E 的均匀电场中，设电场力去 qE 方向与重力方向相反，如图 4-27-2 所示，如果油滴以速度 v_r 匀速上升，则有

$$qE = (m_1 - m_2) g + K v_f \tag{4.40}$$

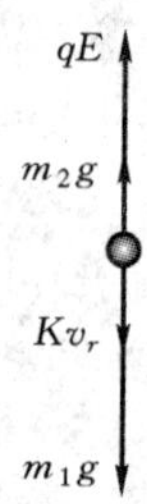

图 4-27-2　电场中油滴受力示意图

由式(4.39)和(4.40)消去 K，可解出 q 为

$$q = \frac{(m_1 - m_2) g}{E v_f}(v_f + v_r) \tag{4.41}$$

由式(4.41)可以看出，要测量油滴上携带的电荷 q，需要分别测出 m_1、m_2、E、v_f、v_r 等物理量。

由喷雾器喷出的小油滴的半径是微米数量级，直接测其质量 m_1 也是困难的，为此希望消去 m_1，而代之以容易测量的量。设油与空气的密度别为 ρ_1、ρ_2，于是半径为 r 的油滴的视重为

$$m_1 g - m_2 g = \frac{4}{3}\pi r^3(\rho_1 - \rho_2)g \tag{4.42}$$

由斯托克斯定律，粘滞液体对球形运动物体的阻力与物体运动速度成正比，其比例系数 K 为 $6\pi\eta r$ 此处 η 为粘度，r 为物体半径。于是可将式(4.42)代入式(4.39)，有

$$v_f = \frac{2gr^3}{9\eta}(\rho_1 - \rho_2) \tag{4.43}$$

因此

$$r = \left[\frac{9\eta v_f}{2g(\rho_1 - \rho_2)}\right]^{\frac{1}{2}} \tag{4.44}$$

以此代入式(4.41)并整理得到

$$q = 9\sqrt{2\pi}\left[\frac{\eta^3}{(\rho_1 - \rho_2)}\right]^{\frac{1}{2}}\frac{1}{E}\left(1 + \frac{v_r}{v_f}\right)v_f^{\frac{3}{2}} \tag{4.45}$$

因此，如果测出 v_r、v_f 和 η、ρ_1、ρ_2、E 等宏观量即可得到 q 值。

考虑到油滴的直径与空气分子的间隙相当，空气已不能看成是连续介质，其粘度 η 需要作相应的修正 $\eta' = \dfrac{\eta}{1 + \dfrac{b}{pr}}$ 此处 p 为空气压强，b 为修正常数，$b = 0.00823$ N/m(6.67×10^{-6} m · cmHg)，因此

$$v_f = \frac{2gr^2}{9\eta}(\rho_1 - \rho_2)\left(1 + \frac{b}{pr}\right) \tag{4.46}$$

当精度要求不是太高时，常采用近似计算方法先将 v_f 值代入(4.44)式计算得

$$r_0 = \left[\frac{9\eta v_f}{2g(\rho_1 - \rho_2)}\right]^{\frac{1}{2}} \tag{4.47}$$

再将此 r_0 值代入 η' 中，并以 η' 代入式(7)得

$$q = 9\sqrt{2\pi}\left[\frac{\eta^3}{(\rho_1 - \rho_2)g}\right]^{\frac{1}{2}}\frac{1}{E}\left(1 + \frac{v_r}{v_f}\right)v_f^{\frac{3}{2}}\left[\frac{1}{1 + \dfrac{b}{pr_0}}\right]^{\frac{3}{2}} \tag{4.48}$$

实验中常常固定油滴运动的距离，通过测量油滴在距离 s 内所需要的运动时间来求得其运动速度，且电场强度 $E = \dfrac{U}{d}$，d 为平行板间的距离，U 为所加的电压，因此，式(4.48)可写成

$$q = 9\sqrt{2}\pi d\left[\frac{(\eta s)^3}{(\rho_1-\rho_2)g}\right]^{\frac{1}{2}}\frac{1}{U}\left(\frac{1}{t_f}+\frac{1}{t_r}\right)\left(\frac{1}{t_f}\right)^{\frac{1}{2}}\left[\frac{1}{1+\frac{b}{pr_0}}\right]^{\frac{3}{2}} \tag{4.49}$$

式中有些量和实验仪器以及条件有关，选定之后在实验过程中不变，如 d、s、$(\rho_1-\rho_2)$及 η 等，将这些量与常数一起 C 代表，可称为仪器常数，于是式(4.49)简化成

$$q = C\frac{1}{U}\left(\frac{1}{t_f}+\frac{1}{t_r}\right)\left(\frac{1}{t_f}\right)^{\frac{1}{2}}\left[\frac{1}{1+\frac{b}{pr_0}}\right]^{\frac{3}{2}} \tag{4.49$'$}$$

由此可知，测量油滴的电荷，只体现在 U、t_f、t_r 的不同。对同一油滴，t_f 相同，U 与 tr 的不同，标志着电荷的不同。

2. 平衡测量法

平衡测量法的出发点是使油滴在均匀电场中静止在某一位置，或在重力场中作匀速运动。

当油滴在电场中平衡时，油滴在两极板间受到的电场力 $qEqE$、重力 m_1g 和浮力 m_2g 达到平衡，从而静止在某一位置，即

$$qE = (m_1-m_2)g$$

油滴在重力场中作匀速运动时，情形同动态测量法，将式(4.42)、(4.47)和$\eta'\dfrac{\eta}{1+\dfrac{b}{pr}}$代入到式(4.49)并注意到$\dfrac{1}{t_r}=0$，则有

$$q = 9\sqrt{2}\pi d\left[\frac{(\eta s)^3}{(\rho_1-\rho_2)g}\right]^{\frac{1}{2}}\frac{1}{U}\left(\frac{1}{t_f}\right)^{\frac{1}{2}}\left[\frac{1}{1+\frac{b}{pr_0}}\right]^{\frac{3}{2}} \tag{4.50}$$

3. 元电荷的测量方法

测量油滴上带的电荷的目的是找出电荷的最小单位 e。为此可以对不同的油滴，分别测出其所带的电荷值 q_i，它们应近似某一最小单位的整数倍，即油滴电荷量的最大公约数，或油滴带电量之差的最大公约数，即为元电荷。

实验中常采用紫外线、X 射线或放射源等改变同一油滴所带电荷，测量油滴上所带电荷的改变值 Δq_i，而 Δq_i 值应是元电荷的整数倍。即

$$\Delta q_i = n_i e \quad (\text{其中 } n_i \text{ 为整数}) \tag{4.51}$$

也可用作图法求 e 值，根据式(4.51)，e 为直线方程的斜率，通过拟合直线即可求的 e 的值。

4. 仪器结构、特点

实验仪由主机、CCD 成像系统、油滴盒、监视器等部件组成。

其中主机包括可控高压电源、计时装置、A/D 采样、视频处理等单元模块。

CCD 成像系统包括 CCD 传感器、光学成像部件等。油滴盒包括高压电极、照明装置、防风罩等部件。监视器是视频信号输出设备。

CCD 模块及光学成系统用来捕捉暗室中的油滴的像，同时将图像信息传给主机的视频处理模块。实验过程中可以通过调焦旋钮来改变物距，使油滴的像清晰的呈现出 CCD 传感器的窗口内。

平衡电压调节旋钮可以调整极板之间的电压，用来控制油滴的平衡、下落及提升。

极性切换按键用来切换上下极板的正负极性：工作状态切换键用来切换仪器的工作状态；平衡、提升按键可以控制油滴平衡或提升；确认按键可以将测量数据显示在屏幕上，从而省去了每次测量完成后手工记录数据的过程，使操作者把更多的注意力集中到实验本质上来。

油滴盒是一个关键部件，具体构成如图 4-27-3 所示。

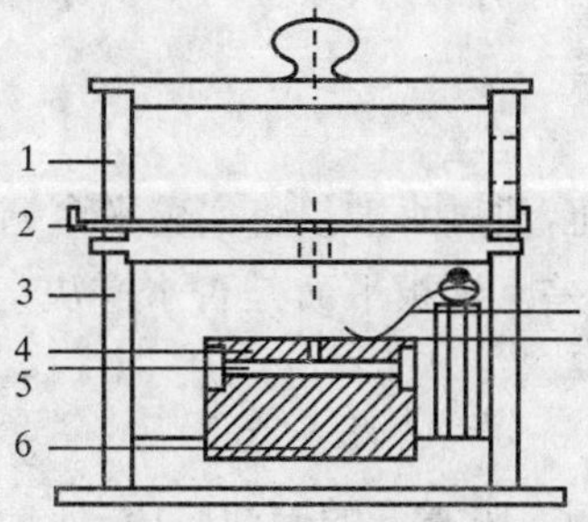

图 4-27-3　油滴盒装置示意图

1. 喷雾口 2. 进油量开关 3. 防风罩 4. 上极板 5. 油滴室
6. 下极板 7. 油滴杯 8. 上极板压簧 9. 落油孔

上、下极板之间通过胶木圆环支撑、三者之间的接触面经过机械精加工后可以将极板间的不平行度、间距误差控制在 0.01 mm 以下：这种结构基本上消除了极板间的“势垒效应”及“边缘效应”，较好地保证了油滴室处在匀强电场之中，从而有效地减小了实验误差。

胶木圆环上开有两个进光孔和一个观察孔，光源通过进光孔给油滴室提供照明，而成像系统则通过观察孔捕捉油滴的像。

照明由带聚光的高亮发光二极管提供，其使用寿命长、不易损坏；油雾杯可以暂存油滴，使油滴不至于过早地散逸；进油量开关可以控制落油量；防风罩可以避免外界空气流动对油滴的影响。

5. 仪器技术指标

主要技术指标

平均相对误差：　　$<3\%$

平行极板间距：	5.00 mm±0.01 mm
极板电压：	±DC 0～650 V 可调
提升电压：	200～300 V
电压表测量范围：	−(1999±1)～ +(1999±1)V
计时范围：	0～65.53 s±0.01 s
光学镜头：	放大倍数×60
电子格数：	10×3 格式，垂直视场分 10 格，每格 0.2 mm
电源：	AC220 V±10%、50 Hz、Fuse1.25 A

三、实验内容

学习控制油滴在视场中的运动，并选择合适的油滴测量元电荷。要求至少测量 5 个不同的油滴，每个油滴的测量次数应为 5 次。

1. 调整油滴实验仪器

① 水平调整

调整实验仪底部的旋钮，通过水准仪将实验平台调平，使平衡电场方向与重力方向平行，以免引起实验误差。极板平面是否水平决定了油滴在下落或提升过程中是否发生前后、左右的漂移。

② 喷雾器调整

将少量钟表油缓慢的倒入喷雾器的储油腔内，使钟表油湮没提油管下方，油不要太多，以免实验过程中不慎将油倾倒至油滴盒内堵塞落油孔。将喷雾器竖起，用手挤压气囊，使得提油管内充满钟表油。

③ 仪器硬件接口连接

主机接线：电源线接交流电 220 V；Q9 视频输出接监视器视频输入(IN)或接数据采集目测输入端。

数据采集卡：直接插入 PCI 插槽即可。

监视器：输入阻抗开关拨至 75 Ω(ohm)，Q9 视频线缆接 IN 输入插座。电源线接 220 V 交流电压。前面板调整旋钮自左至右依次为左右调整、上下调整、亮度调整、对比度调整。

④ CCD 成像系统调整

打开仪器电源，从喷雾口喷入油滴，此时监视器上应该出现油滴的像。若没有看到油滴的像，则需调整成像旋钮使其前后移动或检查喷雾器是否有油喷出。

2. 选择适当的油滴并练习控制油滴

① 选择适当的油滴

要作好油滴实验，所选的油滴的体积要适当。大的油滴虽然比较亮，但一般带的电荷多,下降或提升太快,不容易测准确;太小则受布朗运动的影响明显,测量时涨落较大,也不容易测量准确。因此应该选择质量适中带电不多的油滴。建议选择带电量在 5 个电子以下,下落时间在 25 s 左右的油滴进行测量。

选择方法:若要选择带电量较少的油滴,应将仪器置于工作、提升状态,电压调整至 400 V 以上。喷入油雾后,观察提升速度较慢、且体积适中的油滴,同时调整平衡电压旋钮使选中的油滴趋于平衡,平衡电压应在 250～350 V 之间。

② 平衡电压的确认

仔细调整平衡电压旋钮使油滴平衡在某一格线上,等待一段时间,观察油滴是否飘离格线,若其向同一方向飘动,则需重新调整;若其基本稳定在格线或只在格线上下作轻微的布朗运动,则可以认为基本达到力学平衡。此时应关闭油雾孔。

由于油滴在实验过程中处于挥发状态,在对同一油滴进行多次测量时,每次测量前都需要重新调整平衡电压,以免引起较大的实验误差。事实证明,同一油滴的平衡电压将随着时间的推移有规律地递减,且其对实验误差的影响很大。

③ 控制油滴的运动

选择适当的油滴,调整平衡电压,使油滴平衡在某一格线上,将工作状态按键切换至 0 V 状态,绿色的指示灯点亮,此时上下极板同时接地,电场力为零,油滴将在重力、浮力及空气阻力的作用下做下落运动,同时计时器开始记录油滴下落的时间;待油滴下落至预定格线时,将按键切换至工作状态(平衡、提升按键处于平衡状态),此时油滴将停止下落、计时器关闭,可以通过确认键将此次测量数据记录到屏幕上。

将工作状态按键切换至工作状态,红色指示灯点亮,此时仪器根据平衡、提升按键的不同分两种情形:若置于平衡状态,则可以通过平衡电压调节旋钮调整电压;若置于提升状态,则极板电压将在原平衡电压的基础上再增加 200～300 V 的电压,用来向上提升油滴。

确认键用来实时记录屏幕上的电压值以及计时值,最多可记录 5 组数据,循环刷新,往复不断。

注意:考虑到动态测量法需要记录提升电压的值,因此提升动作完成后,务必按一下确认键或者切换到 0 V 一次,重新激活 A/D 采样,否则提升电压将会锁定在屏幕上保持不变。

3. 正式测量

实验可选用平衡测量法:

平衡测量法:

① 开启电源,将工作状态按键切换至工作状态,红色指示灯点亮;将平衡、提升按键置于平衡状态;

② 用喷雾器向喷雾杯中喷入油雾，此时监视器上将出现大量油滴，选取适当的油滴，仔细调整平衡电压，使其平衡在某一起始格线上；

③ 将工作状态按键切换到 0 V 状态，此时油滴开始下落，同时计时器启动，开始记录油滴的下落时间；

④ 当油滴下落至预定格线时，快速地将工作状态键切换到平衡，油滴将随即停止，此时可以通过确认键将测量结果记录在屏幕上；

⑤ 将平衡、提升按键置提升状态，油滴将被向上提升，当回到略高于起始位置时，迅速置回平衡状态，然后将工作状态键置 0 V 状态使油滴下落一小段距离，使其靠近起始位置；

⑥ 重新调整平衡电压，重复以上三步，并将数据记录到屏幕上（平衡电压 V 及下落时间 t）。

四、数据处理

平衡法依据的公式为：

$$q = 9\sqrt{2}\pi d\left[\frac{(\eta s)^3}{(\rho_1-\rho_2)g}\right]^{\frac{1}{2}}\frac{1}{U}\left(\frac{1}{t_f}\right)^{\frac{3}{2}}\left[\frac{1}{1+\frac{b}{pr_0}}\right]^{\frac{3}{2}}$$

其中
$$r_0=\left[\frac{9\eta s}{2g(\rho_1-\rho_2)t_f}\right]^{\frac{1}{2}}$$

d 为极板间距　　$d=5.00\times10^{-3}\,\mathrm{m}$

η 为空气粘滞系数　　$\eta=1.83\times10^{-5}\,\mathrm{kg\cdot m^{-1}\cdot s^{-1}}$

s 为下落距离　　$s=1.8\times10^{-3}\,\mathrm{m}$

ρ_1 为油的密度　　$\rho_1=981\,\mathrm{kg\cdot m^{-3}}$（20℃）

ρ_2 为空气密度　　$\rho_2=1.2928\,\mathrm{kg\cdot m^{-3}}$（标准状况下）

g 为重力加速度　　$g=9.7965\,\mathrm{m\cdot s^{-2}}$

b 为修正常数　　$b=0.00823\,\mathrm{N/m}$（$6.17\times10^{-6}\,\mathrm{m\cdot cmHg}$）

p 为标准大气压强　　$p=101325\,\mathrm{Pa}$（76.0 cmHg）

U 为平衡电压

t_f 为油滴的下落时间

注：

① 由于油的密度远远大于空气的密度，即 $\rho_1\ll\rho_2$，因此 ρ_2 相对于 ρ_1 来讲可忽略不计（当然也可代入计算）

② 标准状况指大气压强 $P=101325\,\mathrm{Pa}$，温度 $t=20$℃，相对温度 $\phi=50\%$ 的空气状态。实际大气压强可由气压计表读出。

③ 油的密度随温度变化关系

T/℃	0	10	20	30	40
ρ/kg · m^{-3}	991	986	981	976	971

计算出各油滴的电荷后，求它们的最大公约数，即为基本电荷 e 值（需要足够的数据统计量）。

4.28 传感器的应用

CSY 系列传感器系统实验仪是用于教学实验的多功能教学仪器。其特点是集被测体、各种传感器、信号激励源、处理电路和显示器于一体，可以组成一个完整的测试系统。通过实验指导书所提供的数十种实验举例，能完成包含光、磁、电、温度、位移、振动、转速等内容的测试实验。并可举一反三开发出新的实验内容。

实验仪主要由实验工作台、处理电路、信号与显示电路三部分组成。

一、位于仪器顶部的实验工作台部分，左边是一副平行式悬梁，梁上装有应变式、热敏式、p－n 结温度式、热电式和压电式五类传感器。

应变式压力传感器：平行梁上梁的上表面和下梁的下表面对应地贴有八片，受力工作片分别用符号和表示。其中六片为金属箔式片(BHF－350)。横向所贴的两片为温度补偿片，用符号表示。片上标有“BY”字样的为半导体式应变片，灵敏系数为 130。

热电式（热电偶）温度传感器：串接工作的两个铜-康铜热电偶分别装在上、下梁表面，冷端温度为环境温度。分度表见实验指导书。

热敏式温度传感器：上梁表面有玻璃珠状的半导体热敏电阻 MF－51，负温度系数，25℃时阻值为 8～10 kΩ。

p－n 结式温度传感器：根据半导体 p－n 结温度特性所制成的具有良好线性范围的温度传感器，敏感面为顶端。

压电式加速度：位于悬臂梁右部，由 PZT－5 双压电晶片，铜质量块和压簧组成，装在透明外壳中。

实验工作台右边是由装于机内的另一副平行梁带动的圆盘式工作台。圆盘周围一圈安装有（依逆时针对方向）电感式（差动变压器）、电容式、磁电式、霍尔式、电涡流式五种位移传感器。

电感式（差动变压器）：由初级线圈 L_i 和两个次级线圈 L_0 绕制而成的空心线圈，圆柱形铁氧体铁芯置于线圈中间，测量范围＞10 mm。

电容式：由装于圆盘上的一组动片和装于支架上的两组定片组成平等变面积式差动电容，线性范围≥3 mm。

磁电式：由一组线圈和动铁（永久磁钢）组成，灵敏度 0.4 V/(m/s^{-1})。

霍尔式：半导体霍尔片置于两个半环形永久磁钢形成的梯度磁场中，线性范围≥3 mm，直流激励电压≤2 V，交流激励信号≤V_{p-p}5 V。

电涡流式：多股漆包线绕制的扁平线圈与金属涡流片组成的传感器，线性范围>1 mm 光电式传感器装于电机侧旁。

两副平行式悬臂梁顶端均装有置于激振线圈内的永久磁钢，右边圆盘式工作台由"激振"带动，左边平行式悬臂梁由"激振Ⅱ"带动。为进行温度实验，左边悬臂梁之间装有电加热器一组，工作时能获得高于环境温度 30℃左右的升温。

以上传感以及加热器、激振线圈的引线端均位于仪器下部面板上端一排。

实验工作台上还装有测速电机一组及控制、调速开关。

二、信号及显示部分：位于仪器上部面板

低频振荡器：1～30 Hz 输出连续可调，V_{p-p}值 20 V，最大输出电流 0.5 A，V_i端插口可提供用作电流放大器。V_i 端 3.5 mm 耳机插座静合接点的正常接触是保证低频输出的条件，无低频信号无输出，则可能静合接点分开，如遇此情况请打开面板，调节 V_i 插口静合接点接触良好。

音频振荡器：0.4 kHz～10 kHz 输出连续可调，V_{p-p}值 20 V，180°、0°为反相输出，L_v 端最大功率输出 0.5 A。

直流稳压电源：±15 V，提供仪器电路工作电源和温度实验时的加热电源，最大输出 1 A。±2 V～±10 V，档距 2 V，分五挡输出，提供直流信号源，最大输出电流 1 A。

数字式电压/频率表：$3\frac{1}{2}$位显示，分 2 V、20 V、2 kHz、20 kHz 四挡，灵敏度≥50 mV，频率显示 5 Hz～20 kHz。

指针式直流毫伏表：测量范围 500 mV、50 mV、5 mV 三挡，精度 2.5%。

三、处理电路：位于仪器下部面板

电桥：用于组成应变电桥，面板上虚线所示电阻为虚设，仅为组桥提供插座。R_1、R_2、R_3 为 350 Ω 标准电阻，W_D 为直流调节电位器，W_A 为交流调节电位器。W_D 电位器中心抽头串接口的防短路电阻，W_A 电位器中心抽头串接的为隔直电容。

差动放大器：增益可调比例直流放大器，可接成同相、反相、差动结构，增益 1～100倍。

光电变换器：提供红外发射、接收、稳幅、变换、输出模拟信号电压与频率变换方波信号。四芯航空插座上装有光电转换装置和两根多模光纤(一根接收,一根发射)组成的光强型光纤传感器。

电容变换器:由高频振荡、放大和双 T 电桥组成。

移相器:允许输入电压 $20V_{p-p}$移相范围 40°(随频率有所变化)。

相敏检波器:极性反转电路构成,所需最小参考电压 $0.5V_{p-p}$,允许最大输入 $20V_{p-p}$。

电荷放大器:电容反馈式放大器,用于放大压电加速度传感器输出的电荷信号。

电压放大器:增益 5 倍的高阻放大器。(仅 CSY 型实验仪配置)

涡流变换器:变频式调幅变换电路,传感器线圈是三点式振荡电路中的一个元件。

温度变换器:根据输入端热敏电阻 p－n 结温度传感器信号变化输出电压信号相应变化的变换电路。

低通滤波器:由 50 Hz 陷波器和 RC 滤波组成,转折频率 35 Hz 左右。

使用仪器时,打开电源开关,检查交、直流信号源及显示仪表是否正常。仪器下部面板左下角处的开关控制处理电路的±15 V 工作电源,进行实验时请勿关掉,为保证仪器正常工作,严禁±15 V 电源间的相互短路,建议平时将此两插口封住。

指针式毫伏表工作前需对地短路调零,取掉短路线后指针有所偏转是正常现象,不影响测试。

实验时请特别注意实验指导书中实验内容后面的“注意事项”,要在确认接线无误的情况下开启电源,要尽量避免电源短路情况的发生。实验工作台上各传感器部分如果位置不太正确可松动调节螺丝稍作调整,以按下振动梁松手后,各部分能随梁上下振动而无碰擦为宜。

附件中的称重平台是在实验工作台左边的悬臂梁旁的测微头取开后装于顶端的永久磁钢上方。实验开始前请检查实验连接线是否完好,以保证实验顺利进行。

实验仪需防尘,以保证实验接触良好,仪器正常工作温度为 0℃～40℃。

项目一　箔式应变片性能——单臂电桥

一、实验目的

1. 观察了解箔式应变片的结构及粘贴方式;
2. 测试应变梁形的应变输出;
3. 比较各桥路间的输出关系。

二、实验原理

本实验说明箔式应变片及单臂直流电桥的原理和工作情况。

应变片是最常用的测力传感元件。当用应变片测试时，将应变片牢固地粘贴在测试体表面，当测件受力发生形变时，应变片的敏感栅随同变形，其电阻值也随之发生相应的变化。通过测量电路，转换成电信号输出显示。

电桥电路是最常用的非电量电测电路中的一种，当电桥平衡时，桥路对臂电阻乘积相等，电桥输出为零，在桥臂四个电阻 R_1、R_2、R_3、R_4 中，电阻的相对变化率分别为 $\Delta R_1/R_1$、$\Delta R_2/R_2$、$\Delta R_3/R_3$、$\Delta R_4/R_4$，当使用一个应变片时，$\sum R=\frac{\Delta}{R}$；当两个应变片组成差动状态工作，则有 $\sum R=\frac{2\Delta R}{R}$；用四个应变片组成两个差动对工作，且 $R_1=R_2=R_3=R_4=R$，$\sum R=\frac{4\Delta R}{R}$。

由此可知，单臂，半桥，全桥电路的灵敏度依次增大。

三、实验部件

直流稳压电源(±4 V)、电桥、差动放大器、箔式应变片、测微头、(或双孔悬臂梁、称重砝码)、电压表。

四、实验步骤

1. 调零。开启仪器电源，差动放大器增益置 100 倍(顺时针方向旋到底)，“+、−”输入端用实验线对地短路。输出端接数字电压表，用“调零”电位器调整差动放大器输出电压为零，然后拔掉实验线，调零后电位器不要变化。

如需使用毫伏表，则将毫伏表输入对地短路，调整“调零”电位器，使指针居“零”位。拔掉短路线，指针有偏转是有源指针式电压表输入端悬空时的正常情况。

2. 按图 4-28-1 将实验部件用实验线连接成桥路。桥路中 R_1、R_2、R_3 和 W_D 为电桥中的固定电阻和直流平衡电位器，R 为应变片(可任选上、下梁中的一片工

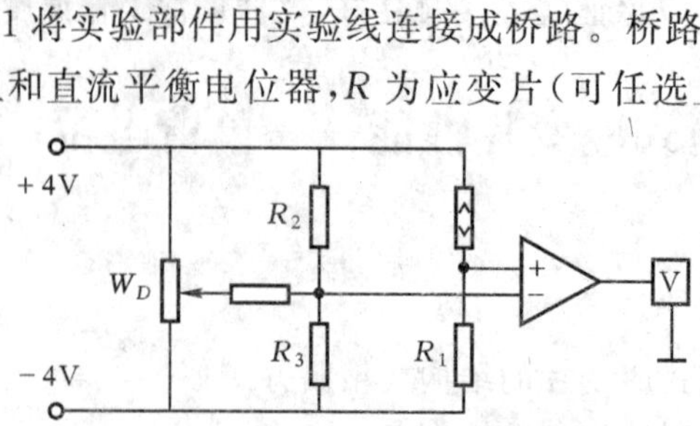

图 4-28-1 单臂电桥电路

作片)。直流电源为±4 V。

测微头装于悬臂梁前端的永久磁钢上,并调节使应变梁处于基本水平状态。

3. 确认接线无误后开启仪器电源,并预热 3 分钟。

调整电桥 W_D 电位器,使测试系统输出为零。

4. 旋动测微头,带动悬臂梁分别作向上和向下的运动,以水平状态下输出电压为零,向上和向下移动各 5 mm,测微头每移动 0.5 mm 记录一个差动放大器输出电压值,并列表。(或在双孔悬臂梁重平台上依次上砝码,进行上述实验)。

位移/mm									
电压/V									

根据表中所测数据计算灵敏度 S,$S=\Delta V/\Delta X$,并在坐标图上做出 V/X 关系曲线。

五、注意事项

1. 实验前应检查实验接插线是否完好,连接电路时应尽量使用较短的接插线,以避免引入干扰。

2. 接插线插入插孔后轻轻地做一小角度的转动,以保证接触良好,拔出时也先轻轻地转动一下再拔,切忌用力拉扯接插线尾部,以免造成线内导线断裂。

3. 稳压电源不允许对地短路。

项目二　箔式应变片三种桥路接法的性能比较

一、实验原理

说明实际使用的应变电桥的性能和原理。

已知单臂、半桥和全桥电路的 $\sum R$ 分别为 $\Delta R/R$、$2\Delta R/R$、$4\Delta R/R$。根据戴维南定理可以得出测试电桥的输出电压近似等于 $1/4\ E\sum\Delta R$,电桥灵敏度 $K_U=V/(\Delta R/R)$,于是对应于单臂、半桥和全桥的电压灵敏度分别为 $1/4E$、$1/2E$ 和 E。由此可知,当和电阻相对变化一定时,电桥及电压灵敏度与各桥桥臂阻值的大小无关。

二、实验部件

直流稳压电源(±4 V)、电桥、差动放大器、箔式应变片、测微头、(或双孔悬臂梁、称重砝码)、电压表。

三、实验步骤

1. 在完成项目一的基础上,不改变动差放大器增益和调零电位器,依次将图 4-28-1电桥固定电阻 R_1、R_2、R_3 换成箔式应变片,分别接成半桥和全桥测试系统。

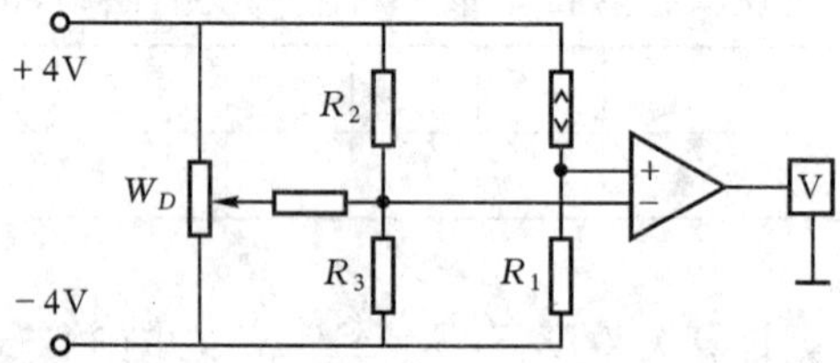

图 4-28-1

2. 重复项目一中 3—4 步骤,测出半桥和全桥输出电压并列表,计算灵敏度。

3. 在同一坐标上描出 $V-X$ 曲线,比较三种桥路的灵敏度,并做出定性的结论。

四、注意事项

1. 应变片接入电桥时注意事项其受力方向,一定要接成差动形式。

2. 直流激励电压不能过大,以免造成应变片过热损坏。

3. 由于进行位移测量时测微头要从零增加到正的最大值,又回复到零,再减小到负的最大值,容易造成零点偏移,因此计算灵敏度时可将正 ΔX 的灵敏度与负的 ΔX 的灵敏度分开计算。再求平均值,以后实验中凡需过零的实验均可采用此种方法。

项目三　箔式应变片的温度效应

一、实验目的

说明温度变化对测试系统的影响。

二、实验原理

温度变化引起应变片阻值发生变化的原因是应变片电阻丝的温度系数及电阻

丝与测试中的膨胀系数不同。由此引起测试系统输出电压发生变化。

三、实验部件

直流稳压电源、电桥、差动放大器、电压表、测微头、加热器、温度计(可用仪器中的 P—N 结温度传达室感器或热或电偶作测温参考)。

四、实验步骤

1. 按图 4-28-1 接线,开启电源,调整系统输出为零。

2. 记录加热前测试系统感受的温度。点温计可插入二维应变梁之间的加热器当中。

3. 开启"加热"电源,观察测试系统输出电压随温度升高而发生的变化。待电压读数基本稳定后记下电压值。

4. 求出温度漂移值 $\Delta V/\Delta T$。

五、注意事项

由于本仪器中所使用的 BHF 箔式应变片具有防自蠕变性能,因此温度系数还是比较小的。

项目四　应变测量电路的温度补偿

一、实验目的

由于温度变化会造成测量误差,因此实用测试电路中必须进行温度补偿。

二、实验原理

用补偿片法是应变电桥温度补偿方法中的一种,如图 4-28-2 所示。

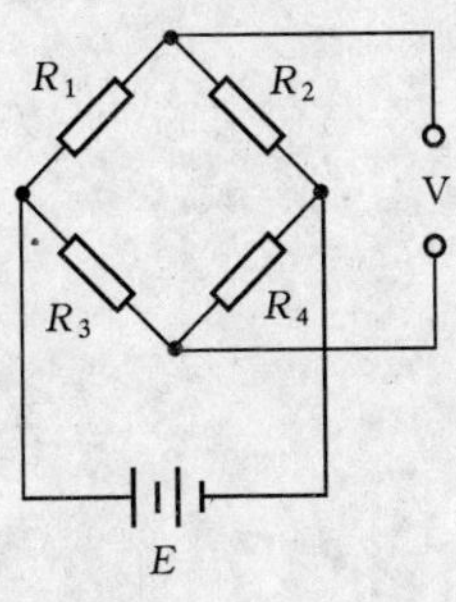

图 4-28-2

在电桥中，R_1 为工作片，R_2 为补偿片，$R_1=R_2$。当温度变片时两应变化的电阻变化 ΔR_1 与 ΔR_2 符号相同、数量相等，桥路如原来平衡的，则温度变化变化后 $R_1R_4=R_2R_3$，电桥仍满足平衡条件，无漂移电压输出，由于补偿片所贴位置与工作片成 90°，所以只感受温度变化，而不感受悬臂梁的应变。

三、实验部件

直流稳压器、电桥、差动放大器、电压表、测微头、加热器、温度计(或用仪器中的 p－n 结温度传感器或热电偶作测温度参考)。

四、实验步骤

1. 按图 4－28－3 接好线路，图中 R'和 R''分别为箔式工作片和补偿片。

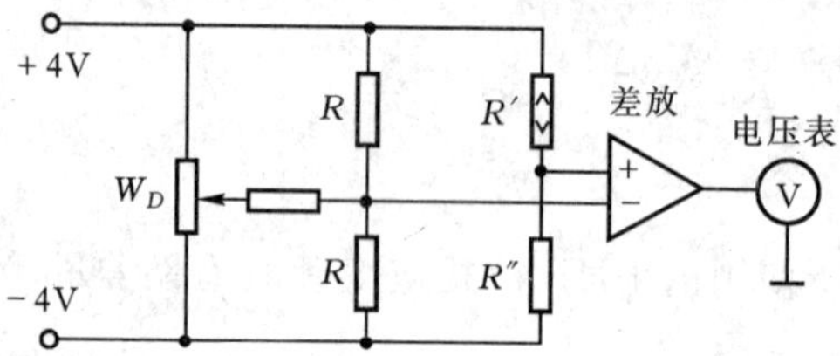

图 4－28－3

2. 重复项目三 1—4 步骤，求出接入补偿片后系统的温度漂移，并与项目三的结果进行比较。

五、注意事项

应正确选择补偿片。在面板的应变片接线端中，从左至右 1～8 对接线端分别是:1—上梁半导体应变片，2—下梁半导体应变片。3、5—上梁箔式应变工作片，4、6—下梁。应变工作片，7、8——上、下梁温度补偿片。

第5章　开放性实验

开放性实验是在完成物理实验的计划教学之后，以学生为主，在教师的指导下，独立解决一些实际问题的实验。开放性实验的目的是，培养学生理论联系实际，“手脑并用，工学合一”的能力。

开放性实验的选题来源于实际问题，我们提供部分参考选题，同学们也可以自行设计。由于学科的交叉以及现代科学技术的多样性，同一选题可以有不同的解决方案。在开放性实验中，我们提倡有益的探索，只要有新的创意，都是可喜的进步。

在开放性实验中，实验室的教师和技术人员会与学生共同讨论，提供理论指导、资料协助，最终确定选题目标，并安排必须的仪器设备和实验室的准备工作。但是，实验的主体必须是学生自己。一旦确定了实验选题，实验者应广泛地猎取相关知识，了解和掌握有关问题的现状。实验一般以二人为宜，自己讨论设计方案，经指导老师审核同意后进行。在实验中，必要的采购、加工制作，只要可能和允许，均应由学生去做，实验室只配备相应地的指导人员协助。

在做开放性实验时，要注意使用国家标准规范来设计、加工；要树立产品意识，技术上要相对合理，经济上要利弊均衡。实验的最终要求为：一件样品或样机（临时可行的实验装置，或完整的一体化的的设计，或符合标准化设计的样机）；一份符合要求的实验报告。

5.1　单摆研究

1. 要求

(1)设计并制作一个单摆装置，用它来测量实验室所在地的重力加速度 g。

(2)如果要求只要三位有效数字，相对误差小于 0.2%，这个装置如何制作？需要哪些仪器和条件？

(3)如果要求有四位有效数字，相对误差小于 0.01%，这个装置又该如何制作？需要哪些仪器和条件？

2. 设计要点

(1)单摆的上支点,悬挂装置;

(2)摆线的材料及固定方法;摆线的长度;

(3)摆球的形状、几何尺寸、表面光洁度;

(4)计时装置及计时仪器的选择。

3. 结果及报告

(1)完整的设计方案及论证;

(2)完整的实验报告;

(3)总体的误差分析及结果的置信度;

(4)样机一套及技术经济报告(含费用、成本核算及生产表报)。

5.2 温控电路及温控器

1. 要求

设计并制作一个温控装置。

主要技术指标

$V=1000$ ml;$P=500$ W;$t=0\sim400$℃,连续可调;工质:水或砂;$\Delta t=\pm1$℃;

2. 设计要点

(1)可选用的感温及控制元件

水银温度计,热敏电阻,热电偶,其它;

继电控制系统,单板机控制系统,分立元件或组件。

注:此装置样机完成并经审定通过后,将移入正常教学实验使用。

(2)传感器件的标定

由于采用不同的传感器,非线性的矛盾可能影响控制精度和稳定性;

(3)电路逻辑和组件的优化选择及设计。

3. 制作要求

(1)尽可能选用现成的单元组件;

(2)部件尽量标准化,以利批量生产。

4. 结果及报告

(1)设计方案及论证;

(2)完整的实验报告;

(3)误差分析及质量评价;

(4)样机一套及技术经济报告。

5.3　水的沸点与压力的关系

1. 要求

设计一套可以测定水在不同压力下沸点的实验装置。

实验压力范围：

A 方案：大于等于常压－$(9.50\sim19.60)\times10^4$ Pa；

B 方案：低气压～常压－$(6.00\sim10.33)\times10^4$ Pa。

2. 设计要点

(1)实验容器的设计

A 方案：属压力容器，可以借用压力锅，也有自己设计。

B 方案：属负压容器，如何产生负压状态。

(2)正压和负压的产生，稳定与测量；

(3)沸点的判断与测量；

(4)安全与防护，这是必须保证的，要做到万无一失。

3. 结果及报告

(1)设计方案与论证；

(2)完整的实验报告；

(3)样机一套，技术经济核算报告；

(4)质量、性能及安全性报告。

5.4　粉粒状固体的密度测定

1. 要求

测定食盐、玻璃珠、豆石(建材)、白云石等材料的密度。

2. 设计要点

本实验应属常规测量，关键在于如何准确的测定样品的体积，思路和方法有较多的选择性。

3. 结果及报告

(1)设计方案及论证；

(2)完整的实验报告；

(3)误差分析与结果评价(含方案的优缺点)。

5.5 计数计时器

1. 目的要求

(1)在规定的时间内,分别记录进出人数及净存在人数;

(2)在规定的时间内,记录每个人的净工作时间。

2. 设计要点

(1)记录 t_1 以前进出的人数;

(2)记录 $t_1 \sim t_2$ 之间进出的人数;

(3)记录 t_3 之后出去人数及每个人出去的具体时间。

思路一:以现有的计时单元加计时控制部分。

思路二:以计数器计数,同时控制时钟脉冲记录。

可以附加打印单元。

3. 结果及报告

(1)设计及功能论证;

(2)样机一台;

(3)测试报告一份;

(4)技术经济评价一份。

5.6 冲击摆测速

1. 要求

(1)设计一个简易的冲击摆,测量玩具手枪子弹的速度;

(2)设计一个装置,测定人体手臂的投掷速度。

2. 设计要点

(1)冲击摆的基本结构:上支承点、摆杆及摆箱的结构;

(2)理论根据:动量原理、功能原理、动量与冲量,运动学。

(3)需要忽略的因素:哪些条件应该或可以近似,它会引起或产生的最大误差是多少?

3. 结果与报告

(1)设计报告、功能及可能达到的技术指标;

(2)实验报告(含误差分析);

(3)样机一台,含技术经济分析报告一份、使用说明书一份。

5.7　照明设备的红外线控制

1. 要求

(1)功能条件

普通日光灯,距地高度 2.8 m,双管;

要求:在其正下方 $3\times3\ m^2$ 范围内,有人则开启,无人则关闭;瞬时开启,延时关闭。

(2)白天(或达到正常照明)自动关闭;

(3)有人工干预,强制开启的功能。

2. 设计要点

(1)充分考虑环境条件(冬、夏、室温、暖气等客观环境的变化);

(2)传感元件的灵敏度和稳定性;

(3)控制组件的体积、质量、耗电性质及耗电量。

3. 结果及报告

(1)样机一台(含技术经济报告,成本核算);

(2)测试报告;

(3)安装使用说明书。

5.8　表面温度计的设计与制作

1. 要求

(1)设计并制作一个可以测量固体表面温度的温度计;

(2)条件:常规,范围:常温 0℃～100℃,精度:±1℃(或 0.5℃);

(3)响应速度:小于等于 5 秒;

(4)显示:数字或指针式温度计。

2. 设计要点

(1)感温元件的选择:片状、点状均可实现,只是反应时间不一样;

(2)元件的线性化程度和线性化范围;

(3)元件的灵敏度和稳定性;

(4)若采用数字显示,可选用三位半数显板加 A/D 转换及附件;若采用模拟量指示,需加放大装置,而且表盘需重新标度;

(5)仪器的定标和标度,方法及标准仪器的选用。

3. 制作

(1)感温头的制作;

(2)外壳及形状、质量,应以便携式制作;

(3)电源采用纽扣电池,以减小体积。

4. 结果及报告

(1)设计方案及论证;

(2)测试报告(含误差分析);

(3)评价与技术经济比较;

(4)小型化、微型化的思路。

5.9 熔丝熔断电流的标定

1. 目的要求

(1)对几种样品进行核对;

(2)对几种未知材料标定其熔断电流,应符合国家标准;

(3)设计一套测试电路及标定方法;

(4)查阅与此相关的国家标准(GB)或计量检测规程(标准)JJG。

2. 设计要点

(1)设计一个可以产生较大的短路电流(0～100 A,$AC\sim DC$)的电路;连续可调且可准确测定 $E_I\leqslant 1\%$

(2)设计一个专用夹具,以保证在不损伤样品的条件下,可靠地导电;

(3)设计一套防护措施,在样品熔爆时,不致伤害实验人员。

3. 结果及报告

(1)完整的设计方案(根据相关的国家法规文件)及测试标准;

(2)实验报告及误差分析;

(3)技术经济比较,结果评价。

5.10 金属材料线胀系数的研究

1. 要求

(1)研究几种加热方法及结果评价(例如水热、气热、电热等);

(2)研究几种测温方法及误差分析(水银温度计、电阻、热电偶等);

(3)研究几种测量伸长量的方法,并比较之(光杠杆、球经计、千分表、传感器等)。

2. 设计要点

(1)从热传递的几种基本方式入手(含加热方式),分析各种加热方式的优缺点,比较确定,也可以实测几种方法以其数据来比较判断;

(2)准确并迅速地测定温度,对实验结果影响极大;各种方案的差异明显,应该以测试值来定量分析,还要考虑其实用性和经济性;

(3)微小长度的测量,目前方法较多可自由选取,由其精度和经济性来决定。

3. 结果及报告

(1)几种加热(升温)方案的比较;

(2)各种测温手段的评价与确定;

(3)完整的测试报告;

(4)成本核算与经济技术比较。

5.11　研究与制作伽尔顿板

来源:应物理演示的需要,制作一个能演示分子物理学基本属性,即速率分布的演示装置——伽尔顿板。

说明:该仪器早已有成品销售,也是一个成熟的演示实验。要求学生制作只是想让制作者了解这一宏观结构,能够比较恰当的表征这一微观物理规律,特别是样品(小球)线度与构架线度的关系。

1. 改变样品(小球)线度(2;3;4;5;8 mm),效果如何?
2. 改变过程延续性(上下行程),求其分布概率;
3. 讨论和分析演示实验仪器,设计制作的过程和特征;
4. 制作一台样品。

5.12　内摩擦现象的研究

来源:应物理演示实验的需要,制作一个演示气体分子内摩擦现象的演示仪器。

1. 要求

(1)可以做成平板式或滚筒式或其它形式;

(2)可以粗略地改变工质(气体)和密度,观测它对内摩擦的影响;

(3)不同工质对内摩擦现象的影响。

2. 设计要点

(1)相对运动的产生,工质的进入与置换;

(2)工件表面状况的设计与变换；

(3)注意内摩擦的本质与气流、风扇、吹风机的差异；

(4)概念一定要准确无误。

3. 结果及报告

(1)样机一台；

(2)效果评议；

(3)成本核算。

5.13 路灯自动控制

1. 要求

(1)设计一套可以根据光线明亮度(照度)自动开启和关闭路灯的装置；

(2)短时的闪电等照度变化不应产生误动作；

(3)可以辅以时间强制干预。

2. 设计要点

(1)在常规状态下，可选用光电池、光电管、光敏电阻等各种光电器件做为信号源来实施控制；

(2)恰当处理灵敏度和稳定性的矛盾；

(3)线路的可靠性。

3. 结果及报告

(1)样机一套；

(2)测试报告及误差评价；

(3)成本核算。

说明：本装置达到要求后，再经艺术设计，可作为校园景观建筑。

5.14 照度计设计

1. 要求

(1)观测研究几种光电器件的光谱响应特性，并做出其灵敏度与光谱、照度的图线；

(2)观测几种常用光源的光谱分布；

(3)对所选定的光电器件用标准灯标定其光谱及照度曲线；

(4)设计制造一个常规范围内(λ 在 0.4～0.7 μm)的照度计。

2. 设计要点

(1)查阅资料,根据不同光源,不同环境条件下的照度要求和国家规定(国标),确定设计原则,并确定最佳光电器件。

(2)选择光谱照度曲线在 10～200 lx 均匀线性好的元件;

(3)尽量减少放大环节;

(4)标定的可能性和稳定性。

3. 结果及报告

(1)制作一个简单的照度计,测试范围在 10～200 lx;

(2)测试报告(本实验室的照度分布);

(3)标定书(附合国家标准);

(4)技术经济比较评价。

附录一　中国法定计量单位

（1993 年 12 月 27 日发布，GB3100—93）

1. 国际单位制(SI)的基本单位

量的名称	单位名称	单位符号
长度	米	m
质量	千克(公斤)	kg
时间	秒	s
电流	安[培]	A
热力学温度	开[尔文]	K
物质的量	摩[尔]	mol
发光强度	坎[德拉]	cd

注:1. 圆括号中的名称，是它的前面的名称的同义词，下同。

2. 无方括号的量的名称与单位名称均为全程。方括号中的字，在不致引起混淆、误解的情况下，可以省略。去掉方括号中的字即为其名称的简称。下同。

2. 包括 SI 辅助单位在内的具有专门名称的 SI 导出单位

量的名称	SI 导出单位		
	名称	符号	用 SI 基本单位和 SI 导出单位表示
[平面]角	弧度	rad	$1rad=1m/m=1$
立体角	球面度	sr	$1sr=1m^2/m^2=1$
频率	赫[兹]	Hz	$1Hz=1s^{-1}$
力;重力	牛[顿]	N	$1N=1kg \cdot m/s^2$
压力，压强，应力	帕[斯卡]	Pa	$1Pa=1N/m^2$
能[量]，功，热	焦[耳]	J	$1J=1N \cdot m$
功率，辐[射能]通量	瓦[特]	W	$1W=1J/s$
电荷[量]	库[仑]	C	$1C=1A \cdot s$
电位，电压，电动势	伏[特]	V	$1V=1W/A$

量的名称	SI 导出单位		
	名称	符号	用 SI 基本单位和 SI 导出单位表示
电容	法[拉]	F	1F＝1C/V
电阻	欧[姆]	Ω	1Ω＝1V/A
电导	西[门子]	S	$1S=1\Omega^{-1}$
磁通[量]	韦[伯]	Wb	1Wb＝1V · s
磁通[量]密度，磁感应强度	特[斯拉]	T	$1T=1Wb/m^2$
电感	亨[利]	H	1H＝1Wb/A
摄氏温度	摄氏度	℃	1℃＝1K
光通量	流[明]	lm	1lm＝1cd · sr
光照度	勒[克斯]	lx	$1lx=1lm/m^2$
放射性活度	贝可[勒尔]	Bq	$1Bq=1s^{-1}$
吸收剂量	戈[瑞]	G_Y	1GY＝1J/kg
剂量当量	希[沃特]	S_V	1SV＝1J/kg

3. SI 词头

因数	词头名称		符号	因数	词头名称		符号
	英文	中文			英文	中文	
10^{24}	yotta	尧[它]	Y	10^{-1}	deci	分	d
10^{21}	zetta	泽[它]	Z	10^{-2}	cecti	厘	c
10^{18}	exa	艾[可萨]	E	10^{-3}	milli	毫	m
10^{15}	peta	拍[它]	P	10^{-6}	micro	微	μ
10^{12}	tera	太[拉]	T	10^{-9}	nano	纳[诺]	n
10^{9}	giga	吉[咖]	G	10^{-12}	pico	皮[可]	p
10^{6}	mega	兆	M	10^{-15}	femto	飞[母托]	f
10^{3}	Kilo	千	k	10^{-18}	atto	阿[托]	a
10^{2}	hecto	百	h	10^{-21}	zepto	仄[普托]	z

4. 可与国际单位制单位并用的中国法定计量单位

量的名称	单位名称	单位符号	与SI的关系
时间	分 [小]时 天(日)	min h d	1min＝60s 1h＝60min＝3600s 1d＝24h＝86400s
[平面]角	[角]秒 [角]分 度	(″) (′) (°)	1″＝(π/648000)rad(π为圆周率) 1′＝60″＝(π/10800)rad 1°＝60′＝(π/180)rad
旋转速度	转每分	r/min	1 r/min＝(1/60)s^{-1}
长度	海里	n mile	1 n mile＝1852m(只用于航行)
速度	节	kn	1kn＝1 n mile/h＝(1852/3600)m/s (只用于航行)
质量	吨 原子质量单位	t u	1t＝10^3kg 1u≈1.6605655×10^{-27}kg
体积	升	L,(l)	1L＝1dm^3＝$10^{-3}$$m^3$
能	电子伏	eV	1 eV≈1.6021892×10^{-19}J
级差	分贝	dB	
线密度	特[克斯]	tex	1 tex＝10^{-6}kg/m
面积	公顷	hm^2	1 hm^2＝10000m^2

注:1. 平面角单位度、分、秒的符号,在组合单位中应采用(°)、(′)、(″)的形式。例如,不用°/s而用(°)/s。

2. 升的符号中,小写字母l为备用符号。

3. 公顷的国际通用符号为*ha*。

附录二　常用物理数据

1. 基本物理常量(1986 年国际推荐值)

名称	符号	数值	单位	不确定度(ppm)
真空中的光速	c	299792458	ms^{-1}	(准确值)
真空磁导率	μ_0	12. 566370614...	$10^{-7}NA^{-2}$	(准确值)
真空介电常数，$1/\mu_0 c^2$	ε_0	8. 854187817…	$10^{-12}Fm^{-1}$	(准确值)
牛顿引力常数	G	6. 67259(85)	$10^{-11}m^3kg^{-1}s^{-2}$	128
普朗克常数	h	6. 6260755(40)	$10^{-34}Js$	0. 60
基本电荷	e	1. 60217733(49)	$10^{-19}C$	0. 30
玻尔磁子，$e\hbar/2m$	μ_B	9. 2740154(31)	$10^{-24}JT^{-1}$	0. 34
里德伯常数	R_∞	10973731. 534(13)	m^{-1}	0. 0012
玻尔半径，$\alpha/4\pi R_\infty$	a_0	0. 529177249(24)	$10^{-10}m$	0. 045
电子(静)质量	m_e	0. 91093897(54)	$10^{-30}kg$	0. 59
电子荷质比	$-e/m_e$	−1. 75881962(53)	$10^{11}C/kg$	0. 30
[经典]电子半径	r_e	2. 81794092(38)	$10^{-15}m$	0. 13
质子[静]质量	m_p	1. 6726231(10)	$10^{-27}kg$	0. 59
中子[静]质量	m_n	1. 6749286(10)	$10^{-27}kg$	0. 59
阿伏伽德罗常数	N_A, L	6. 0221367(36)	$10^{23}mol^{-1}$	0. 59
原子(统一)质量单位，原子质量常数 $1u=m_u=\frac{1}{12}m(^{12}C)$	m_u	1. 6605402(10)	$10^{-27}kg$	0. 59
气体常数	R	8. 314510(70)	$Jmol^{-1}K^{-1}$	8. 4
玻耳兹曼常数，R/N_A	k	1. 380658(12)	$10^{-23}JK^{-1}$	8. 4
摩尔体积(理想气体) $T=273.15K; P_n=101235Pa$	V_m	22. 41410(19)	L/mol	8. 4

摘自《物理》1987 年 NO. 1，P. 7～12

2. 标准大气压下不同温度时纯水的密度

温度/℃	密度/kg·m^{-3}	温度/℃	密度/kg·m^{-3}	温度/℃	密度/kg·m^{-3}
0	999.841	17	998.774	34	994.371
1	999.900	18	998.595	35	994.031
2	999.941	19	998.405	36	993.68
3	999.965	20	998.203	37	993.33
4	999.973	21	997.992	38	992.96
5	999.965	22	997.770	39	992.59
6	999.941	23	997.538	40	992.21
7	999.902	24	997.296	41	991.83
8	999.849	25	997.044	42	991.44
9	999.781	26	996.783	50	988.04
10	999.700	27	996.512	60	983.21
11	999.605	28	996.232	70	977.78
12	999.498	29	995.944	80	971.80
13	999.377	30	995.646	90	965.31
14	999.244	31	995.340	100	958.35
15	999.099	32	995.025	3.98	1000.00
16	998.943	33	994.702	纯水此温度时密度最大	

3. 海平面上不同纬度的重力加速度

纬度 φ/(°)	g/m·s^{-2}	纬度 φ/(°)	g/m·s^{-2}
0	9.78049	60	9.81924
5	9.78088	65	9.82294
10	9.78204	70	9.82614
15	9.78394	75	9.82873
20	9.78652	80	9.83065
25	9.78969	85	9.83182
30	9.78338	90	9.83221
35	9.79746	西安 34°16′	计算值 9.7973，测量值 9.7965
40	9.80182	北京 39°56′	9.80122
45	9.80629	上海 31°12′	9.79436
50	9.81079	天津 39°6′	9.80101
55	9.81515		

4. 20℃时物质的密度

物质	密度 ρ/kg/m^3	物质	密度 ρ/kg/m^3
铝	2698.9	铂	21450
锌	7140	汽车用汽油	710～720
锡	7298	乙醇	789.4
铁	7874	变压器油	840～890
钢	7600～7900	冰(0℃)	900
铜	8960	纯水(4℃)	1000
银	10500	甘油	1260
铅	11350	硫酸	1840
钨	19300	水银(0℃)	13595.5
金	19320	空气(0℃)	1.293

5. 水在不同压强下的沸点

P/hPa	t/℃	P/hPa	t/℃
950	98.205	1005	99.771
955	98.351	1010	99.910
960	98.495	1015	100.048
965	98.640	1020	100.186
970	98.783	1025	100.323
975	98.926	1030	100.460
980	99.069	1035	100.595
985	99.210	1040	100.731
990	99.351	1045	100.866
995	99.492	1050	101.000
1000	99.632		

6. 20℃时常用金属的弹性模量Y(N/mm²)*

金属	Y(×10⁴)	金属	Y(×10⁴)
铝	7.0～7.1	灰铸铁	6～17
银	6.9～8.2	硬铝合金	7.1
金	7.7～8.1	可锻铸铁	15～18
锌	7.8～8.0	球墨铸铁	15～18
铜	10.3～12.7	康铜	16.0～16.6
铁	18.6～20.6	铸钢	17.2
镍	20.3～21.4	碳钢	19.6～20.6
铬	23.5～24.5	合金钢	20.6～22.0
钨	40.7～41.5		

*Y的值与材料的结构、化学成分及加工制造方法有关，因此在某些情况下，Y的值可能与表中所列的平均值不同。

7. 流体的动力粘度

流体	温度/℃	η/μPa·s	流体	温度/℃	η/μPa·s
乙醚	0	296	葵花子油	20	5.00×10^4
	20	243	蓖麻油	0	530×10^4
甲醇	0	817		10	241.8×10^4
	20	584		15	151.4×10^4
水银	−20	1855		20	95.0×10^4
	0	1685		25	62.1×10^4
	20	1554		30	45.1×10^4
	100	1224		35	31.2×10^4
水	0	1787.8		40	23.1×10^4
	20	1004.2		100	16.9×10^4
	100	282.5	甘油	−20	134×10^6
乙醇	−20	2780		0	121×10^5
	0	1780		20	149.9×10^4
	20	1190		100	129.45×10^2
汽油	0	1788	蜂蜜	20	650×10^4
	18	530		80	100×10^3
变压器油	20	1.98×10^4	空气	25	18.3
鱼肝油	20	4.56×10^4			
	80	0.46×10^4			

8. 金属和合金的电阻率及其温度系数*

金属或合金	电阻率 $\rho/10^{-6}\Omega\cdot cm$	温度系数 $\alpha/10^{-5}/℃$
银	1.47(0℃)	430
铜	1.55(0℃)	433
金	2.01(0℃)	402
铝	2.50(0℃)	460
钨	4.89(0℃)	510
锌	5.65(0℃)	417
铁	8.70(0℃)	651
铂	10.5(20℃)	390
锡	12.0(20℃)	440
铅	19.2(0℃)	428
水银	95.8(20℃)	100
黄铜	8.00(18～20℃)	100
钢(0.10～0.15%碳)	10～14(20℃)	600
康铜	47～51(18～20℃)	−4.0 ～+1.0
武德合金	52(20℃)	370
铜锰镍合金	34～100(20℃)	−3.0 ～ +2.0
镍铬合金	98～110(20℃)	3～40

* 金属电阻率与温度的关系 $\rho_{t2}=\rho_{t1}[1+\alpha(t_2-t_1)]$。

电阻率与金属和合金中的杂质有关，表中列出的是单值金属的电阻率和合金电阻率的平均值。

9. 常用光源的谱线波长(nm)

H(氢)
- 656.28 红
- 486.13 蓝绿
- 434.05 紫
- 410.17 紫
- 397.01 紫

He(氦)
- 706.52 红
- 667.82 红
- 587.65(D_3) 黄
- 501.57 绿
- 492.19 蓝绿
- 471.31 蓝
- 447.15 紫
- 402.62 紫
- 388.87 紫

Ne (氖)
- 650.65 红
- 640.23 橙
- 638.30 橙
- 626.65 橙
- 621.73 橙
- 614.31 橙
- 588.19 黄
- 585.25 黄

Na (钠)
- 589.592 (D_1) 黄
- 588.995 (D_2) 黄

He ～Ne (激光)
- 632.8 橙

Hg (汞)
- 623.44 橙
- 579.07 黄$_2$
- 576.96 黄$_1$
- 546.07 绿
- 491.60 蓝绿
- 435.83 紫$_2$
- 404.66 紫$_1$

Cd (镉)
- 643.847 红
- 508.582 绿

10. 某些物质中的声速(m/s)

物质		声速	物质	声速
氧气	0℃(标准状态)	317.2	NaCl 14.8%水溶液 20℃	1542
氩气	0℃	319	甘油 20℃	1923
干燥空气	0℃	331.45	铅*	1210
	10℃	337.46	金	2030
	20℃	343.37	银	2680
	30℃	349.18	锡	2730
	40℃	354.89	铂	2800
氮气	0℃	337	铜	3750
氢气	0℃	1269.5	锌	3850
二氧化碳	0℃	258.0	钨	4320
一氧化碳	0℃	337.1	镍	4900
四氯化碳	20℃	935	铝	5000
乙醚	20℃	1006	不锈钢	5000
乙醇	20℃	1168	重硅钾铅玻璃	3720
丙酮	20℃	1190	轻氯铜银冕玻璃	4540
汞	20℃	1451.0	硼硅酸玻璃	5170
水	20℃	1482.9	溶融石英	5760

*固体中的声速为沿棒传播的纵波速度。

11. 某些物质的比热容

物质	温度(℃)	比热容	
		kJ/(kg·K)	kcal/(kg·℃)
金	25	0.128	0.0306
铅	20	0.128	0.0306
银	20	0.234	0.0566
铜	20	0.385	0.0920
锌	20	0.389	0.0929
铁	20	0.481	0.115
铝	20	0.886	0.214
黄铜	0	0.370	0.0883
	20	0.389	0.0917
康铜	18	0.420	0.0977
钢	20	0.447	0.107
玻璃	20	0.585～0.920	0.14～0.22
橡胶	15～100	1.13～2.00	0.27～0.48
水银	20	0.1390	0.03326
汽油	10	1.42	0.34
变压器油	0～100	1.88	0.45
甲醇	20	2.47	0.59
乙醚	20	2.34	0.59
冰	0	2.090	0.621
空气(定压)	20	1.00	0.24
纯水	0	4.219	1.0093

12. 几种常用热电偶的温差电动势

镍铬-镍铝

温差电动势/mV 温度℃ \ 温度℃	0	10	20	0	40	50	60	70	80	90	100
0	0.00	0.40	0.80	1.20	1.61	2.02	2.43	2.84	3.26	3.68	4.10
100	4.10	4.51	4.92	5.33	5.73	6.13	6.53	6.93	7.33	7.73	8.13
200	8.13	8.53	8.93	9.33	9.74	10.15	10.56	10.97	11.38	11.80	12.21
300	12.21	12.62	13.04	13.45	13.87	14.29	14.71	15.13	15.56	15.98	16.40
400	16.40	16.83	17.25	17.67	18.09	18.51	18.94	19.37	19.79	20.22	20.65

镍铬-康铜

工作端温度℃	0	1	2	3	4	5	6	7	8	9
	温差电动势 /mV									
−50	−3.11									
−40	−2.50	−2.56	−2.62	−2.68	−2.74	−2.81	−2.87	−2.93	−2.99	−3.05
−30	−1.89	−1.95	−2.01	−2.07	−2.13	−2.20	−2.26	−2.32	−2.38	−2.44
−20	−1.27	−1.33	−1.39	−1.46	−1.52	−1.58	−1.64	−1.70	−1.77	−1.83
−10	−0.64	−0.70	−0.77	−0.83	−0.89	−0.96	−1.02	−1.08	−1.14	−1.21
−0	−0.00	−0.06	−0.13	−0.19	−0.26	−0.32	−0.38	−0.45	−0.51	−0.58
+0	0.00	0.07	0.13	0.20	0.26	0.33	0.39	0.46	0.52	0.59
10	0.65	0.72	0.78	0.85	0.91	0.98	1.05	1.11	1.18	1.24
20	1.31	1.38	1.44	1.51	1.57	1.64	1.70	1.77	1.84	1.91
30	1.98	2.05	2.12	2.18	2.25	2.32	2.38	2.45	2.52	2.59
40	2.66	2.73	2.80	2.87	2.94	3.00	3.07	3.14	3.21	3.28
50	3.35	3.42	3.49	3.56	3.63	3.70	3.77	3.84	3.91	3.98
60	4.05	4.12	4.19	4.26	4.33	4.41	4.48	4.55	4.62	4.69
70	4.76	4.83	4.90	4.98	5.05	5.12	5.20	5.27	5.34	5.41
80	5.48	5.56	5.63	5.70	5.78	5.85	5.92	5.99	6.07	6.14
90	6.21	6.29	6.36	6.43	6.51	6.58	6.65	6.73	6.80	6.87
100	6.95	7.03	7.10	7.17	7.25	7.32	7.40	7.47	7.54	7.62
110	7.69	7.77	7.84	7.91	7.99	8.06	8.13	8.21	8.28	8.35
120	8.43	8.50	8.53	8.65	8.73	8.80	8.88	8.95	9.03	9.10
130	9.18	9.25	9.33	9.40	9.48	9.55	9.63	9.70	9.78	9.85
140	9.93	10.00	10.08	10.16	10.23	10.31	10.38	10.46	10.54	10.61
150	10.69	10.77	10.85	10.92	11.00	11.08	11.15	11.23	11.31	11.38
160	11.46	11.54	11.62	11.69	11.77	11.85	11.93	12.00	12.08	12.16
170	12.24	12.32	12.40	12.48	12.55	12.63	12.71	12.79	12.87	12.95
180	13.03	13.11	13.19	13.27	13.36	13.44	13.52	13.60	13.68	13.76
190	13.84	13.92	14.00	14.08	14.16	14.25	14.34	14.42	14.50	14.58
200	14.66	14.74	14.82	14.90	14.98	15.06	15.14	15.22	15.30	15.38
210	15.48	15.56	15.64	15.72	15.80	15.89	15.97	16.05	16.13	16.21
220	16.30	16.38	16.46	16.54	16.62	16.71	16.79	16.86	16.95	17.03
230	17.12	17.20	17.28	17.37	17.45	17.53	17.62	17.70	17.78	17.87
240	17.95	18.03	18.11	18.19	18.28	18.36	18.44	18.52	18.60	18.68
250	18.76	18.84	18.92	19.01	19.09	19.17	19.26	19.34	19.42	19.51
260	19.59	19.67	19.75	19.84	19.92	20.00	20.09	20.17	20.25	20.34
270	20.42	20.50	20.58	20.66	20.66	20.83	20.91	20.99	21.07	21.15
280	21.24	21.32	21.40	21.49	21.49	21.65	21.73	21.82	21.90	21.98
290	22.07	22.15	22.23	22.32	22.40	22.48	22.57	22.65	22.73	22.81

自由端温度为 0℃

铜-康铜

温差电动势/mV 温度℃ \ 温度℃	0	1	2	3	4	5	6	7	8	9	10
−40	−1.475	−1.510	−1.544	−1.579	−1.614	−1.648	−1.682	−1.717	−1.751	−1.785	−1.819
−30	−1.121	−1.157	−1.192	−1.228	−1.263	−1.299	−1.334	−1.370	−1.405	−1.440	−1.475
−20	−0.757	−0.794	−0.830	−0.876	−0.900	−0.940	−0.976	−1.013	−1.049	−1.085	−1.121
−10	−0.384	−0.421	−0.458	−0.496	−0.534	−0.571	−0.608	−0.646	−0.683	−0.720	−0.757
−0	0.000	−0.039	−0.077	−0.116	−0.154	−0.193	−0.231	−0.269	−0.307	−0.345	−0.383
0	0.000	0.039	0.078	0.117	0.156	0.195	0.234	0.273	0.312	0.351	0.391
10	0.391	0.430	0.470	0.510	0.549	0.589	0.629	0.669	0.709	0.749	0.786
20	0.789	0.830	0.870	0.911	0.951	0.992	1.032	1.073	1.114	1.155	1.196
30	1.196	1.237	1.279	1.320	1.361	1.403	1.444	1.486	1.528	1.569	1.611
40	1.611	1.653	1.695	1.738	1.780	1.822	1.865	1.907	1.950	1.992	2.034
50	2.035	2.078	2.121	2.164	2.207	2.250	2.294	2.337	2.380	2.424	2.467
60	2.467	2.511	2.555	2.599	2.643	2.687	2.731	2.775	2.819	2.864	2.908
70	2.908	2.953	2.997	3.042	3.087	3.131	3.176	3.221	3.266	3.312	3.357
80	3.357	3.402	3.447	3.493	3.538	3.584	3.630	3.676	3.721	3.767	3.813
90	3.813	3.859	3.906	3.952	3.998	4.044	4.091	4.137	4.184	4.231	4.277
100	4.277	4.324	4.371	4.418	4.465	4.512	4.559	4.607	4.654	4.701	4.749
110	4.749	4.796	4.844	4.891	4.939	4.987	5.035	5.083	5.131	5.179	5.227
120	5.227	5.275	5.324	5.372	5.420	5.469	5.517	5.566	5.615	5.663	5.712
130	5.712	5.761	5.810	5.859	5.908	5.957	6.007	6.056	6.105	6.155	6.204
140	6.204	6.254	6.303	6.353	6.403	6.452	6.502	6.552	6.602	6.652	6.702
150	6.702	6.753	6.803	6.853	6.093	6.954	7.004	7.055	7.106	7.156	7.207
160	7.207	7.258	7.309	7.360	7.411	7.462	7.513	7.564	7.615	7.666	7.718
170	7.718	7.769	7.821	7.872	7.924	7.975	8.027	8.079	8.131	8.183	8.235
180	8.235	8.827	8.339	8.391	8.443	8.495	8.548	8.600	8.652	8.705	8.757
190	8.757	8.810	8.863	8.915	8.968	9.021	9.074	9.127	9.180	9.233	9.286

参考端温度为 0℃

13. 某些物质的折射率（相对空气）

1. 某些固体的折射率

固　体	折射率 n	固　体	折射率 n
氯化钾	1.49044	火石玻璃　F_8	1.6055
冕玻璃　K_6	1.5111	重冕玻璃　ZK_6	1.6126
K_8	1.5159	ZK_8	1.6140
K_9	1.5163	钡火石玻璃	1.62590
钡冕玻璃	1.53990	重火石玻璃ZF_1	1.6475
氯化钠	1.54427	ZF_6	1.7550

表中数据为固体对 $\lambda_D=0.5893\ \mu m$ 的折射率

2. 某些晶体的折射率

波长 λ (nm)	荧石	石英玻璃	钾盐	岩盐	石英		方解石	
					n_0	n_e	n_0	n_e
656.3 (Li,红)	1.4325	1.4564	1.4872	1.5407	1.55736	1.56671	1.6544	1.4846
643.8(Cd,红)	1.4327	1.4567	1.4877	1.5412	1.55012	1.55943	1.6550	1.4847
589.3(Na,黄)	1.4339	1.4585	1.4904	1.5443	1.54968	1.55898	1.6584	1.4864
546.1(Hg,绿)	1.4350	1.4601	1.4931	1.5475	1.54823	1.55748	1.6616	1.4879
508.6(Cd,绿)	1.4362	1.4619	1.4961	1.5509	1.54617	1.55535	1.6653	1.4895
486.1(H,蓝绿)	1.4371	1.4632	1.4983	1.5534	1.54425	1.55336	1.6678	1.4907
480.0(Cd,蓝绿)	1.4379	1.4636	1.4990	1.5541	1.54229	1.55133	1.6686	1.4911
404.7(Hg,紫)	1.4415	1.4694	1.5097	1.5665	1.54190	1.55093	1.6813	1.4969

表中数据是在 18℃之下测得的

14. 固体物质的线膨胀系数（大部分是在 0～100℃之间）

物 质	线膨胀系数/℃$^{-1}$	物 质	线膨胀系数/℃$^{-1}$
金刚石	0.0000013	铅	0.0000292
铝	0.0000238	银	0.0000197
青铜	0.0000175	钢	0.000011
石膏	0.0000025	锌	0.0000286
金	0.0000142	铸铁	0.0000120
康铜	0.0000152	生铁	0.0000104
黄铜	0.0000184	水泥	0.000014
铜	0.0000165	各种玻璃	0.000004
大理石	≈0.000012		～0.00001
锡	0.0000267	硬橡胶	≈0.00007

15. 各种物质的熔点

物 质	熔 点 /℃	物 质	熔 点 /℃
铝	658	黄铜	≈1000
青铜	≈900	铜	1083
纯水	0	镍	1455
海水	－2.5	锡	231.8
钨	3370±50	铀	≈1150
甘油	19	磷	44
铁	1530	锌	419.4
石蜡	≈54	生铁	1100～1200
软焊料	135～200	炼铁炉渣	1300～1430
铅	327	硫	113～119
银	960.5	钠	97.7
武德合金	65～70	钾	63.5
钢	1300～1500	橡胶	125
金	1063		

16. 水的沸点与压强的关系

压强 p (N/m²)	沸点 (℃)	压强 p (N/m²)	沸点 (℃)
1	99.1	13	190.8
2	119.6	14	194.2
3	132.9	15	197.4
4	142.9	16	200.5
5	151.1	17	203.4
6	158.1	18	206.2
7	164.2	19	208.9
8	169.0	20	211.4
9	174.6	40	249.3
10	179.1	60	279.7
11	183.2	80	293.8
12	187.1	100	309.7